中国职业技术教育学会
智慧旅游职业教育专业委员会推荐用书

专家指导委员会主任／韩玉灵
总主编／康　年
副总主编／卓德保

| 葡萄酒文化与营销系列教材 |

葡萄酒概论

An Introduction to Wine

陈　思　陈　曦　许竣哲◎主　编

张　晶◎副主编

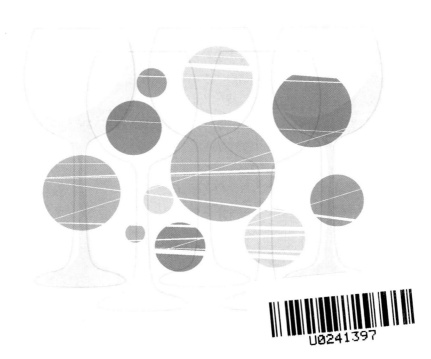

U0241397

立体化教学资源

北京·旅游教育出版社

图书在版编目（CIP）数据

葡萄酒概论 / 陈思，陈曦，许竣哲主编. -- 北京：
旅游教育出版社，2022.8（2024.1 重印）
葡萄酒文化与营销系列教材
ISBN 978-7-5637-4462-6

Ⅰ. ①葡… Ⅱ. ①陈… ②陈… ③许… Ⅲ. ①葡萄酒
—教材 Ⅳ. ①TS262.6

中国版本图书馆CIP数据核字(2022)第126607号

葡萄酒文化与营销系列教材

葡萄酒概论

陈　思　陈　曦　许竣哲　主　编

张　晶　副主编

总　策　划	丁海秀
执行策划	赖春梅
责任编辑	赖春梅
出版单位	旅游教育出版社
地　　址	北京市朝阳区定福庄南里 1 号
邮　　编	100024
发行电话	（010）65778403　65728372　65767462（传真）
本社网址	www.tepcb.com
E - mail	tepfx@163.com
排版单位	北京旅教文化传播有限公司
印刷单位	唐山玺诚印务有限公司
经销单位	新华书店
开　　本	710 毫米 × 1000 毫米　1/16
印　　张	17.75
字　　数	264 千字
版　　次	2022 年 8 月第 1 版
印　　次	2024 年 1 月第 2 次印刷
定　　价	59.80 元

（图书如有装订差错请与发行部联系）

总序 PREFACE

　　近年来，我国葡萄酒市场需求与产量逐步扩大，葡萄酒产业进入快速发展的新阶段。我国各葡萄酒产区依托资源和区位优势，强化龙头带动，丰富产品体系，助力乡村振兴，形成了集葡萄种植采摘、葡萄酒酿造、葡萄酒文化旅游体验于一体的新发展模式，葡萄酒产业链更加完整和多元。

　　葡萄酒产业发展不断升级，新业态、新技术、新规范、新职业对人才培养提出了新要求。上海旅游高等专科学校聚焦葡萄酒市场营销、葡萄酒品鉴与侍酒服务专门人才的培养，开展市场调研，进行专业设置的可行性分析，制定专业人才培养方案，打造高水平师资团队，于2019年向教育部申报新设葡萄酒服务与营销专业并成功获批，学校于2020年开始新专业的正式招生。为此，上海旅游高等专科学校成为全国首个开设该专业的院校，开创了中国葡萄酒服务与营销专业职业教育的先河。2021年，教育部发布新版专业目录，葡萄酒服务与营销专业正式更名为葡萄酒文化与营销专业。2021年，受教育部全国旅游职业教育教学指导委员会委托，上海旅游高等专科学校作为牵头单位，顺利完成了葡萄酒文化与营销专业简介和专业教学标准的研制工作。

　　新专业需要相应的教学资源做支撑，葡萄酒文化与营销专业急需一套与核心课程、职业能力进阶相匹配的专业系列教材。根据前期积累的教育教学与专业建设经验，我们在全国旅游职业教育教学指导委员会、旅游教育出版社的大力支持下，开始筹划全国首套葡萄酒文化与营销专业系列教材的编写与出版工作。2021年6月，上海旅游高等专科学校和旅游教育出版社牵头组织了葡萄酒文化与营销核心课程设置暨系列教材编写研讨会。来自全国开设相关专业的院校和行业企业的近20名专家参加了研讨会。会上，专家团队研讨了该专业的核心课程设置，审定了该专业系列教材大纲，确定了教材编委会名单，并部署了教材编写具体工作。同时，在系列教材的编写过程中，我们根据研制中的专业教学标准，对系列教材的编写工作又进行了调整和完善。经过一年多的努力，目前已经完成系列教材中首批教材的编写，将于2022年8月后陆续出版。

本套教材涵盖与葡萄酒相关的自然科学与社会科学的基础知识和基础理论，文理渗透、理实交汇、学科交叉。在编写过程中，我们力求写作内容科学、系统、实用、通俗、可读。

本套教材既可作为中高职旅游类相关专业教学用书，也可作为职业本科旅游类专业教学参考用书，同时可作为工具书供从事葡萄酒文化与营销的企事业单位相关人员借鉴与参考。

作为全国第一套葡萄酒文化与营销系列教材，难免存在一些缺陷与不足，恳请专家和读者批评指正，我们将在再版中予以完善与修正。

总主编：朱红

2022年8月

　　《葡萄酒概论》的编写，是基于编者多年的葡萄酒教学实践积累，从初学者的需求角度出发来组织内容写作。我们注意到很多人初学葡萄酒时的困扰、认知的偏颇及兴趣点所在，同时也注意到他们在从业后出现的知识储备不足的困境。为此，在本书写作中，编者注重内容丰满生动，并能通过实践强化练习，能对接岗位能力要求；在写作框架上，不求全，但要有清晰的知识体系，能够为学习者未来的专业提升夯实基础；除了知识传递，还要有思想、有境界、有情怀，阐述葡萄种植的生态理念，讲解葡萄酒消费服务背后的提振乡村经济、提升民众生活品质的多样功能，展示葡萄酒文化的博大精深和异彩斑斓。

　　本书沿着从枝头葡萄种植到享用杯中葡萄酒的生产消费路径，串起葡萄酒作为农业与轻工业产品、休闲饮品、贸易和餐饮商品的三产属性，以此为学习体系，设置七章内容，包括：第一章葡萄酒的发展，第二章酿酒葡萄与葡萄种植，第三章葡萄酒的酿造，第四章葡萄酒的品鉴，第五章葡萄酒的储存，第六章葡萄酒的饮用，第七章葡萄酒的市场与贸易。

　　通过对以上七章的系统学习，学习者能够建立起对葡萄酒世界较为全面的认知，快速拓展眼界，从而建立学科专业度，有效解决惯常的概论类课程学习的挑战低、知识密度低、兴趣点少的困扰，同时有利学习者的后期自行深度拓展和可持续学习。

　　本书具有如下特点：

第一，注重职业素养养成。因为"爱一行，才会钻一行"，学生接触葡萄酒专业学习的初期，是建立葡萄酒文化审美、行业认同与技能认可的阶段。此阶段，激发学习的好奇心、点燃学习热情和树立严谨的学习态度，比掌握知识本身更有利于学生的职业素质养成。有鉴于此，编者注重职业素养的培养，通过阐述鲜活的新知识、新技术，讲解产区的兴盛、产业工匠的坚守、行业发展与中国葡萄酒品牌的探索发展等内容，激发学生的自豪感，进而乐于钻研专业知识，乐于以专业技能服务于社会。

第二，注重人文素质培养。本书以适度的篇幅介绍了葡萄酒的历史、地理及蕴含于其中的艺术、哲学等人文知识，在专业知识学习中培养学生的审美情趣与人文素质。

第三，理论知识严谨。本书注重厘清理论发展脉络，纠正广泛流传的一些错误和片面信息，对比区分相近概念，纠偏纠错，帮助学生建立专业性认知。

第四，双元特色突出。职业教育中，专业知识一元，职业实训一元，注重双元结合，才可培养高素质职业人才。编者努力呈现一本鲜活的双元教材，为专业晦涩的理论设计贴近真实岗位一线的任务，剖析葡萄酒消费生活的真实案例，理论联系实际，双元结合。

第五，注重现实应用。本书内容突出服务于现实应用，不贪大求全，而是关注对应实际岗位需求，讲解国内外葡萄酒酿造的新理念、新趋势，与时俱进，保持教材内容符合业界对专业技能人才的知识储备要求。

第六，关注中国葡萄酒产业。编者在各章中穿插介绍我国葡萄酒历史、产业发展、产区特点、品牌打造，用事实为中国葡萄酒正名。中国葡萄酒早已在国家政策扶持下，在"大国工程"的带动下，走上了产区个性鲜明、品牌快速发展之路。结合我国实际客观讲述阶段性不足，也自豪地讲述我国特色的葡萄酒多元发展之路，希望以此培养读者对葡萄酒行业发展的认同，树立产业自信，激发时代责任感，胸怀祖国，放眼世界。

作为全国第一套葡萄酒文化与营销系列丛书中的教材，参考资料有限，难免存在不足与疏漏，敬请业界专家与读者指正。

陈思

2022 年 7 月

目录 CONTENTS

第一章
葡萄酒的发展

本章导读

　　本章作为本书的开篇，在开启缤纷复杂的葡萄酒知识世界的伊始，先让大家明确葡萄酒的概念、分类，了解葡萄酒历史和现状。葡萄酒的消费文化是浪漫、丰富和愉悦的，而葡萄酒的学习是科学严谨的。明确的葡萄酒概念、分类以及清晰的葡萄酒发展脉络不仅可以为以后的学习奠定基础、规避概念含混带来的认知偏差和未来学习中的似是而非，还能避免从业后由于最基础的概念错误造成专业度被质疑，甚至贻笑大方。

　　考虑到葡萄酒文化的丰富内涵是历史的馈赠与积累，很多的观点、理念、内涵、用途都有其特定的时代背景，本章在对葡萄酒历史和现状梳理时力求科学、客观地结合时代背景，以及当时的风俗伦理；除了让葡萄酒发展演变的时间点更为清晰，也尽量保持文化的多元性，还原发展演变历程的丰满生动。

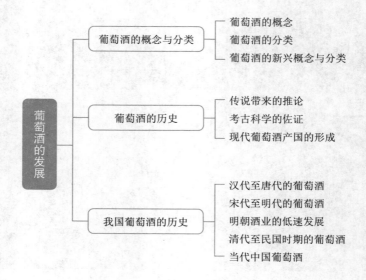

葡萄酒的发展
- 葡萄酒的概念与分类
  - 葡萄酒的概念
  - 葡萄酒的分类
  - 葡萄酒的新兴概念与分类
- 葡萄酒的历史
  - 传说带来的推论
  - 考古科学的佐证
  - 现代葡萄酒产国的形成
- 我国葡萄酒的历史
  - 汉代至唐代的葡萄酒
  - 宋代至明代的葡萄酒
  - 明朝酒业的低速发展
  - 清代至民国时期的葡萄酒
  - 当代中国葡萄酒

学习目标

　　知识目标：理解和掌握葡萄酒的概念；掌握葡萄酒的分类；熟悉葡萄酒的历史演变时间线；了解我国葡萄酒历史；掌握传统葡萄酒生产国和新兴生产国的差异；熟悉我国葡萄酒现有产区和发展情况；了解葡萄酒相应历史故事和事件。

　　技能目标：运用葡萄酒历史和概念灵活应对服务社交；能够通过精准的概念和分类传递营造专业度；能够根据葡萄酒类别进行分门别类入库、摆放、登统；能够应对向外市场传播中国葡萄酒历史和产区情况的文化需求。

　　素养目标：通过对概念和分类的学习，培养学习的严谨性，树立端正的专业理论学习观；通过葡萄酒历史脉络时间线的学习，培养与时俱进的不断更新补充葡萄酒知识的终身学习能力；通过学习不同文化背景中葡萄酒作用的变化，培养客观的、唯物的学习观与认知观和世界观。

【章前案例】

中国葡萄酒　当惊世界殊

2022 年刚刚过半，Decanter 世界葡萄酒大赛（Decanter World Wine Awards，DWWA）传来喜讯：中国葡萄酒取得 234 枚奖牌，其中包括 17 枚金奖牌。这条消息令热爱葡萄酒和从事葡萄酒行业的国人振奋。

Decanter 世界葡萄酒大赛（DWWA）是世界最大规模也是影响力最深远的葡萄酒比赛。2022 年的 DWWA 共有近 250 位葡萄酒专家参与了评审，其中包括 41 位葡萄酒大师和 13 位侍酒大师。他们共同评鉴了 18 244 款来自世界 54 个国家和地区的葡萄酒。获奖的中国葡萄酒，就是在征服了世界上最挑剔的一群专业品鉴者后，从 18 244 款葡萄酒中脱颖而出。

无独有偶，2022 年柏林葡萄酒大奖赛冬季赛，中国葡萄酒收获 60 项大奖，其中金奖牌（Gold）58 枚。惊喜的是，中国葡萄酒此次还收获了两枚大金奖。

实际上早在 2011 年，中国宁夏产区的加贝兰特级珍藏干红葡萄酒就为中国赢得了世界 Decanter 葡萄酒大赛中的最高奖项——国际特别大奖。那时国际葡萄酒大赛的报名网站上甚至还没设置"宁夏"产区选项，以至于"贺兰山"葡萄酒当时只能报名在"新疆"产区下。

11 年来，不断刷新纪录的国际奖项彰显了中国优质葡萄酒已拥有世界顶级水准，可以与国际名庄名酒比肩。与此同时，中国宁夏、中国新疆、中国山东、中国云南等产区为自己赢得了国际知名度。但即使如此，我国的很多消费者还在推崇法国、意大利、美国等国的葡萄酒，并没试过宁夏、新疆或云南的葡萄酒。

打破僵局的不是慨叹，而是行动，是强有力的行动。2021 年 9 月 26 日，由农业农村部、文化和旅游部、中国人民对外友好协会和宁夏回族自治区人民政府共同主办了首届中国（宁夏）国际葡萄酒文化旅游博览会。博览会揭晓了首届（2021 年）中国（宁夏）国际葡萄酒大赛评选结果。这是目前我国第一个以葡萄酒为主题的国家级展会，是中国葡萄酒产业自主搭建的走向世界的载体和平台。主办者自豪地将中国自主设立的国际葡萄酒大赛推上了这个舞台。

所有努力只是因为：我国有美酒，当惊天下殊！

案例来源：笔者整理编写。援引资料：Decanter. 2020 年 Decanter 世界葡萄酒大赛结果公布，中国甜葡萄酒表现亮眼 . Decanter China 醇鉴中国官网，2020-09-22.

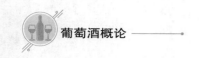

第一节　葡萄酒的概念与分类

一、葡萄酒的概念

葡萄酒和黄酒、啤酒并称为世界三大古酒，考古科研屡次刷新的相关纪录也证明它们无愧这样的称号。可见我们餐桌上常见的一瓶葡萄酒是经历了漫长的历史演变才来到我们面前的，岁月检验了它的独特魅力，赋予了它丰富的文化内涵。只是囫囵吞下，确实辜负了这杯中佳酿。了解一点葡萄酒知识或品鉴方法，是为了更好地营造并享用愉悦的闲适美好。

到底什么是葡萄酒？葡萄酒从哪里来？穿越时光的它经历了什么？我们将从这些问题入手学习葡萄酒的概念、分类和它的过往和现今。

（一）不同权威概念

把明确葡萄酒的概念作为葡萄酒知识学习的起点显然是十分明智的。葡萄酒的概念在世界范围尚未统一，但公认的权威概念已经形成，且影响范围极广。权威概念之间核心内容也高度一致。当然这要感谢大量葡萄酒管理机构、协会和培训机构对葡萄酒概念的普及和宣传。

1. 中国葡萄酒概念

在我国，依据 2006 年 12 月国家质检总局和国家标准委发布的《葡萄酒》（GB15037—2006）国家标准，葡萄酒（Wines）是指：葡萄或葡萄汁为原料，经全部或部分发酵酿制而成的，含有一定酒精度的发酵酒。

值得一提的是，国家标准《葡萄酒》（GB15037—2006）相较于之前的官方推荐性国家标准，是一份强制性标准。其对我国的葡萄酒生产行业和葡萄酒消费市场的规范化起到了不容忽视的有力推动作用。

2. OIV 葡萄酒概念

在世界范围内得到最广泛认同和引用的葡萄酒概念，来自国际葡萄与葡萄酒组织（International Office of Vine and Wine，OIV）。

国际葡萄与葡萄酒组织（OIV）是 1924 年由 6 个成员国协定创建的政府间组织。该组织旨在应对国际葡萄栽培中出现的危机。在 2001 年签署的新协议运作下，OIV 已成为一个专注推进葡萄种植与葡萄酒技术和科技的政府间组织。它也成为当今能够聚集葡萄和葡萄酒的世界行业内合作与共识最为有力的组织之一。

OIV 通过成员国的共识形成最终决定。至 2021 年 1 月 1 日，国际葡萄和葡萄酒组织成员国已达到 48 个，囊括了全世界多数重要的葡萄酒生产国。值得注意的是，中国暂时还不是其成员国。同时，根据 2001 年的新条约，一些地域和组织也能够以观察员成员的形式加入 OIV 了。中国烟台和宁夏回族自治区都已是其观察员成员，这也表现了我国积极参与国际葡萄酒事务管理的态度。

OIV 规定中的葡萄酒概念是：

Wine is exclusively the beverage resulting from the complete or partial alcoholic fermentation of fresh grapes，whether crushed or not，and from the grape must. Its acquired alcoholic strength should not be less than 8.5 p. 100vol. Nevertheless，considering climatic conditions，soil or grape variety，special qualitative factors or individual traditions specific to certain vineyards，the total minimum alcoholic strength can be reduced to 7 p. 100 vol. by special legislation of the region in question. —— "International Standard for the Labelling of Wines，OIV，2021"

即只能是破碎或未破碎的新鲜葡萄果实或葡萄汁经完全或部分酒精发酵后获得的饮料，其酒精度数不能低于 8.5 度。某些地区由于气候、土壤、品种或特定葡萄园特有的个别传统等因素的限制，其酒精度数可以降到 7 度以下。

（二）葡萄酒概念特点与学习内容框架

1. 概念特点

从以上两个概念中，我们不难看出，国内外葡萄酒的权威概念中已存在很大的共性。这些共性点有三个方面被一致关注。

葡萄酒分类
学习视频

（1）酿制原料特点

葡萄酒的原料必须是鲜葡萄或葡萄汁。

在生产中，鲜葡萄和葡萄汁的选择，是允许依据生产企业的具体情况进行决断的。自己没有葡萄园的企业，要依靠外购原料生产，葡萄汁从运输到运输过程中的保存都更方便简化。而拥有可供自己原料需求的葡萄园的生产者，未获得更优的品质，很可能从葡萄园中直接采摘鲜葡萄，直接运往生产车间进行生产。

葡萄作为酿造葡萄酒的唯一原料，其重要性显露无遗了。巧妇难为无米之炊，反之，好葡萄出好酒。所以，葡萄酒圈中流行一句话"好的葡萄酒首先是种出来的"。葡萄是酿制优质葡萄酒的首要决定因素。

酿酒葡萄的品种种类繁多，有上千种。而且不同品种葡萄的特性、风味、品质各不相同，进而成就了口味多姿、品质不同的葡萄酒。有的葡萄酿成酒后花香味突出，有的会有植物气息，而抗氧化物质含量高的品种自然更可能酿出存放较持久的葡萄酒。选择酿酒葡萄品种时，已经决定了葡萄酒可能呈现的口味、品质与风格。所以要通透地了解和学习葡萄酒，酿酒葡萄和葡萄种植都是不可错过的学习内容。本书第二章关注的就是酿酒葡萄与葡萄种植。

（2）酿造工艺特点

葡萄酒酿制过程中要经过全部或部分的酒精发酵。

酒精发酵是指将葡萄糖转化为酒精的过程。这个过程中的重要主角是真菌微生物——酵母。成熟的葡萄原料酸度下降，糖分上升，为酒精发酵提供了充足的葡萄糖。而葡萄糖是酵母菌可直接利用的糖分，无需大量的催化酶协助。葡萄酒的发酵过程中，酵母菌消耗葡萄汁中的糖分，产生了酒精、二氧化碳和热量。

| 酵母 | 葡萄中的糖分 | | 酒精 | 二氧化碳 | 热量 |

图 1-1　发酵反应

经过全部发酵后的葡萄酒残余糖分少，往往会酿制成干型葡萄酒（每毫升酒液中糖分含量低于 4 克的葡萄酒）。而经历了部分发酵的葡萄酒，残余糖分会偏高，得到的往往是非干型葡萄酒。所以相同原料部分发酵与全部发酵状态相比较，得到的葡萄酒喝起来会更甜美，但酒精感会更弱。所以在那些人为干预，中途中止发酵的葡萄酒中，不乏可以匹敌甜品，作为佐甜品酒进行饮用的选择。

权威定义中规定了葡萄酒酿造工艺是发酵。一旦蒸馏，葡萄酒就成为人们熟悉的白兰地。白兰地显然也是以葡萄为原料的酒，但其普遍 40 度以上的酒精度数、刺激的口感，都在告诉我们白兰地不应被归于葡萄酒，这是依据权威概念的判断，也符合大众消费的普遍认知。

可见，想要很好地了解杯中的葡萄酒，学习葡萄酒相关的发酵、残糖等工艺，不仅要关注葡萄枝头，还要了解酿造车间里的情形。酿造理论晦涩且深奥，本书的第三章将会浅显易懂地介绍葡萄酒的基础酿造工艺。

（3）酒精度特点

葡萄酒是含有一定酒精度数的发酵酒。

"一定度数"是多少度？对度数的要求又包含了哪些深意？

首先，这里的度数是指标准酒精度数（Alcohol% by volume）。标准酒精度数是法国著名化学家盖·吕萨克（Gay Lusaka）发明的，其概念是在 20℃条件下，每 100 毫升酒液中含有多少毫升的酒精，表述的是一种体积（volume）比概念。我国葡萄酒、白酒、黄酒、啤酒等，普遍使用的是标准酒精度数，很多直接标注为"度"，有些则根据国际通用习惯标注为"% vol"。除此之外还有两种酒精度数标注法：一是英制酒精度数（Degrees of proof VK）；二是美制酒精度数（Degrees of proof US）。其中，国际酒精度数使用最为广泛，伴随贸易全球一体化被使用得越来越广泛。特别在葡萄酒世界，标准酒精度数更是一统天下，中国、法国、美国、智利、新西兰等国家都是用标准酒精度数标注葡萄酒酒精含量。

其次，在强调酒精度数方面，与我国国标中提及的"一定度数"不同，OIV 对葡萄酒的最低度数给出了规定，"葡萄酒的度数不低于 8.5 度，某些地区由于气候、土壤、品种或特定葡萄园特有的个别传统等因素的限制，其酒精度数可以降到 7 度以下"。

酒精度数核算学习视频

无论哪种表述，都蕴含着对酿酒原料品质的最低要求。只有充分成熟的葡萄才拥有可供应酵母菌转化的充沛糖分。我国国标中提及的"一定度数"，只有充分成熟的葡萄可以保障。OIV 提及的"某些地区由于气候、土壤、品种等因素的限制，其酒精度可以降到 7%vol 以下"的内容，则在树立国际统一标准的同时照顾了特殊的"某些地区"。

例如，意大利人偏好的一种叫阿斯蒂（Asti）的甜美且果香充裕的起泡酒。为了留住甜美会"特意"只进行部分发酵，酒精度数常常在 7 度以下。意大利人肯定无法接受将阿斯蒂排除在葡萄酒之外。低度、甜美、果香加气泡的鲜明个性，令阿斯蒂易饮、讨喜，成了受世界欢迎的甜型起泡葡萄酒，还被称为可爱的"小甜水"。这种符合当地社会传统，深植于日常消费的鲜活葡萄酒产品也应得到因地制宜的包容和接纳。

概念中对葡萄酒采取"定性"或"因地制宜"的酒精度数规定，都揭示了"风土"是影响葡萄酒品质的重要的因素之一。风土，Terroir，源于法语，本意为泥土或土地。而在葡萄酒世界里，风土却是一个"含混"又"真实"的概念。一般认为，风土可简单地理解为葡萄树生长环境的总和，及产区一切影响葡萄酒风格的包括土壤类型、地形、地理位置、光照条件、降水量、昼夜温差和微生物环境等在内的自然因素。而"风土"的组成一直富有争议，争议点主要在于风土是否还应该包括对自然环境造成影响的人类活动。例如崇尚怎样的种植理念，选择什么样的肥料，如何耕种土地，葡萄的种植密度以及葡萄园周围的植被等是否应被纳入风土中。有些产区甚至率先将地区的葡萄酒酿造工艺也纳入了风土的范围内，因为有很多地区的种植、酿造方法是根植于当地的风土和文化中的，既受到当地自然环境和文化的限制，又尽可能地展示出了当地自然环境和文化赋予葡萄酒的得天独厚的特点。

例如法国博若莱产区的新酒（Beaujolais Nouveau）酿造，俨然成了二氧化碳浸渍法（Carbonic Maceration）或半二氧化碳浸渍法（Semi-carbonic Maceration）酿造的表率。而这种酿制方法的选择、延续、传承乃至革新，都是因为这片土地上适宜种植的传统品种佳美（Gamay）有充沛的花香果味，但单宁含量低，酒体轻，陈年力较弱。

所以真要体会葡萄酒多姿多彩的美，还要对葡萄产区的种植和葡萄酒的酿造有一定的了解。

【拓展思考】

我国国标中提及的"一定度数"，如果下限可以参考OIV的概念标准，那么上限又应该为多少呢？

随着发酵过程的进行，酒精度数会不断升高，然而好景不长，高酒精度会降低酵母活性直至酵母死亡。在葡萄酒发酵过程中，大多数酵母的酒精耐受能力较弱，酒精度超过15%vol就会"醉死"。当然也有极少酵母的酒精耐受能力强，可以达到酒精度16%vol左右。所以葡萄酒是典型的低度酒。

2. 学习内容框架

图1-2　葡萄酒学习内容框架图

通过对概念的认知已经不难看出：系统学习葡萄酒是多元知识、技能和能力的涉猎和积累。

作为产品葡萄酒的学习涉及：酿酒葡萄与葡萄种植，葡萄酒的酿造。

作为饮品葡萄酒的学习涉及：葡萄酒的品鉴，葡萄酒的饮用。

作为商品葡萄酒的学习涉及：葡萄酒的储存，葡萄酒的市场与贸易。

依据这些葡萄酒学习的核心专业领域，结合葡萄酒市场端从业岗位能力需求，形成了本书的章节设置，以及"葡萄酒文化与营销系列教材"丛书的内容构成。

二、葡萄酒的分类

葡萄酒还有很多其他的名称，如干红、干白、甜白、桃红、起泡酒、冰酒、香槟、雪利酒……它们都是葡萄酒。如果对这些名称感到含混不清，那么首先应该了解的是葡萄酒的不同分类标准。

葡萄酒的分类标准常见的有：①按照葡萄酒的颜色划分；②按照葡萄酒的残糖量划分；③按照葡萄酒的二氧化碳含量划分；④按照葡萄酒的酿造方法划分。

（一）按照葡萄酒的颜色分类

以颜色划分，葡萄酒可以分为红葡萄酒、白葡萄酒和桃红葡萄酒三大类。这也是最常用的分类方式。

1. 红葡萄酒

红葡萄酒是由红葡萄带皮发酵酿制而成的。葡萄是酿制葡萄酒的唯一原料，在这个原料中能够让红葡萄酒"红"起来的色素都来自红葡萄的皮，酿制过程中浸皮的时间越长，颜色就越深。

惯常情况下，年轻的红葡萄酒会呈现深沉的紫红色或宝石红色。随着陈年时间的增长，其颜色会变浅，呈现石榴红或砖石红色。

此外，红葡萄酒的颜色也受酿造品种的影响。一些品种天生颜色深，酿造出来的酒颜色就会比较深；有些品种天然颜色浅，酿造出来的酒颜色也会比较浅。例如赤霞珠（Cabernet Sauvignon）或西拉（Syrah）葡萄酿造的红葡萄酒颜色就偏深，而著名的薄皮品种黑皮诺（Pinot Noir）酿成的红葡萄酒特点之一就是颜色浅。

2. 白葡萄酒

白葡萄酒可以是白葡萄酿制，也可以由红葡萄酿制。在酿造白葡萄酒过程中，葡萄在压榨后去除葡萄皮和葡萄籽再进行发酵。葡萄皮的提前离场，避免了果皮中的色素被萃取出来，造成了明明是用红葡萄却酿出了白葡萄酒的可能。

年轻的白葡萄酒通常呈现柠檬黄色或稻草黄色。随着陈年时间的增长，其颜色会变深，呈现金黄色、琥珀色和棕色。

如红葡萄酒一样，葡萄品种也会影响白葡萄酒的颜色，雷司令（Riesling）、长相思（Sauvignon Blanc）和灰皮诺（Pinot Gris）等品种酿制的葡萄酒会呈现出格外浅淡的浅黄色。

3. 桃红葡萄酒

桃红葡萄酒的颜色介于红葡萄酒与白葡萄酒之间，它是由红葡萄品种经过短期浸渍发酵酿成的葡萄酒。与红葡萄酒相似，桃红葡萄酒浸渍时间越长，颜色也会越深。时间可以让它的色泽从浅至深变为薰衣草色、三文鱼色和橘黄色。

（二）按照葡萄酒的残糖量分类

葡萄酒在发酵过程中，葡萄汁中的糖分被酵母菌转化为酒精和二氧化碳，伴随发酵反应的进行，糖分减少，酒精增多，无论完全发酵或部分发酵，当发酵反应终止时，仍未被酵母菌转换的糖分被称为残余糖分（简称"残糖"）。

根据葡萄酒中残糖量的多少，静态葡萄酒可被分为干型（Dry）葡萄酒等四类。

1. 干型（Dry）葡萄酒

干型葡萄酒的含糖量小于或等于 4 克 / 升。干型酒是世界市场主要消费的葡萄酒类型。干型酒由于糖分低，所以葡萄品种风味被凸显了出来，通过对干型酒的品评更能鉴定出葡萄酿造品种的优劣。

2. 半干型（Semi-Dry）葡萄酒

半干型葡萄酒的含糖量介于 4~12 克 / 升。

3. 半甜型（Semi-Sweet）葡萄酒

半甜型葡萄酒的含糖量介于 12~45 克 / 升，味略甜，是日本和美国消费较多的品种，在我国近期也很受欢迎。

4. 甜型（Sweet）葡萄酒

甜型葡萄酒的含糖量大于 45 克 / 升，口中能感觉到明显的甜味。

每升葡萄酒含糖量

| ≤4g | 4~12g | 12~45g | > 45g |

| 干型 Dry | 半干型 Semi-Dry | 半甜型 Semi-Sweet | 甜型 Sweet |

图 1-3　葡萄酒的残糖度划分

值得一提的是，起泡酒的含糖量等级划分是不同的，欧盟国家出产的起泡酒被分为 7 种不同甜度级别，而且被其他国家广泛借鉴，具体如下：

1. 天然极干型（Brut Nature）

天然极干型起泡酒的含糖量介于 0~3 克 / 升。

2. 特级干型（Extra Brut）

特级干型起泡酒的含糖量介于 0~6 克 / 升。

3. 极干型（Brut）

极干型起泡酒的含糖量介于 0~12 克 / 升。

4. 特干型（Extra Dry）

特干型起泡酒的含糖量介于 12~17 克 / 升。

5. 干型（Dry/Sec）

干型起泡酒的含糖量介于 17~32 克 / 升。

6. 半干型（Demi-Sec/Semi-Seco）

半干型起泡酒的含糖量介于 32~50 克 / 升。

7. 甜型（Doux/Dolce）

甜型起泡酒的含糖量大于 50 克 / 升。

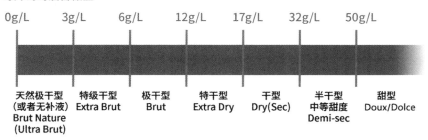

图 1-4　起泡酒的残糖度划分

（三）按照葡萄酒的二氧化碳含量分类

按葡萄酒含有二氧化碳多少这一标准，葡萄酒可以分为静态葡萄酒（Still Wines）和起泡酒（Sparkling Wines）。

1. 静态葡萄酒

静态葡萄酒指的是 20℃时，酒中二氧化碳压力低于 0.05 兆帕的葡萄酒。目前市面上大部分葡萄酒都属于这种类型，它们在常温下，都是没有气泡冒出的稳定状态液体。

2. 起泡酒

起泡酒是指在 20℃时，酒中二氧化碳压力大于或等于 0.05 兆帕的葡萄酒。常见的起泡酒包括：法国的香槟（Champagne）、西班牙的卡瓦（Cava）以及意大利的普洛赛克（Prosecco）和阿斯蒂（Asti）等。它们的酒瓶中压力大，瓶子往往使用肚子偏胖的坚实玻璃瓶，往往需要用铁丝固定木塞（尤其是高

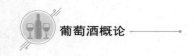

起泡酒），酒液一旦倒入酒杯，就会迫不及待地冒出令人愉悦的气泡。

根据二氧化碳压力的大小，起泡酒又可分为高起泡酒和低起泡酒，前者的二氧化碳压力大于或等于 0.35 兆帕，而后者则介于 0.05 兆帕至 0.35 兆帕。一般，市面上常见的多为高起泡酒。

（四）按照酿造方法分类

葡萄酒的类别除了按以上三种标准划分外，还有一些因特别酿造方法被归类的葡萄酒，例如冰酒等。

1. 冰酒（Icewine）

依据我国国家标准（GB/T 25504—2010），冰酒是指，将葡萄推迟采收，当自然条件下气温低于 −7℃时，葡萄在树枝上保持一定时间，结冰，采收，在结冰状态下压榨，发酵酿制而成的葡萄酒（在生产过程中不允许外加糖源）。

简单说，冰酒就是采用冰冻葡萄酿造而成的葡萄酒。它源于德国，关于冰酒起源的记载出现在 1794 年。到了 19 世纪 30 年代，德国的莱茵黑森（Rheinhessen）产区就已经有了关于冰酒酿造方法的确切描述。发展至今，冰酒的标准越发清晰完善。

图 1-5　等待采摘的冰葡萄

冰酒具有一些有趣的特点：

（1）冰酒是甜酒

冰冻后的成熟葡萄严重失水，糖分、酸度和风味物质浓缩，尤其是糖分提高，超出发酵所需，酿出的是甜酒。

（2）冰酒不是处处、年年可酿的

世界上既能保证葡萄成熟，又要有足够寒冷的冬季环境的天然能满足冰酒苛刻的酿造要求的产区显然不多，所以世界上的冰酒产国有限，主要是德国、加拿大和奥地利。加拿大几乎年年都可以酿造冰酒，这点让德国、奥地利等传统冰酒酿造国羡慕。因为在这两国有很多年份无法满足冰酒的酿造条件。我国的东北地区冰酒酿造正在兴起，且未来可期。结合中国东北气候特征的酿造方法和技术也在不断革新。

2. 贵腐酒

贵腐酒是以感染了贵腐菌（Noble Rot）的成熟葡萄为原料酿造的甜酒。贵腐菌（Nolie Rot/Botrytis）是一种真菌，在潮湿的环境下会慢慢滋生，感染成熟的葡萄果实，并刺破葡萄果皮形成无数小孔。感染后的葡萄必须在天气足够温暖干燥的条件下才能有效抑制贵腐菌后续生长，才能避免葡萄因过度侵染而腐烂，同时加速葡萄中水分的蒸发，使葡萄中的糖分、酸度和风味物质高度浓缩。用带有残余菌丝的、浓郁的干瘪葡萄为原料酿造出的金黄色甜酒，就是贵腐酒。显然如同冰酒，贵腐酒也不是一款处处、年年可酿的美酒，代表产区有匈牙利的托卡伊（Tokaji）、德国的莱茵高（Rheingau）和法国波尔多的苏玳（Sauternes）。

无论是冰酒，还是贵腐酒，因为原料脱水，出汁率降低，产区有限，成本高，产量低，所以都比较贵。

图 1-6 被贵腐菌感染的葡萄变化

3. 加强型葡萄酒

加强型葡萄酒，是指在天然葡萄酒中加入蒸馏酒（一般为白兰地Brandy），酒精度在 15%~20% 的葡萄酒，如葡萄牙的波特酒（Port）和西班牙的雪利（Sherry）等。

4. 加香型葡萄酒

加香型葡萄酒，是指那些使用水果、香料、花朵等增加了风味的自然酿造葡萄酒，如桂花白葡萄酒、枸杞红葡萄酒、洋葱红葡萄酒等。

一些历史学家认为，加香葡萄酒历史悠久，而且曾经是葡萄酒世界的主流款。当时的葡萄酒酿造技术有限，适度的草药加香可以掩盖一些葡萄酒中的粗糙味道，让葡萄酒更加芳香易饮。同时，葡萄酒加香的材料有龙胆根、苦艾、橙皮等。草药加香增添了葡萄酒更为养生的药用功效。

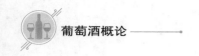

伴随着葡萄酒酿造技术的提升，葡萄酒的香气更加干净、通透、浓郁，草药的加香反而成了干扰。自然酿制葡萄酒占据了主体市场，加香型葡萄酒显然成了小众产品。

但"流行是个圈"。当今我国的调和饮品市场发展迅猛，奶茶中可以轻易喝到紫米、芋圆、水果、布丁等加料，当椰香咖啡、南瓜拿铁等特调咖啡不断成为爆款，很多新锐的酿酒师（我国也有）已经开始根据葡萄酒品种添加微量果汁来迎合偏爱简单、愉悦、果香突出的年轻消费者市场了。所以，谁知道呢？葡萄酒的下一波流行中会不会有加香葡萄酒的复兴。

将葡萄酒加香的产品中，还有一种对葡萄酒（往往是白葡萄酒）既经过草药加香又经过酒精加强的酒水。市场上常见的味美思和金巴利就是两款经典的代表。与前面提到的加香型葡萄酒的差别是，这些酒入口后，浓烈、鲜明且舒爽的草药香完全掩盖了葡萄酒本身的气味和品质，其中的白葡萄酒只是充当了基酒，是香味和药效的提取媒介。加香型葡萄酒的主体仍是葡萄酒，这些酒只能称为以葡萄酒为基酒的配制酒。事实上在市场消费中，这些以葡萄酒为基酒的配制酒往往在酒吧的鸡尾酒单上更常见，而非佐餐葡萄酒单的常客；在酒展和超市中，它们通常摆在配制酒区，而非葡萄酒区；在存放时它们也很难混进横躺着葡萄酒的酒柜或酒窖中。

【拓展思考】

谈及按照酒精形成的酿造方法来划分葡萄酒，很多人会想起同样以葡萄为原料酿制，再蒸馏后得到的烈酒"白兰地"。白兰地是葡萄酒么？

严格来说白兰地不是葡萄酒。根据我国国标和国际协会 OIV 给出的葡萄酒概念都不难看出，国标中称葡萄酒为"含有一定酒精度的发酵酒"，OIV 给出的工艺界定是"the complete or partial alcoholic fermentation"。蒸馏过的白兰地显然超出了这一范围。

准确地说，白兰地是以葡萄为原料的烈酒或蒸馏酒。

三、葡萄酒的新兴概念与分类

葡萄酒作为一种带有潮流色彩的文化消费品，在每个时代伴随着社会进步、思想变革，总会迎来一些新兴的概念或产品。有的新兴概念对产业影响深远，经得住时间检验，熬过了行业的探索、碰撞、创新、发展、完善，最终形成一种新的葡萄酒类别。但也有很多概念仍处于萌生中、完善中，很难预估影响的深远性，却也毫不妨碍它在真实的消费中悄然兴起、蔚然成风，快速成为一种流行趋势，一种潮流符号，引导了当下市场的经营活动。所以作为一个葡萄酒行业的未来从业者，需要对这些新兴概念保持旺盛的好奇心和敏锐性，保持可持续的终身学习。这一部分将介绍几个当下不容忽视的新兴葡萄酒概念。

（一）有机葡萄酒（Organic Wine）

1. 什么是有机葡萄酒

依据我国国家认证认可监督管理委员会发布内容，"有机"是指一种农业生产方式。有机标准简单地说就是要求在动植物生产过程中不使用化学合成的农药、化肥、生长调节剂等物质和基因工程生物及其产物，而且遵循自然规律和生态学原理，采取一系列可持续发展的农业技术，协调种植业和养殖业的平衡，维持农业生态系统良性循环；对于加工、贮藏、运输、包装、标识、销售等过程，也有一整套严格、规范的管理要求。

有机葡萄酒的基本思想是在葡萄种植和葡萄酒酿造的全程不使用化学合成物质和转基因产品。有机葡萄酒的追求是通过有机种植和有机酿造，达到减少环境污染、保护生态平衡的目标。而有机葡萄酒的目标是生产出更加健康、自然的葡萄酒。

2. 有机葡萄酒的认证

目前，对"有机葡萄酒"的认证还没有统一的国际标准，而是各国或地区依据自行建立的标准和体系进行有机标识的相关认证。例如较早建立的法国有机农业认证或欧盟有机农业认证。

2004年之前，我国没有统一的有机产品标准，一些机构探索性地制定了自己的有机认证标准。随着中国有机产业的发展，2004年，由国务院授权，履行行政管理职能，统一管理、监督和综合协调全国认证认可工作的主管机构——中国国家认证认可监督管理委员会（Certification and Accreditation Administration of the People's Republic of China, CNCA）（简称"认监委"）建立。

认监委成立同年，发布实施了《有机食品认证规范》（试行版），在全国范围内试点实施。经过一年的摸索和实践，在《有机食品认证规范》的基础上，正式发布了有机产品的国家标准《GB19630.1-4—2005》。至此，该标准成为中国有机产品生产、经营、认证实施的唯一标准。2012年3月，该标准被国标《GB/T19630.1-4—2011》替代。现今，我国有机产品的概念术语，有机产品的种植、采摘、生产、运输，认证产品的溯源体系，可认证名录，认证机构认定与管理，认证流程等事项已渐成体系，且我国认监委充分发挥数字化智能技术，开通了认证认可等一系列业务的信息统一管理平台。

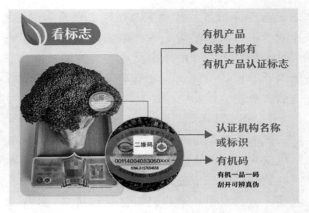

图 1-7 有机认证标志和可溯源的有机产品认证标签

图片来源：国家认证认可监督管理委员会官网 http://www.cnca.gov.cn/

（二）自然葡萄酒（Natural Wine）

自然葡萄酒，是数十年来葡萄酒业内讨论最热门的话题之一，是被很多葡萄酒品鉴大师看好的新世纪葡萄酒发展方向。

1. 自然酒从何而来

在 20 世纪五六十年代的法国博若莱（Beaujolais）产区，化学农业大肆兴起，葡萄园内杀虫剂和除草剂等使用泛滥。还有许多酿酒师或是利用特定的人工提纯酵母来加速发酵进程并增加葡萄酒中的泡泡糖风味，或是采用加糖的方式来平衡未成熟果实带来的高酸。在现代手段的"加持"下，博若莱的葡萄酒虽产量快速上涨，品质和声誉却日渐下降。

一群酿酒师在产量的增长中感受到了危机，挺身而出，抵制通过现代科技对酿酒进行大量人工干预的做法。其中的代表者之一就是被称为"自然酒之父"的朱尔斯·肖维（Jules Chauvet）。他主张尽量减少人工干预以及二氧化硫的添加，并提倡有机耕作和使用天然酵母，这些举措激励了一代又一代的自然酒酿酒师。自此，自然酒的概念开始在全球范围内蔓延开来，以自然酒为主题的节日也纷纷在欧洲以及澳大利亚和美国等地兴起。

2. 何为自然酒

自然酒，又称天然葡萄酒。目前没有明确的官方定义。不同的人对自然酒的理解会略有不同。被称为"世界第一品酒夫人"的品酒大师杰西斯·罗宾逊（Jancis Robinson）在其与朱莉娅·哈丁（Julia Harding）共同编著的《牛津葡萄酒指南》（*The Oxford Companion to Wine*）中，尝试给出了她们对自然酒的解释：①酿造自然酒所用的葡萄通常由小规模的独立生产商种植；

②酿酒葡萄需由人工采摘，且均来自实施可持续发展、有机种植或生物动力法的葡萄园；③发酵时不额外添加任何酵母，只依靠附着于葡萄皮上的天然酵母发酵；④发酵时不使用添加剂，如酵母营养物；⑤最少量添加或不添加二氧化硫。

从杰西斯的解释中不难看出，人们对自然酒的期待往往包括了以下几点：①最大限度地减少机械化干预。自然酒的酿造过程大多为人工操作而非机器，比如采摘、破碎和压榨等，需要耗费大量人力；②酿造过程极度简化并降低人为干预，最大化依赖自然。杜绝加糖或调节酸度，不可添加色素以及任何改善口感的添加剂。避免使用新橡木桶、橡木条、橡木片或其他添加液来为酒液增添风味，甚至尽量避免澄清、过滤等。

由于对人为干预、机械使用的严控，相比一般的葡萄酒，自然酒通常产量较低，酒液会显浑浊，而且它往往给人缺乏顶级葡萄酒果香、酵母气息更浓、橡木风味缺乏的印象。但也有人认为自然酒独一无二，最大限度地展现了葡萄酒的纯正风味，极具魅力。

自然葡萄酒更像一种推崇自然的理念，一种对生活方式的选择。仁者见仁，智者见智的概念分歧，毫不影响它的市场拓展，进而成为一种新流行、新趋势。

（三）生物动力法（Biodynamic）

生物动力法（Biodynamic，简称 BD）作为一种极具特色的农业耕作方式，越来越受到人们的关注。而在葡萄酒界，生物动力法葡萄酒也是最具争议的话题之一。一方面，它的坚定追随者中不乏世界最顶级名庄，如罗曼尼·康帝（Domaine de La Romanee-Conti）、勒桦酒庄（Domaine Leroy）以及莎普蒂尔酒庄（M. Chapoutier）等；另一方面，在市场中不乏将生物动力法作为噱头炒作盈利的混乱现象。生物动力法的拥护者对它热情洋溢、情有独钟，认为它能最为真实地表达出葡萄园的风土特色，而其反对者则认为它采用牛角等生物制剂以及将葡萄生长与占星学联系在一起的做法是"伪科学"，是迷信，对其采取的一些颇具"玄学"色彩的措施加以否决。

1. 生物动力法从何而来

生物动力法理念最早是由奥地利哲学家鲁道夫·斯坦纳（Rudolf Steiner）提出的。20 世纪 20 年代初，农业生产者们普遍面临过度使用化肥，引起土壤退化、农作物减产、家畜繁殖能力下降以及食物质量降低等问题。针对这些问题，斯坦纳于 1924 年提出了一种特别的耕作方式，推崇生产者们探索土地、植物、动物与人之间的深层本质关系，并提出了这种耕作方式的理论与实践基础。生物动力法风潮由此形成、兴起。

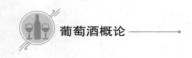

2. 何为生物动力法

斯坦纳提出的生物动力法将整个种植区域视为一个整体，强调生物多样性，通过研究日月星辰变化，依据其算法在合适的时间施与相应的引导，进而增强动植物的活力，完成成长、成熟。

（1）将种植区域视为一个自给自足的有机体

以葡萄种植为例，生物动力法将葡萄园内的土壤、动植物及人视为一个有机整体。这个整体中，各个元素相互依存、相互影响。想推进这个整体的优化，需要系统的动态管理。只有协调发展各个元素及它们相互之间的关系，才能激发整个葡萄园生态系统的活力。

图 1-8　以生物动力法耕作的葡萄园使用畜力

（2）使用特殊的堆肥制剂

生物动力法，顾名思义，是反对在农业活动中使用任何化学肥料或药剂的。就此，斯坦纳发明了九种特殊的生物动力制剂（Biodynamic Preparations），都以字母与数字命名，依次为 BD500 至 BD508。这些制剂中，采用牛粪、牛角、洋甘菊、荨麻叶等天然原料进行堆肥。在使用时，还要依据算法，在特定的时间进行施肥。这些制剂用于增加土壤有机质的含量、刺激土壤中微生物的活动、调节 pH 值、溶解矿物质以及增强植物免疫力。

（3）根据生物动力历法指导农耕

生物动力法认为农业活动必须遵循宇宙和自然的运行规律，将农业活动与占星学结合。通过观察地球、太阳、月亮以及各行星的运动变化与周期。德国人玛利亚·图恩（Maria Thun）于 1960 年前后陆续发表了生物动力历法，用于计算植物的播种、移植、培育、收获以及使用生物动力制剂的时间。

这也是生物动力法最为"玄学"和最被质疑的部分。

3. 生物动力法和有机种植（Organic Viticulture）的区别

可以将生物动力法视作在有机种植上的延伸。两者都坚持不使用化肥、杀虫剂和除草剂。它们之间最大的区别，一是生物动力法的田间播种、移植、培育、收获以及使用生物动力制剂的时间要求遵循生物动力历法；二是生物动力法可使用的八种堆肥制剂。这两点也是生物动力法最受争议的地方。总的来说，生物动力法考虑的因素比有机种植更多，要求更多，需要投入的时间、人力与物力成本也越多。

总体来说，有机、生物动力法和自然酒的共同目标是保护自然生态、尊重风土表达，酿造出更健康更美味的葡萄酒。它们的兴起、流行，尤其是在后疫情时期高端市场上被追捧，都是源于人类为自然环境保护、生态平衡和健康产品的追求与反思；都是受到逐渐深入人心的健康生活理念、生态环保理念、绿色可持续发展理念的社会影响；都是人类努力谋求更好地与自然和谐相处，以求享受它可持续美好馈赠生存方式的尝试。

尽管有机、生物动力法和自然酒越来越受欢迎，但对其持怀疑态度的人也不少。一方面，拥护者认为唯有遵循自然方法构建和谐的葡萄园系统，保护生物多样性，维持人与自然平衡，更加天然的葡萄种植与葡萄酒酿造过程，才会酿出能真实展现风土特色，成为不可复制、独具表现力的葡萄酒。另一方面，也有人鲜明地提出，现代种植中的科技加持，能有效预防或终止很多不必要的自然和生物造成的损失和灾害，可以提升食品生产的稳定性和安全性，适度使用是有益于产业发展的。他们还指出有机、生物动力法和自然酒的生产不能脱离产区现实，盲目推进。例如，在偏潮湿的种植环境中葡萄酒易受到病虫害的困扰，人工和化学药剂的适度使用是对生产和产品安全的有利保障。还有人认为有机、生物动力法和自然酒中独特的风味被潮流夸大了。因为在实际的盲品中，酒评家也屡屡几乎无法从风味上准确断定一款葡萄酒是否采用了这些方法。

第二节 葡萄酒的历史

葡萄作为葡萄酒的原料，它的历史悠久，久到比恐龙还要久。可以与葡萄相比的久远植物物种是被我们称为"植物活化石"的银杏。太过久远的历史，想拨开时间的迷雾一窥究竟，一方面，需要有幸获得充足的证据，例如关于葡萄的文献记录，葡萄种子或葡萄藤叶的化石；另一方面，还要依靠科技的进步，例如生物工程科学的发展，使人们可以通过对遗传基因的研究了

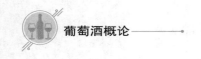

解葡萄种系中的分化和发展。

葡萄酒的历史也一定很悠久，因为从葡萄到葡萄酒的变化有时只需要一个"不小心"。成熟的葡萄中富含葡萄糖，汁水饱满，葡萄皮上还着落着天然的酵母，当遇上适宜的环境，天然葡萄酒便酿成了。所以葡萄酒与人类交织的历史显然不短。

考古研究、文献记载为葡萄酒提供的证据和结论相对严谨且清晰，可有限的内容却无法支撑起全部故事。本就具备了文化属性的葡萄酒早已夹揉进了口口相传的故事、传说中，丰富了内涵，镀上了人文魅力的柔光。这些传说或许不够严谨，真伪夹杂，却也早已成为葡萄酒文化中的一部分，同时也确实为我们缺失的葡萄时间片段提供了可以推演的依据。了解葡萄酒的过往，不妨先来了解一下这些相关故事和传说。

一、传说带来的推论

（一）传说中葡萄酒的由来

相传在古老的波斯王国，有一位嗜爱吃葡萄的国王。国王为了满足自己的嗜好，将葡萄精心地藏在密封的罐子中，并写上"毒药"二字，以防他人偷吃。国王自然是日理万机的，早已忘了罐子里的葡萄。国王身边有一位失宠的妃子，感觉自己的日子过得生不如死，欲寻短见。凑巧她看到了那个写有"毒药"的罐子。打开后，只见里面装的是奇妙颜色的芬芳液体，于是饮用求死。结果她自然没有死，反而有种飘飘欲仙的轻快感，清醒后心情也好了一些。这次不错的体验后，她多次"服毒"，反而容光焕发，面若桃花。后来她索性将自己的经历呈报给了国王，还奉上了神奇的"毒药"。国王听后大为惊奇，一试之下果然如此，妃子再度得到了国王的喜爱。葡萄酒也因此产生并广泛流传，受到人们的喜爱。

古代的战争和商业活动促进了葡萄酒酿造方法的传播。葡萄酒酿造方法曾传遍以色列、叙利亚、小亚细亚阿拉伯国家所在的地域。波斯帝国早已灭亡，湮没于历史洪流中，这片土地上现今的阿拉伯国家信奉伊斯兰教，依照信仰提倡禁酒。在那片可能是葡萄酒酿制发源地的地域，酿酒行业早已衰微。

（二）葡萄酒与"诸神"的交集

不同的民族间的葡萄酒传说都与神相关。原因不外乎在很多古文明中，葡萄酒是一种奢侈品，美好而稀缺的事物就被人们披上了神力的外衣。同时也说明人们对葡萄酒的喜爱始终离不开酒精的效用。葡萄酒是一种镇静剂，带给人们慰藉、放松和愉悦，麻痹人的行为抑制中枢，赋予人勇气、鲁莽甚至荒谬。葡萄酒和"众神"的故事分明是在讲述人类的勇敢、浪漫、狡猾、愚蠢等，再加上不同文明时期的信仰、伦理差异，造就了精彩纷呈的传说。

1. 古埃及的传说

古埃及的葡萄酒神话是画在石壁上的。考古学家们在对埃及古王国时期（公元前2686年—前2181年）埃及金字塔的考察中发现，有29座陵墓的壁画上展现了葡萄酒的酿造场面，壁画中总会涉及祭司用葡萄酒供神饮用的场面，因为古埃及的葡萄酒之神也正是埃及的地狱之神奥西里斯，这位被塑造得十分威严的大神也掌管着柔美葡萄藤和葡萄酒。这样似乎对葡萄酒的喜好和需求就应由神承担了。

可以用来供神，这实际体现的是当时人们对葡萄酒的一种褒奖。这种褒奖还体现在画面中详细描绘了采摘葡萄、榨汁、发酵、装瓶、封口、打标签、窖藏等葡萄酒生产环节，洋溢着采摘和酿造者的喜悦。可见葡萄酒酿制与盛行的捕鱼、狩猎都成为描绘当时美好活动的缩影。

画面让人们生动地看到了古埃及整个葡萄酒酿造过程，各环节明确分工、环环紧扣、有条不紊。例如，在葡萄汁压榨时，聪明的埃及人是用脚踩葡萄取汁的，这样可以在破损葡萄的同时，保留葡萄籽的完整。破损葡萄籽的味道估计只要咬破过葡萄籽的人就难以忘怀，尖锐的苦涩，显然是对葡萄酒的污染。埃及人在踩压葡萄时，还为踩压者竖起了形如现代地铁中扶手挂环的扶手架，解决了踩压葡萄湿滑的难题。所有的合理的细节设计都是劳动智慧的产出，源自人们为生产葡萄酒付出的努力尝试与研究。

2. 古希腊的传说

思维敏捷的古希腊人一定十分偏爱葡萄酒，因为他们索性为自己创造了一位酒神——狄俄尼索斯（Dionysus）。他是天神宙斯众多的子嗣之一，是葡萄酒与狂欢之神，也是古希腊的艺术之神。相传狄俄尼索斯无论走到哪里，就会把酿酒技艺带到哪里。它不仅为当地人们带去了令人幸福的液体，还带去了富裕，因此，被人们尊称为"酒神"。可见希腊人对葡萄酒的喜爱除了它的酒精作用还有葡萄酒重要的经济价值。

早在公元前7世纪，每当葡萄丰收季节，古希腊都要举行化装庆典，形成了"大酒神节"。在酒神节上，人们为酒神吟唱出即兴诗歌，被称为"酒神赞歌"。后来这种表演规模不断扩充，在形式和内容上也逐渐固定下来，形成了一种崭新的艺术形式，视为古希腊戏剧的雏形。希腊人推进了葡萄酒饮用的变革，人们不再满足于狂喝滥饮，而是把饮用衍变成一种精神产物。

图 1-9　希腊神话中的酒神狄俄尼索斯

3. 古罗马的传说

古罗马的文化受古希腊文化影响深远，古罗马也有一位葡萄与葡萄酒之神——巴克斯。他脱胎于古希腊神话中的狄俄尼索斯，是狂欢与放荡之神。

古希腊的酒神节从意大利南部流入，最初是秘密举行，而且只有女性参加，兴盛时每月会举行 5 次之多。但在古罗马，酒神节走向了一种过度，甚至失控的状态。酒神节活动从形式到程度都使性格严肃的罗马人忧心忡忡，最终古罗马元老院于公元前 186 年颁布了一项法令，永远禁止了酒神崇拜活动。这项法令被刻在了铜牌上，至今犹存。

酒神故事的戛然而止并不影响葡萄酒渗透到古罗马文化的各个角落。在社会生活中，作为古老市场上少数会令人上瘾的饮料之一，它的使用有时会受法律的控制。同时，葡萄酒饮用总与当时的宗教有着千丝万缕的联系。经济上，古罗马时期葡萄酒的生产及贸易占据相当重要的经济地位。艺术上，葡萄酒被视为是作家和作曲家们创作的源泉。古老的酒宴常常成为许多诗人创作的舞台，大量古代的诗歌中都有葡萄酒的踪迹。

即使古罗马帝国早已土崩瓦解，却不妨碍酒神的传说流传。17 世纪意大利著名画家卡拉瓦乔创作了多幅表现酒神巴克斯题材的油画，其中最著名的首推《年轻的巴克斯》。另一位著名画家提香也有许多相关画作，比如《巴克斯与阿丽雅德尼》。

4.《圣经》里的葡萄酒传说

据法国食品协会统计，《圣经》中，有 541 次提及葡萄酒。其中就有传说中造了方舟带着大量物种逃避了大洪水的诺亚，在洪水过后带着家人回到陆地，并成为一位葡萄农。他们在两河流过的地方开荒田园，栽种葡萄，酿造甘美的葡萄酒。

《圣经》对葡萄酒推崇备至是宗教。但客观事实是，大量僧侣、信徒投身进了葡萄种植和葡萄酒酿造的探索和研究中。是人，是酒农、是酿制者的努力开拓、锲而不舍的反复尝试，令葡萄酒可以在欧洲漫长、蛮荒的中世纪，依然得到了发展。在北美，即使现代"禁酒令"时期，家庭酿制葡萄酒都是被允许的。

葡萄酒相关的神话似乎都来自西方，在古老的东方文明神话中很少见。原因是显而易见的，农耕文明兴盛的东方文明中，葡萄酒并非主流的饮用酒水，它对经济文化影响相对有限。我国的酒神"杜康"，就是一位典型的谷物酒神。传说中的很多内容很难考证，也往往在流传中越发偏离现实，增添了吸引人的神秘和神奇。但传说的萌生还是受到社会现实的局限，并非空穴来风，葡萄酒的传说在各文明的兴起往往和葡萄酒传播的真实历史轨迹相重合，有助于对葡萄酒发展推论的形成。

二、考古科学的佐证

（一）世界最早酿造葡萄酒的地方

考古证明人类酿制葡萄酒比传说中的波斯王朝早得多，从新石器时期（公元前 8500—前 4000 年）开始，人类就开始有意识地酿造葡萄酒了。特别值得一提的是至今为止最早生产葡萄酒的证据出现在中国的贾湖遗址（公元前 7000 年前）。临近的葡萄酒考古发现还有来自格鲁吉亚（约公元前 6000 年）、伊朗（约公元前 5000 年）的发现。

1. 中国贾湖遗址

2004 年，中美科学家发表了对中国河南新石器时期贾湖遗址（距今 9000~7000 年）发掘出土的陶器内壁附着物的分析结果。分析结果证明这些陶器曾用来装载一种由大米、蜂蜜和水果混合发酵而成的饮料。陶器内壁附着物中检验出的大量酒石酸和酒石酸盐，表明了发酵饮料中水果的身份极有可能是葡萄或山楂。而贾湖遗址也确实发现了野生葡萄种子，却没有发现任何山楂出现的痕迹。由此得出，早在公元前 7000 年左右在中国土地的先民已经开始用葡萄与谷物混合酿造饮品饮用了。这是世界上用葡萄酿酒最早的考古证据。

贾湖遗址出土的陶器类型也十分丰富，有泥质陶、甲蚌、骨屑陶等，且很多陶器内底向中间突起，形如现代葡萄酒酒瓶的底部。这些陶器进一步说明，贾湖时期，不仅拥有酿制的原料，酿制器皿也早已具备。中国很可能是人类多个葡萄酒酿制兴起地之一。

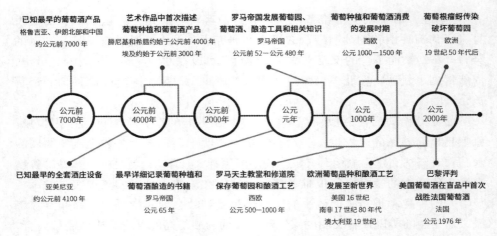

已知最早的葡萄酒产品
格鲁吉亚、伊朗北部和中国
约公元前 7000 年

艺术作品中首次描述
葡萄种植和葡萄酒产品
腓尼基和希腊约始于公元前 4000 年
埃及约始于公元前 3000 年

罗马帝国发展葡萄园、
葡萄酒、酿造工具和相关知识
罗马帝国
公元前 52—公元 480 年

葡萄种植和葡萄酒消费
的发展时期
西欧
公元 1000—1500 年

葡萄根瘤蚜传染
破坏葡萄园
欧洲
19 世纪 50 年代后

公元前 7000 年　公元前 4000 年　公元前 2000 年　公元元年　公元 1000 年　公元 2000 年

已知最早的全套酒庄设备
亚美尼亚
约公元前 4100 年

最早详细记录葡萄种植和
葡萄酒酿造的书籍
罗马帝国
公元 65 年

罗马天主教堂和修道院
保存葡萄园和酿酒工艺
西欧
公元 500—1000 年

欧洲葡萄品种和酿酒工艺
发展至新世界
美国 16 世纪
南非 17 世纪 80 年代
澳大利亚 19 世纪

巴黎评判
美国葡萄酒在盲品中首次
战胜法国葡萄酒
法国
公元 1976 年

图 1-10　葡萄酒版图拓展的时间线

2.格鲁吉亚葡萄酒

格鲁吉亚被联合国教科文组织认证为葡萄酒起源地。在其境内发现了古老而清晰的葡萄种植遗迹，历史可追溯至新石器时代。该国更值得被关注的是在这个地区的葡萄酒酿造方法经历时光流转鲜活至今。

格鲁吉亚低调地坐落在亚欧边界上，总人口仅四百万人，位于高加索山脉南部，北接俄罗斯。它背靠高大的高加索山，拥有常年不化的积雪和冰川，也拥有红土、黄土、黑土等多样的土壤结构，是阻挡来自北方寒冷空气的天然屏障。再加上自黑海吹来的暖湿气流，使格鲁吉亚非常适于葡萄的种植及葡萄酒的酿造。

图 1-11　格鲁吉亚葡萄酒历史悠久

几十年前，考古专家在马尔诺里镇（Marneuli，第比利斯以南下卡尔特里地区）附近山谷中的丹格罗李－戈拉（Dangreuli Gora）遗址发现了大量公元前6000年（8 000多年前）的葡萄种子。依据其形态学特征和分类学分析，认定这些种子属于"欧亚葡萄栽培亚种"（Vitis vinifera sativa）。佐证了格鲁吉亚是人类最早种植葡萄的地区。

　　2006—2007年间，位于克维莫－卡尔特里（Kvemo Kartli）地区东南部的 Gadachrili Gora 遗址中发现了大量新石器时期的葡萄种子以及大量陶器碎片，进一步佐证了当时已有葡萄酒酿造。研究者对陶器碎片的化学分析发现容器内壁有酒石酸钙盐沉积，而这种沉积的唯一来源便是葡萄酒或葡萄汁。上述考古发现揭示了早在公元前6000多年前，葡萄酒便与人类结下了不解之缘，也证实了格鲁吉亚这片土地不仅见证了人类最初的葡萄种植，也是人类最早从事葡萄酒酿造的地方。

【拓展思考】

　　你了解格鲁吉亚的陶罐酿酒法吗？

　　格鲁吉亚独特而古老的陶罐酿酒法已被认定为世界非物质文化遗产。格鲁吉亚人就地取材，用当地土壤烧制大型陶罐 Qvevri（奎乌丽）。然后将 Qvevri 陶罐埋藏至地下，只露出颈部以上。格鲁吉亚人在埋入地下的黏土罐中发酵葡萄酒，在天然酵母的作用下，获得了酒体独特的香味和丰富的益于人体心血管系统的多酚物质。Qvevri 陶罐具有吸附金属、抑制细菌生长的作用，葡萄酒的保存也是在陶罐中进行的。新石器时代，格鲁吉亚境内便出现了陶罐的雏形，几经演变改良，使用也不断与时俱进。Qvevri 陶罐酿酒工艺在格鲁吉亚匠人中手手相传，8 000 年不曾间断。2013年被列入世界非物质文化遗产名录。

图 1-12　格鲁吉亚的酿酒陶罐 Qvevri（奎乌丽）

　　2014年以来，格鲁吉亚国家博物馆、格鲁吉亚葡萄酒协会和格鲁吉亚国家葡萄酒局共同主办的国际项目启动。越来越多元的证据证实了格鲁吉亚确实是葡萄酒酿造的古老国家。丰富的野生和本地葡萄品种、独特的酒器、历

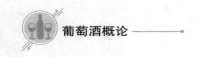

史悠久的陶罐酿酒法、随处可见的葡萄酒酿造遗迹证实了格鲁吉亚是世界葡萄酒发源地，同时也表明 8 000 年来格鲁吉亚酿造葡萄酒的历史从未中断。

3. 美索不达米亚葡萄酒

葡萄酒的另一个兴旺之地其实是在美索不达米亚平原，这个在西方历史上被称为"新月沃土"的两河流域，位置相当于现在的伊拉克和伊朗。这里最初聚集的是一群被怀疑是来自东亚高山丛林之中的苏美尔人（SUMERIANS），即闪族人。

苏美尔人发明使用了刻在泥板上的楔形文字，并把葡萄种植和酿酒技术用文字记载下来，伟大灿烂的巴比伦文明就是苏美尔人奠定的基础。这里诞生过人类最早的成文法典——《汉谟拉比法典》，这个法典公布的法律中就包含了对酒的酿造和销售的管理与规范方面的内容。公元前 2000 年，古巴比伦汉谟拉比王朝的法典规定，严厉惩罚在葡萄酒贸易中以次充好的商人。这也说明当时的葡萄酒产业已有很大的规模，且在市场中存在一些低劣葡萄酒。

2007 年，一支由国际考古专家组成的队伍在亚美尼亚南部的瓦约茨佐尔省（Vayots Dzor）亚拉拉特山脊之上发现了一些装着葡萄籽的容器。这些葡萄籽属于酿酒葡萄属萨迪瓦种（*Vitis viniferasativa*），可以追溯到公元前 4100 年。这种葡萄原来为欧洲野葡萄品系，逐步被驯化后成为用于酿酒的酿酒野生葡萄种（*Sil-vestris*）。

2010 年，在同一地区，考古学家发现了用于酿酒的工具以及面积达 700 平方米的建筑群遗迹。考古学家辨认出了深藏在洞穴中的一个压榨器以及一个黏土制的发酵罐。压榨器的底部由黏土制成，里面有导管可以将葡萄汁引流到发酵罐中。发酵罐深 60 厘米，可以装 52~54 升葡萄酒。除了压榨器以及发酵罐，考古学家从遗迹里面还发现了葡萄籽、压榨过后残余的葡萄梗、干燥的葡萄藤枝条、陶器的碎片、一个用牛角制成的精美酒杯以及一个用来喝酒的圆筒形碗。

（二）葡萄与葡萄酒的中转站

我国贾湖遗址的发酵饮品中使用的还是野葡萄，当时是否存在葡萄种植驯化仍无证据可考。但显然在 7000 年前的小亚细亚和两河流域，葡萄种植与葡萄酒酿造已然兴起。现代葡萄酒产业中产量前三的意大利、西班牙和法国皆在欧洲。每当讲起葡萄酒的品质标准、饮用文化时人们的第一反应也往往是想到欧洲。那么，葡萄酒又是怎样传播到了欧洲？商贸流通是最主要的推动，重要的葡萄与葡萄酒的中转国度历史也染上了葡萄酒的"香气"。

1. 埃及葡萄酒

美索不达米亚平原到欧洲的路径被一个商贸兴盛的古文明连接着，便是古埃及。在埃及，关于葡萄种植活动的最古老的遗迹在 20 世纪 80 年代被发现。这处遗迹位于蝎子王一世的坟墓中，距今约 5100 年。但最早有迹可循的葡萄酒酿造工艺仅可以追溯至公元前 3000 年。在位于阿拜多斯（Abydos）的乌姆·卡伯（Oumm el-Qaab）城市公墓发现的浅刻浮雕上，我们找到了葡萄采收和压榨时的场景，浮雕上还刻画着一些装满葡萄酒的陶罐。这座公墓里还埋葬了提尼斯王朝的第七任法老王瑟莫赫特（Semerkhet）。这些浮雕上刻画的葡萄有些被揉碎，有些被送去直接压榨，而收集的葡萄汁液又被送去发酵、澄清。

在兹姆里·利姆（Zimri-Lim）王宫中，一些记载着公元前 13 世纪马里（Mari）地区葡萄酒贸易和饮用情况的记事泥板刷新了我们的认知。这些文献记下了曾经存在着好几种有着本质上不同的葡萄酒。其中最好的是一种叫塔钵（Tâbum）的酒，应该是一种甜酒。泥板上还记载着一些没被详细说明性质的红葡萄酒、陈年老酒，以及用桑葚和没药调味的加香酒。在埃及古王朝时期，葡萄酒被严令仅供法老和他的近臣饮用。文献中还详细提到皇家的餐桌上是常年供应葡萄酒的。这种装满陶罐的美酒从商人的手中精挑细选源源而来，证实了这个国家（尼罗河三角洲地区）的酒有着罕见的上乘质量。葡萄酒进口量在当时很可能很大，而且税收后的收益也十分可观。

2. 希腊的葡萄酒

最早应该是腓尼基航海家把葡萄酒和酿酒葡萄枝条带到了希腊半岛。公元前 800 年前后，一些航海家从尼罗河三角洲将葡萄以及葡萄栽培和葡萄酒酿造技术带到了希腊，使其成为欧洲最早开始进行葡萄栽培和葡萄酒酿造的国家。

希腊文明的保存比前面提到的古文明好了很多，葡萄酒的线索多元化了，不仅在文明遗址的陶罐或墙壁装饰中，而且在艺术绘画中，在吟游诗人的故事里，在酒神节的表演里，葡萄酒的故事逐渐清晰起来。

古希腊的自然环境并不优越，从气候上来看，属于夏季干热、冬季湿冷的地中海型气候，土地是典型的岩石型土质，农民只能依靠雨水来浇灌庄稼。在这里小麦每播种四年会有一年歉收。贫瘠的土地上只能生产有限的大麦和适合干旱环境的水果，如橄榄、葡萄。在两千多年的时间里面包、橄榄油、葡萄酒一直是希腊人饮食的核心。

贫瘠的土地是葡萄的乐土。希腊的葡萄栽培在公元 1000 年前已相当兴盛，希腊人不仅在本土，也在它当时的殖民地西西里岛和意大利南部等地种植葡萄，还慢慢摸索出了一套自己中意的葡萄酒酿造工艺。如，为了增加葡萄汁的糖分，古希腊人选择在较晚时节采收葡萄，或者将一部分葡萄制干后随其

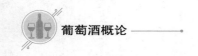

他新鲜葡萄一并发酵。

古希腊人将葡萄酒融入文学。荷马史诗《奥德赛》中就记录着一种香气浓郁的甜红葡萄酒。古希腊人还坚信，葡萄酒是一种有利于健康的饮品，因此常与药材、树汁、橄榄油或植物根茎等制成药剂来治疗诸如痛经或抑郁症这样的疾病，就连有古希腊的"医药之父"之称的希波克拉底（Hippocrates），也一再在其巨著中强调葡萄酒的药用价值。

公元前600年，古希腊人抵达高卢（现在的法国）南部的罗纳河，建立马赛城，并向当地人传授了如何进行枝剪以控制葡萄产量的技术。到公元前500年，马赛人酿造出了自己的葡萄酒。可惜当时的高卢，对葡萄酒的影响并不大。

三、现代葡萄酒产国的形成

（一）葡萄酒在欧洲的传播

1.古罗马的葡萄酒

将葡萄和葡萄酒传播到欧洲各地的是古罗马人。古罗马时期，大量的酿酒技术被发明及完善与古罗马帝国的强大密不可分。公元前3世纪至公元前2世纪，古罗马逐渐强大，成为欧洲新的军事帝国。罗马人从希腊人那里学会了葡萄栽种和葡萄酒酿造技术后，伴随其扩张，古罗马人将酿造技术连同葡萄酒文化传遍了全欧洲。

公元前146年，罗马人从希腊人那里学会了栽培葡萄和酿造葡萄酒后，在意大利半岛全面推广。当年罗马人所使用的许多酿酒技术至今仍在被人们所使用，比如采收下来的葡萄会通过压榨的方法来获取葡萄汁；为了获取最多的葡萄汁，葡萄往往会被反复压榨多次；通过不同压榨次数和压榨方式获得质量不同的葡萄汁；每次压榨出来的葡萄汁都会分别进行处理，用于酿造出不同价位的葡萄酒。罗马人还会对有些葡萄酒在陈年存放时进行继续发酵，发酵自然会释放出新的二氧化碳，长时间积攒的气压很可能会导致罐体爆炸。因此，罗马人酿酒所用的两耳细颈酒罐的罐顶会钻有一些小孔，用以挥发第二次发酵产生的气体。

罗马人在长期酿造葡萄酒的过程中发展出了许多不同种风格的葡萄酒。昂贵的葡萄酒，仅供达官贵人享用，酒体饱满，酒精度高，一般在饮用前还会进行陈年。廉价的葡萄酒则使用最后压榨后剩下的劣质葡萄汁，品质低，供给奴隶或最低级别的士兵。

随着罗马帝国版图的扩张，罗马人适合种植葡萄的地区版图随之扩张。

比如高卢（Gaul，旧时的法国），一个早在 2000 年以前，希腊人就已经在那建立了葡萄园的地区。罗马人带去了更为先进的酿酒技术和对葡萄酒更深层次的理解，促进了当地葡萄酒产业的进一步发展。现在著名的波尔多（Bordeaux）、勃艮第（Burgundy）和罗讷河谷（Rhone Valley），便是从那时候开始踏上成为优秀葡萄酒产区之路的。但当时高卢地区还非常的荒蛮，道路崎岖令葡萄酒运输成为难题。为解决这个问题，当时的凯尔特人发明了松木桶，用木桶来储存和运输葡萄酒。从此以后，木桶取代了有 5500 年历史的陶罐。这项发明也成为葡萄酒历史上的一个重要里程碑。

受到罗马人这种葡萄酒深远影响的除了法国，还有德国莱茵河流域地区、西班牙以及北非等当时罗马帝国的殖民地。

罗马帝国后期，实行绝对专制的君主制，致使最高统治集团腐败盛行。而统治阶段贪饮葡萄酒、醉生梦死，加剧了各种社会丑态的发生。很多史学家推断，古罗马人将对铅的偏爱融入了葡萄酒，又随着葡萄酒残害了各阶层罗马人的体魄。甚至有腐败的奴隶主用劳动力（奴隶）换取殖民地的美酒，损害国家的生产力。葡萄酒曾让古罗马人英勇好战，葡萄酒也彰显了他们的腐败不堪，加速了古罗马灭亡的命运。

2. 修士与葡萄酒

罗马帝国灭亡以后，作为罗马帝国重要经济支柱的葡萄酒业也随之没落了。直至 17 世纪，葡萄酒在欧洲都被赋予了相当浓厚的宗教与政治色彩。对基督教徒而言，葡萄酒代表了神的馈赠，堪比血液。这样的宣传之下，整个中世纪的战乱中，修士仍详细记载了关于葡萄的收成和酿酒的过程。这些事无巨细的记录促进了特定种植区与其最适合栽种的葡萄品种的匹配，酿造技术的传播。他们保留并且奠定了整个欧洲葡萄酒的历史传统。

现代人能够饮用到如此高品质的葡萄酒确实得益于中世纪那些潜心探索修士的不懈努力。这是葡萄酒学习者要客观认识的一段历史。因为客观上他们是种植的专家，更是土地拥有者；他们学习并且发展葡萄种植和酿造的科学，并且作为为数不多的"知识分子"能被记录在文献上。以其中的代表西多会为例：

世界上最昂贵的葡萄酒产自法国勃艮第地区。这个经典产区就是出自修道士们精心的耕作与酿造。公元 1098 年，在勃艮第的科多尔省（Cote d'or）北部一个叫做西多（Citeax）的地方建立了一座修道院，并建立了西多会。早期的西多会戒规森严，修士每天的主要工作就是在葡萄园中砸石块，然而，他们有着最高超的酿酒技术，并且总是在不停地寻找着最好的种植和酿造方法，不停地进行试验。西多会的修士会用"舌头品尝土壤"的方法来分辨土质。他们认为只有相同的土质才能种出风味相同的葡萄，于是"土生"（Cru）这个种植概念终于诞生了。气候概念简单来说就是强调土质对葡萄的影响，不同的葡萄园具有不同气候条件，一个葡萄园也可能不止一种气候。西多会的修士将鉴别出来的优质葡萄园用高一米左右的石头墙围起来，以便和旁边的葡萄园分开，这些葡萄园的围墙我们称呼为"克罗（CLOS）"。而根据记载，这些长期清苦生活的僧侣，平均寿命只有 28 岁。后来西多会的影响遍布法国的其他产区，如卢瓦尔河谷、香槟、普罗旺斯，进而影响力扩大到欧洲各地。

西多会教会的本初是为那些逃避当时他们无力抗衡的堕落腐化的教会的少量修士提供庇护所。可见成就美酒的绝不是他们的身份。他们被历史记住的反而是他们本身对葡萄种植和酿造单一且简化的执着，为了酿制出甜美琼浆不畏磨砺的意志，是以酿造为事业时投入、精湛、热情的精神，这些激励了一代又一代的酿酒者。

直至今日，"土生"（Cru）依然是葡萄酒种植需要尊重的现实条件。它与栽种葡萄品种匹配的探索是各葡萄酒产区精耕细作、深度发展的体现。这种探索正不断发生在新兴产区和产国，在我国宁夏、新疆、云南等产区都在优化更适宜的品种。这种探索已使得赤霞珠、蛇龙珠、马瑟兰等国际品种焕发出中国产区的风土特点，还让贵人香、东北山葡萄等中国品种在葡萄酒的世界闪亮登场。这种碰撞也不局限于新产区、新产国，即使成熟如法国的波尔多产区，为应对环境变化在 2019 年也增加了自己的法律允许种植品种，可见这种匹配的探索从未休止。种植和酿造者的执着精神可能会让这种优化永远持续下去。

图 1-13　法国勃艮第风土划分精准的葡萄田"克罗"（CLOS）

了解了这段历史，再看到很多的葡萄酒关键事件、顶级名园或是技术革新与修士相关也就不足为奇了。例如，发明传统香槟酿造法的唐·培里侬（Dom Perignon）也是一位修士。

（二）新兴葡萄酒产国的出现

工业革命后，经济加速发展，促使欧洲人们开始探索新的土地。这些探索活动也为葡萄酒的发展开辟了另一番新天地。自1492年哥伦布发现新大陆后发展而成的葡萄种植和葡萄酒酿制国，被称为葡萄酒新产国。

最开始的新产国扩张是伴随着欧洲强国对殖民地的大肆扩张而来的。伴随着新殖民地的建立，统治阶层成为被当时欧洲皇室认可的代言人，大量的欧洲移民涌向新大陆，他们也带去了对葡萄酒的需求。而新兴葡萄酒产国的拓展越临近当代越带有鲜明的民族独立、主动参与和产国自信。到中国自主加入新兴葡萄酒产国行列，参与世界葡萄酒种植与酿造的竞争，已是完全的本国独立自主，带有鲜明的国家层面高度决策。这个横跨了5个世纪的变迁，我们可以将它分为5个阶段。

1. 第一个阶段：欧洲酿酒葡萄在南美各国的传播（16世纪）

最早开始种葡萄酿酒的新葡萄酒产国是墨西哥。因为在欧洲葡萄浸染的宗教底色，1521年，西班牙殖民者埃尔南·科尔特斯（Hernan Cortes）率领了一只探险队入侵阿兹特克帝国。随后，这批殖民者将自己带来的葡萄树苗种植于此，并由此拉开了墨西哥葡萄酒酿造的序幕。然后伴随殖民扩张的深入逐步传入到秘鲁、智利、阿根廷等南美国家。

虽然这些国家在16世纪就已普遍开始自己的葡萄种植与酿造，但受到社会动荡的影响，葡萄酒产业长期滞留在落后的传统生产模式中，在20世纪依靠外国技术的注入才普遍开启了葡萄酒产业的真正发展。这些国家当前的葡萄酒产业得到了迅猛的提升，逐渐发展出具有各自特色的新兴经典产区和世界驰名的酒庄品牌。随着产业越来越成熟，这些南美新兴生产国努力摆脱单一的、大众市场、平价葡萄酒生产国的定位，其一些名庄下的顶级系列葡萄酒中不乏可以与传统生产国顶级名庄匹敌的佳作。

2. 第二个阶段：南非的开发（17世纪）

在让人普遍想起炎热的沙漠的非洲，荷兰殖民者在它的南部，找到了一片适宜葡萄生长的地方。1655年，荷兰人开始在南非种葡萄酿酒，开启了南非长达300年的葡萄酒生产历史。南非常被形容为"连接新、旧世界的桥梁"。因为大多数南非葡萄酒都是用新葡萄产国的酿造方法酿成，但是风格上又偏向于欧洲那些传统产国。

南非葡萄酒产业的两件突破性事件分别是：

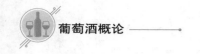

（1）本土葡萄名片诞生

1925年，派柔德（Perold）教授成功地采用黑皮诺和神索葡萄杂交形成了皮诺塔吉（Pinotage），这个新品种繁殖出许多植株，1961年，人们便酿制出了第一瓶皮诺塔吉葡萄酒。而今皮诺塔吉（Pinotage）葡萄酒已经成为南非的葡萄酒名片。

（2）种族隔离的结束

南非葡萄酒发展至20世纪八九十年代，随着种族隔离的结束，出口市场重新开放。许多南非生产商迅速启用了新的酿酒方法，且引入了许多国际品种，如西拉（Shiraz）、赤霞珠（Cabernet Sauvignon）和霞多丽（Chardonnay）。南非葡萄酒产业迎来新的发展。

3. 第三个阶段：美洲与大洋洲的加入（18世纪末到19世纪初）

1619年欧洲殖民者就在美国的弗吉尼亚州尝试种葡萄，但由于气候、土壤和病虫害等原因最终失败了。1670年加利福尼亚又开始了同样的冒险，但一直起起伏伏，没有取得特别大的成功。到19世纪中期，根瘤芽菌给欧洲的葡萄园带去了灭顶之灾，有人利用嫁接的技术将欧洲葡萄品种植在美洲葡萄植株上，利用美洲葡萄的免疫力来抵抗根瘤蚜的病虫害。至此美洲和美国的葡萄酒业才又逐渐发展起来。直到1850年美国加州的葡萄酒才开始得以大规模商业化生产，并逐步发展成今天著名的葡萄酒产区。

作为美国最主要、最著名的产区，加州，其精华核心区为纳帕谷（Napa Valley），该区所产的顶级赤霞珠（Cabernet Sauvignon）红酒，在两度美法顶级酒盲品对决中打败法国顶级酒，让美国酒因此而声名大噪，为所有新葡萄酒产国注入了自信心。

而在美国北部的加拿大，因为寒冷凭借冰葡萄酒的酿制而闻名全球。1788年，亚索-飞利浦船长把葡萄带入了澳大利亚，在悉尼一带开始种植并酿酒。因为澳大利亚葡萄酒的主要品种源自法国罗讷河谷，所以即使在澳大利亚葡萄酒品牌、质量都达到了世界顶级水平的现代，还是在它身上看到很多罗讷河谷的特征。同时澳大利亚的南澳产区作为为数不多没有遭受根瘤芽病侵袭的产区，拥有着众多在欧洲都难以寻见的超级老藤。1819年，葡萄苗又被传教士带入新西兰，既为长相思葡萄找到了得天独厚的新产区，也为世界贡献了纯净、通透著名的新西兰葡萄酒。大洋洲酿酒的历史也逐步开启了。

4. 第四个阶段：中国的自主入局（20世纪）

中国葡萄酒自古有之，源远流长，伴随着历史朝代的更迭走过了几千年的历史春秋。1892年晚清之年，传奇的爱国华侨张弼士先生拿出300万两白银，创建了中国葡萄酒企业——张裕酿酒公司，开创了中国工业化酿造葡萄酒的先河。

新中国成立后，国家为了防风固沙和增加人民的收入，在黄河故道地区大量种植葡萄，并在20世纪50年代后期建立了一批葡萄酒厂，从而掀开了中国葡萄酒发展的新篇章。

我国地域辽阔，南北纬度跨度大，在北纬25至45度广阔的地域里，具备种植各具特色葡萄品种的先天优势。逐渐形成了我国多特点产区分布的特点，有在冬季温度低至零下40℃的通化产区，也有夏季温度高至45℃的吐鲁番产区，它们都能种植出品质尚佳的葡萄。地形的多样性也有利于葡萄的种植，如云南高原上就有弥勒产区，甘肃有坐落在沙漠边缘的武威产区，有银川山脉雨阴区的贺兰山东麓产区，还有种植避暑两相宜的渤海湾产区等。

图 1-14　宁夏贺兰山东麓产区美景

与之前的新葡萄酒产国不同的是，中国现代葡萄产业是国家政府出于民族轻工业发展、生态水土改良、精准扶贫发展等一系列大国工程的战略决策，是为满足人民美好生活需求的自主入局。如今中国已成为世界上葡萄酒种植、酿造和消费强国中的亚洲表率。

（三）传统葡萄酒产国和新兴葡萄酒产国的区别

1. 传统葡萄酒产国和新兴葡萄酒产国的分界线日渐模糊

因为酿造历史和酿造技术的巨大落差，传统葡萄酒产国和新兴葡萄酒产国的区别曾十分鲜明。时过境迁，有些区别虽仍存在，但越发难以察觉。对此，即便被称为"第一品酒夫人"的世界葡萄酒大师杰西斯·罗宾逊，也在慨叹传统葡萄酒产国和新兴葡萄酒产国的分界线日渐模糊。

葡萄酒传统产国与新兴产国学习视频

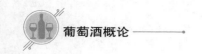

葡萄酒概论

随着时代的变迁，如今传统葡萄酒产国和新兴葡萄酒产国葡萄酒的风格差异越来越小，两大阵营间的分界线日渐模糊。新兴葡萄酒产国的葡萄酒生产者善于学习，正不断借鉴传统葡萄酒产国的酿酒经验。例如，日益重视葡萄酒对产区"风土"的诠释；越发注重生态系统的改良，努力尝试有机酒、自然酒或生物动力法酒的酿制。随着发展的深入，这种学习已经并非单向的。传统产国的酿造者也一直在借鉴新兴葡萄酒产国的先进技术，从这些大胆尝试、不断创新的产区经验中引入高科技来弥补人工方式的不足。

2. 传统葡萄酒产国和新兴葡萄酒产国的界定

传统葡萄酒产国是历史十分悠久的老牌产酒国，主要为欧洲国家和早于欧洲发展的中东葡萄酒产国。法国、西班牙、意大利、德国、葡萄牙、奥地利、希腊、黎巴嫩、克罗地亚、格鲁吉亚、罗马尼亚、匈牙利和瑞士等都属于这种国家。

新兴葡萄酒产国是自1492年哥伦布发现新大陆后至今不断发展形成的葡萄酒产国，它们分布在各大洲，包括墨西哥、智利、阿根廷、南非、美国、加拿大、澳大利亚、新西兰，以及日本、中国等国。

3. 传统葡萄酒产国和新兴葡萄酒产国的区别

（1）历史时长不同

传统葡萄酒产国和新兴葡萄酒产国的最直接的差异源于历史时长的不同。葡萄酒相关文化的形成、产业的完善、管理和市场体系的建立都需要时间，这是众多新兴葡萄酒产国无法跃迁的历程。这些传统葡萄酒产国普遍都有2 000年左右的酿造历史，而最早开发的新兴葡萄酒产国墨西哥的历史也刚满500年。

（2）酿酒法律约束的程度不同

传统葡萄酒产国在葡萄品种、葡萄种植和葡萄酒酿造上有明确的法律规定，例如，意大利的蒙塔希诺 – 布鲁奈诺（Brunello di Montalcino）只能采用桑娇维塞（Sangiovese）酿制，且在上市前必须经过至少5年的陈年，其中包括至少两年的橡木桶陈年及至少4个月的瓶中陈年。另外，传统葡萄酒产国还建立了完善的葡萄酒分级体系与质量控制制度，比如法国的葡萄酒分为AOP（原为AOC）、IGP和VdF三个等级，其中的AOP等级对葡萄品种、产地、最高产量、最低酒精度和酿酒方法等方面都有严苛的要求。

新兴葡萄酒产酒国在这些方面则没有如此严格的法律约束，生产商可以在他们认为合适的产区种植任何他们认为合适的品种，可以较自由地决定选用哪些葡萄品种来酿酒以及酿制哪种类型的葡萄酒。

当然，这并不意味着新兴葡萄酒产酒国的管理是毫无章法的，相反，新

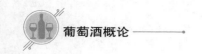

兴葡萄酒产酒国在积极推进自己酿酒法律体系的建立，只是仍需要时间来完善和细化。虽不像法国等欧洲国家从法律上对葡萄酒的等级进行划分，但新兴葡萄酒产酒国也有自己的分级制度，比如美国、智利和中国等国家。

美国。美国在借鉴原产地概念的基础上，根据本国葡萄酒发展的实际情况，制定了符合自身需求的美国葡萄酒产地（AVA）制度。AVA产地制度，成功保护和规范了葡萄酒生产。

智利。1995年，智利根据自己狭长的葡萄种植和葡萄酒酿造区特点，结合海洋和安第斯山对其葡萄酒产业不可忽视的重要影响，修改了葡萄酒法，制定了葡萄酒原产地分级制度DO（Denominacion de Origen），将葡萄园的地理位置从东到西进行划分。这在很大程度上提升了消费者对葡萄酒的市场信赖度，提高了智利葡萄酒品质。

中国。多年来，我国不仅在逐步完善葡萄酒的产区认证体质，更根据产区发展的不均衡，给予了各优质产区制度灵活先行的弹性。我国宁夏贺兰山葡萄酒产区于2016年3月已开始实行独立的葡萄酒分级制度，该制度是我国第一个对葡萄酒质量进行划分的葡萄酒制度。这项分级制度由宁夏贺兰山东麓葡萄与葡萄酒国际联合会联合出台，该制度主要对宁夏贺兰山的酒庄进行质量分级，共分为5个等级，其中一级庄为最高等级。这项分级制度每2年修订一次，允许更低等级的酒庄晋级。如果一个酒庄被评为"一级酒庄"，那么该酒庄只需每10年重新被评估一次。制度有明确的分级和评审制度体系。

需要说明的是，在一些新兴葡萄酒产国的著名优质产区，一些酒庄对酿制流程和工艺上的要求甚至比传统葡萄酒产国还要严格。这也解释了新兴葡萄酒产国不乏世界顶级葡萄酒品牌的原因。

（3）酒标所含信息不同

由于酒标用语的规范性受到法律完善和严苛的影响，所以在两种酒标用语上暂时呈现出以下特点：传统葡萄酒产国酒标用语规范，信息量大，等级清晰，通过酒标可初步判断酒款品质；新兴葡萄酒产国的酒标信息相对简化，术语使用有待规范，有时不足以支撑对酒款品质的初步判断，表现形式创新多的特点。

传统葡萄酒产国中多数产区不会在酒标中展示葡萄品种信息，而新兴葡萄酒产国酒标中通常会提供品种信息。这可以被视为：成熟产区对自己代表酿制葡萄品种的自信和傲娇。消费者需要了解不同产区的法定品种，大致推断出酒款是用哪种葡萄酿造的。新兴葡萄酒的酒标简单明了，且通常会提供品种信息。而新兴产区的酿酒葡萄品种改良正在快速推进，好的产区加上已经有了名气的、验证成功了的品种要黑纸白字地标出，以给人信心，而小众

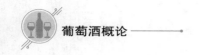

的、未出名的品种可以提供给爱好者尝新和猎奇。

（4）种植技术和酿造工艺不同

在种植技术和酿造工艺上，传统葡萄酒产国注重传统，致力于真实呈现风土特色。新兴葡萄酒产国则追求自主创新，充分利用现代化设备是其一大特点，酿酒师们也比较热衷于尝试新颖的酿造方式和探索不同的酒款风格。如果说传统葡萄酒产国代表着悠久的历史传承，那么新兴葡萄酒产国则体现了开拓者的探索精神。

即使在互相借鉴的当下这种差别还会持续下去。一方面，传统葡萄酒产国种植中的精耕细作、酿制中的坚守传统已经得到了市场的广泛认可，这些被认可的价值会体现在价格上。例如，坚持手工和传统生物动力法的勃艮第红酒不需要广告，永远好卖，名气越大，就越贵越好卖。放弃传统，就是在否定整个历史。而且优质的传统产区开发时，没有现代化的器械、现代的农业理论、现代的酿造理论，当地摸索出来的种植和酿造方案没有为现代器械留有可能，也不像现代工业推演的整齐划一，他们拥有更早已驯化的当地风土上独特的微生物环境。而新兴葡萄酒产国最大的困境是"新"，最大的财富也是"新"。现代器械、现代种植和酿造技术让葡萄酒酿造者可尝试、可优化、可创新的内容太多。新兴葡萄酒产国的风格更多的是突出创新和改革，在实验中改进，在继承传统中创新。近代酿造业技术从原来单纯保护发酵过程的顺利进行，到现今以科技提升葡萄酒质量，旗帜鲜明地迎合消费者喜爱。对大众市场，流行什么口味就尽量满足，并采用物美价廉的营销策略，抢占葡萄酒市场。近些年，高端市场的积累越发厚实，也越发贴近传统产国的名庄风格。

就葡萄酒风格而言，一般来说，传统葡萄酒产国葡萄酒风格追求优雅内敛，追求口感平衡，追求陈年潜力。新兴葡萄酒产酒国大多气候相对炎热，葡萄成熟度更高，因而酿出的葡萄酒果味更加直接奔放，比起传统的平衡优雅更突出了活泼明快。

因历史、自然条件、人为因素等的差异，传统葡萄酒产国和新兴葡萄酒产国在酿酒观念以及葡萄酒的风格、口味上各有千秋、各具特色，但随着时间的推移，它们又逐步融合，两者之间的界限越发模糊。它们以各自的方式共同为全世界人民酿造着最美味的葡萄酒。不管是传统葡萄酒产国，还是新兴葡萄酒产国，各有其独特微妙之处，不分孰优孰劣，消费者根据个人喜好选择即可。

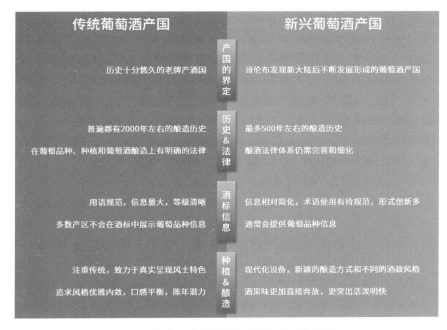

图 1-15　传统葡萄酒产国和新兴葡萄酒产国区别

（四）根瘤蚜菌的肆虐

在新兴葡萄酒产区不断形成的 19 世纪早期，欧洲本土那些久负盛名的欧亚属的葡萄（*Vitis vinifera*）正被全世界移植。当时的整个欧洲就像是一个硕大的葡萄园。在意大利，十有八九的人靠着种葡萄酿酒生活，法国自巴黎向南也是大量种植葡萄。而一场影响了全世界的葡萄病变正在欧洲形成。那就是被称为葡萄癌症的根瘤蚜虫。

1. 什么是根瘤蚜虫

"葡萄根瘤蚜（Phylloxera）"，原产于美国，是极小的、长度不足 1 毫米的（用显微镜可见的），肉眼几乎难以察觉的寄生蚜虫。它属于同翅目害虫，生命周期十分复杂，一年当中会出现不同的形态。而在其中一个形态根瘤蚜虫是生存在地下的，寄生在葡萄藤根部。它以葡萄藤的根部为食，从而使其感染葡萄根瘤蚜病，令被它咬出的创面遭受真菌和细菌的攻击，久而久之，葡萄藤便会因感染逐渐衰落、死亡。葡萄根瘤蚜惊人的传染能力可以通过葡萄园工人的鞋底传染到整个葡萄园，或者自然地从一个葡萄园传播到邻近的另一个葡萄园。西班牙、意大利都证明了虽然高山可以延缓传染速度，却无法阻隔它的传播。

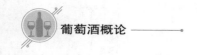

2. 19 世纪末的根瘤蚜虫爆发

1863 年，根瘤蚜虫在法国出现并迅速蔓延，在世纪之交摧毁了整个欧洲数千公顷的葡萄藤，几乎毁掉了欧洲所有的葡萄藤。全欧洲的酒庄不顾一切，甚至不惜烧毁家族传承的古老葡萄园，企图阻止这种疾病的蔓延。然而，到20 世纪的时候，葡萄根瘤蚜病还是蔓延到了不可想象的地步：超过 70% 的法国葡萄藤死于根瘤蚜病，成千上万以葡萄园谋生的家族彻底崩溃。

图 1-16　受到根瘤蚜虫侵害的叶子

3. 根瘤蚜虫的预防探索

一时间，整个国际葡萄酒市场呈现出一幅萧瑟的景象。法国农业和贸易部为了挽救整个局面，曾决定悬赏 2 万法郎（相当于现在的 100 万美元）给消除葡萄根瘤蚜的人。1868—1871 年间，超过 450 篇文章探讨过葡萄根瘤蚜病问题，也进行过大量的相关研究，包括试验种植、打农药、水淹法、土壤类型研究等。

最后，法国人朱尔斯·埃米尔·普朗松（Jules Emile Planchon）和美国人查尔斯·瓦伦丁·莱利（Charles Valentine Riley）等人的研究小组找到了正确的解决方案。波尔多产区一个叫利奥·拉里曼（Leo Laliman）的葡萄栽培者通过实验，将这个方案推广到波尔多。他们做的事挽救了世界的葡萄酒产业，但事后他们都没有争得政府的悬赏，因为他们只是找到了预防措施，但时至今日葡萄根瘤蚜仍在深刻影响着当今世界的葡萄种植，未被消除。

4. 根瘤蚜虫的预防方法

朱尔斯·埃米尔·普朗松团队当年找到的解决方案是将欧洲葡萄枝嫁接到美国土生抗蚜品种的根上。

研究发现，来自美洲的根瘤蚜虫的克星就在美洲。美洲葡萄的根部被葡萄根瘤蚜虫啃食后，自身能够分泌黏液来粘住蚜虫的嘴，因而抑制了蚜虫的数量。同时，葡萄根分泌的黏液还能在伤口处形成保护层，有效阻止了细菌性或真菌性的二次感染。以美洲葡萄的根部作为砧木，来抑制根瘤蚜虫的破坏，同时还不会影响嫁接其上的欧亚葡萄长出保持原有风味和特色的酿酒葡萄。这种方法在葡萄酒世界广泛被应用，包括我国。

5. 现代的根瘤蚜虫预防

尽管很多葡萄酒国家都在使用美国土生抗蚜虫根，葡萄根瘤蚜仍是一个世界性威胁，即使美国本土也曾被侵害。所以在对抗根瘤蚜、保证原有葡萄藤品质的战役中，美洲葡萄被研究者杂交，以筛选出最合适的葡萄砧木。目前，抗根瘤蚜虫的砧木杂交育种多选用河岸葡萄、沙地葡萄和冬葡萄这三种。20世纪90年代，美国纳帕谷为了对抗根瘤蚜虫还在约三分之二的葡萄园里重新种植了葡萄藤。

不过，仍然有些地方的葡萄园至今仍未被葡萄根瘤蚜侵袭。这些地方为什么具有抗性对人们来说还是个谜，但是大多数抗葡萄根瘤蚜的葡萄园所在地区都是沙质土壤，且常有大风。

至今为止，澳大利亚的塔斯马尼亚州（Tasmania）和西澳（Western Australia），还有智利和阿根廷的部分地区仍未感染过葡萄根瘤蚜病。这些地区为了维护这难能可贵的幸运也在对根瘤芽虫严防死守。例如澳大利亚政府于1874年就颁布了《葡萄树保护法案》（Vine Protection Act），断绝了各州之间的葡萄藤和机器设备等的日常运输。

【拓展思考】

根瘤蚜虫与假酒、法国的葡萄酒产地认证体系

19世纪末的葡萄酒世界艰难无比，伴随着葡萄园大量的消失，根瘤蚜虫依然在无情地摧残着世界的葡萄园。这给以葡萄酒为主要经济基础的一些欧洲国家带来了巨大的混乱。由于葡萄酒供不应求的局面，制造假酒已经到了无法控制的地步。所以，其实我们对葡萄酒的真假来源的很多顾虑，都是起源于20世纪初的这次动乱，在这之前根本没有人做假酒。

这也直接导致了20世纪30年代葡萄酒制造大国——法国制定了相应的葡萄酒法律法规，也就是大家熟悉的AOC（法国的葡萄酒产地认证体系）。但其实，在法国之前，其他地方也制定过相应的法规，比如意大利Chianti产区和葡萄牙Douro产区，法国法规吸取了其他国家的葡萄酒法规制定的先进经验。

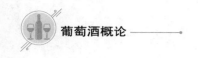

（五）现代技术革新与飞行酿酒师的兴起

1. 现代技术革新

在第二次世界大战后，即 20 世纪六七十年代开始，一些酒厂和酿酒师便开始在全世界找寻适合的土壤、相似的气候来种植优质的葡萄品种，研发及改进酿造技术。

20 世纪，欧洲工业革命使得整个社会得到了非常大的发展，酿酒也是一样，人们开始以科学的态度对待种植和酿造。Louis Pasteur 在 60 年代揭开了酵母发酵的秘密并且解释了氧气使得葡萄酒变化的原因。1924 年木桐酒庄首先在酒庄装瓶，提高了葡萄酒品质，避免掺杂。50 年代，波尔多大学的 Emile Peynaud 教授研制出了如何通过控制乳酸菌导致葡萄酒的二次发酵。专业的葡萄酒院校和研究中心在欧洲纷纷建成，比如法国的 Montpellier 大学以及德国的 Gesisenheim 研究中心。

同时在新兴产国中，葡萄酒的研究和学术发展也突飞猛进。美国加州的 Davis 大学以及澳大利亚的 Roseworthy 大学，都非常强调对酿酒整个过程的控制：控制发酵温度、卫生、陈年环境等。不锈钢桶在新产国得到了广泛的运用，搭配传统的橡木桶被酿酒师调配。新兴产国的酿酒师还特别专注于酿造单一葡萄品种，如霞多丽和赤霞珠。他们大方地把葡萄品种印在酒标上，让大众消费者更容易找到自己喜欢的酒。

2. 飞行酿酒师的兴起

现代交通交流技术的提升令越来越多新兴产国的酿酒师们时常去欧洲学习传统的酿酒秘诀，同时传播自己的酿酒理念。于是"飞行酿酒师"出现了。

飞行酿酒师是指客户分布在不同地区的酿酒师和酿酒顾问，他们每年会往返于全球不同葡萄酒产区，为酒庄提供葡萄栽培建议、酿酒技巧并带来最新酿酒技术的相关信息等，从而帮助不同产区的酒庄酿造出更为优质的葡萄酒。

飞行酿酒师是个年轻的概念，至今也就数十个年头。这个词语最初用于形容一批澳大利亚酿酒师，这批酿酒师会在澳大利亚的冬季飞往北半球的葡萄园帮忙种植葡萄、酿造美酒。

飞行酿酒师为传统葡萄酒产国和新兴葡萄酒产国都带来了技术和理念的革新，因而现在越来越多的国际酿酒师开始采用这一种模式。对欧洲很多酒庄来说，他们也时常会雇佣"飞行酿酒师"来给他们的葡萄园和酒庄带来新的活力和生机。这些飞行酿酒师也把从传统产国学习到的优秀经验带回自己的国度。他们的存在有助于在葡萄酒世界中更快地传播新技术，也能够帮助一些传统模式的酒庄更好地与当代技术接轨，促进传统酿造技艺与现代化技术的结合。

【拓展思考】

飞行酿酒师的传奇——米歇尔·罗兰（Michel Rolland）

提到飞行酿酒师，声名最为显赫的莫过于米歇尔·罗兰（Michel Rolland）。他本身就是这个时代葡萄酒质量的"金字招牌"。

米歇尔·罗兰1972年顺利毕业于波尔多大学（University of Bordeaux）的葡萄酒酿造学。1973年，米歇尔·罗兰收购了波尔多当地的一个葡萄分析实验室。此后十余年间，他潜心分析和研究葡萄酒的酿造，并取得了许多不凡的成就，比如，1985年，他发明了如今广为应用的绿色采收技术（Green Harvest），也被称为"疏果"，即通过降低产量提高果实成熟度和集中度。

1985年，米歇尔·罗兰和妻子丹妮（Dany）开始了"飞行酿酒"生涯，并辗转于不同酒庄做酿酒顾问。他们的客户包括加州膜拜酒（Cult Wine）名庄邦德酒庄（Bond）和哈兰酒庄（Harlan Estate）、意大利顶级酒庄之一的奥纳亚酒庄（Tenuta dell'Ornellaia）等。

米歇尔·罗兰的一生都在和酒庄、葡萄酒、葡萄园打交道。他自己拥有10余座酒庄，他"关照"的酒庄遍布四大洲，数量超过150家，其中不得不提的是包括金钟酒庄、柏菲酒庄（Chateau Pavie）、克莱蒙教皇堡（Chateau Pape Clement）、庞特卡奈古堡（Chateau Pontet-Canet）等在内的波尔多名庄。

第三节　我国葡萄酒的历史

我国是葡萄属植物的起源地之一，科考证据可追溯到新石器时期（公元前8500—前4000年）开始。至今为止世界上最早生产葡萄酒的证据出现在我国的贾湖遗址（公元前7000年前）中。但作为一个农耕为主的古国，我国占据主要酒水阵地的一直是原料丰沛多样的谷物酒。中国葡萄酒的历史虽源远流长，但很长时间里都未成为主流，闪现装点着我国几千年的历史春秋。

我国原生的葡萄和现在种植的葡萄有所不同，植物学家将其统称为野葡萄或山葡萄。中国在汉代之前也没有"葡萄"的称谓，最早关于"葡萄"的文字记载是《诗经》，但里面说的是野葡萄。"六月食郁及薁。""南有蓼木，葛藟累之；乐只君子，福履绥之。""绵绵葛藟，在河之浒。终远兄弟，谓他人父。谓他人父，亦莫我顾。"诗句中的"薁""葛藟"指的就是野葡萄。这

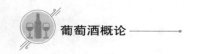

反映出殷商时代的人们已经知道采集并食用各种野葡萄了。

但是，现今我们提及的葡萄，无论鲜食或酿酒，指的却是欧洲兴起的欧亚属的葡萄（*Vitis vinifera*），该葡萄在汉武帝时期才来到中国。春秋战国时期，欧洲的葡萄已经到达西域，因为匈奴等游牧民族部落的阻隔，它迟迟没有到达中原。

【拓展思考】

葡萄酒和中国的关联到底有几何？

我国是现今考古证明的葡萄酒饮用古国之一，是世界名列前茅的葡萄酒消费和葡萄种植强国，葡萄酒酿造产业也已得到长足发展。从古代到现代中国的葡萄酒文化历久而弥新。我们应该为拥有最悠久葡萄酒历史的古文明骄傲，也应为有生机盎然、多彩的中国新产区开拓者骄傲，更应为中国葡萄酒的自主发展、改善生态、扶贫致富的中国决策骄傲。

本章中用一定篇幅讲述我国的葡萄酒历史与现状。我们首先要进行自我科普，更新对中国葡萄酒文化和产业的全面认知。中国葡萄酒学习者应充分并与时俱进地了解中国葡萄酒产业情况，有中国葡萄酒观念，树立产业民族自信，避免片面追随早已成熟的西方葡萄酒文化，这才是全面的和有社会责任感的专业学习心态。

一、汉代至唐代的葡萄酒

（一）汉代的稀有珍品

1. 西汉的引入和种植

很多学人认为汉朝是中国葡萄酒的开端，主要的依据是司马迁的《史记》。司马迁著名的《史记·大宛列传》中详细地记载了葡萄酒。司马迁没有给张骞立传，却把张骞如何率领使团到达乌孙，又到了大宛，他的随员如何将西域的葡萄、苜蓿引入汉朝，如何成功凿通了丝绸之路等经历，全记录在了《大宛列传》里。"宛左右以蒲陶为酒，富人藏酒至万余石，久者数十岁不败。俗嗜酒，马嗜苜蓿。汉使取其实来，于是天子始种苜蓿、蒲陶肥饶地。及天马多，外国使来众，则离宫别馆旁尽种蒲陶、苜蓿极望。"而这里的"蒲陶"即是葡萄。

我国的新疆地区由于气候与中西亚类似，适宜葡萄的生长。所以葡萄自中亚传入后得以迅速扩大栽培的沃土就是新疆。公元前1世纪左右，《汉书·西域传》说"且末国……有蒲陶诸国，西通精绝两千里"，《后汉书·西域传》说"伊吾之地宜五谷、桑、麻、蒲陶"。

在这一时期，山西也开始引种葡萄。据太原《清徐县志》记述：西汉时期，一位皮货商人在长安与西域胡人贸易，将葡萄枝条引入清徐一带开始栽植，于是留下"清源有葡萄，相传自汉朝"的说法。

2. 东汉贵族的奢侈品

到了东汉末年，由于战乱频繁、国力衰微，葡萄种植业受到重大影响，葡萄酒变得异常珍贵。

汉代虽然曾引入葡萄及葡萄酒生产技术，但却未使之传播开来。东汉末年，由于战乱和国力衰微，葡萄种植业和葡萄酒业也极度困难，物以稀为贵，葡萄酒成了珍品。东汉时期，葡萄酒不是平常人家能喝到的。

有历史文献记载，在汉朝的末期，《三国志·魏志·明帝纪》中，裴松子注引汉赵岐《三辅决录》："佗又以蒲桃酒一斛遗让，即拜凉州刺史。""佗"是指孟佗，是三国时期新城太守孟达的父亲。而"让"是指张让，是汉灵帝时权重一时、贪钱敛财的大宦官。孟佗仕途不通，就用钱财四处钻营，而他最后逢迎张让这个大贪官的是送给他一斛葡萄酒，换回了凉州刺史的职位。汉朝时一斛等同十斗，一斗等同十升，一升约等于现在的 200 毫升。一瓶我们惯常可见的标准瓶葡萄酒容量是 750 毫升。也就是说，孟佗用 20 升的葡萄酒，也就是大约 27 瓶葡萄酒换得了凉州刺史之职。

可见汉朝葡萄酒身价之高，也可见葡萄酒仅在上层官僚中流行，只能是贵族才能享用的奢侈品。

图 1-17　东汉贵族享用葡萄酒

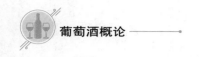

（二）魏晋南北朝时期的兴起

1. 葡萄文化的兴起

到了魏晋及稍后的南北朝时期，葡萄酒的消费、生产和文化都得到了发展，尤其在宗教、文书档案方面。

葡萄文化在向西北和东南推进的同时，葡萄、葡萄酒作为诗赋创作的题材开始由内地传向西北、西域。与葡萄相关的语言变得更为丰富。据《吐鲁番出土文书》所载，东晋十六国、南北朝时期，西域的今吐鲁番地区葡萄名称的写法多样，如"蒲陶""蒲桃""浮桃""蒲桃""桃"等，而此处的"桃"是"蒲桃"的简写。有时"蒲桃""浮桃"还会被作为人名、寺名使用。

葡萄纹饰的范围和地域拓展。在如今新疆吐鲁番胜金口石窟区北端的一个摩尼教窟中主室券顶画中便可见葡萄树，代表葡萄纹饰的工艺品自西域传入中原。1988年甘肃靖远北滩乡出土一件东罗马帝国时期的鎏金葡萄纹银盘，在山西大同也曾出土一件东罗马帝国时期的双婴葡萄纹铜杯。六朝时期，中国内地工艺品铜镜上也出现了葡萄纹饰。南北朝时期，大同云冈石窟第8窟佛像间有葡萄纹饰。这一时期，葡萄纹饰已传入汉水流域、江南，葡萄纹饰的丝织品则传入西域。

葡萄和葡萄酒作为文学家诗赋创作的题材也明显增加。魏晋时，有关葡萄、葡萄酒的诗赋在都城洛阳风行。三国时魏文帝在《与吴监书》中对葡萄酒大加赞美道：葡萄"又酿以为酒，甘于麴蘖，善醉而易醒"。葡萄、葡萄酒作为诗赋创作的题材，到东晋十六国时开始传向西北、西域，南北朝时传入南朝都会建康。西北敦煌出现《葡萄酒赋》。《前凉录》有载："张洪茂，敦煌人也，作《葡萄酒赋》，文致甚美。"除史传外，葡萄和葡萄酒还出现在方志、佛寺记等及文书档案中。

2. 帝王的偏好

魏文帝曹丕就是葡萄酒爱好者之一。他对葡萄酒的喜爱融在了他的诏书里，彰显于群臣。他的《诏群医》中有文："三世长者知被服，五世长者知饮食。此言被服饮食，非长者不别也。……中国珍果甚多，且复为说蒲萄。当其朱夏涉秋，尚有余暑，醉酒宿醒，掩露而食。甘而不饴，酸而不脆，冷而不寒，味长汁多，除烦解渴。又酿以为酒，甘于鞠蘖，善醉而易醒。道之固已流涎咽唾，况亲食之邪。他方之果，宁有匹之者。"这位帝王对葡萄酒的喜爱真正做到了溢于言表，给群医的诏书中，谈及着装和饮食，就忍不住谈起了自己对葡萄和葡萄酒的喜爱。用他的话说"道之固已流涎咽唾，况亲食之邪"，提起葡萄酒这个名字就足以让他流唾涎吞口水了，更不用说亲自喝上一口了。这位帝王把自己对葡萄与葡萄酒的喜爱讲述得鲜活灵动，可以想见，这在当时是多么有力度的一个超级广告。有了魏文帝的提倡和身体力行，葡萄酒业得到恢复和发展，使得在后来的晋朝及南北朝时期，葡萄酒成为王公大臣、社会名流筵席上常饮的美酒，葡萄酒文化日渐兴起。

（三）唐代灿烂的文化

1. 种植和酿造的提升

唐朝是一个统一且长期稳定的时代，伴随着"贞观之治"开启了一百多年的盛世。这期间，由于疆土扩大，国力强盛，文化繁荣，喝酒已不再是王公贵族、文人名士的特权，老百姓也普遍饮酒。

据《太平御览》所载："（唐）高祖（李渊）赐群医食于御前，果有蒲萄。侍中陈叔达执而不食，高祖问其故。对曰，臣母患口干，求之不能得。高祖曰，卿有母可遗乎。遂流涕呜咽，久之乃止，固赐物百段。"由此可见，在唐初，经过战乱，葡萄种植与酿酒已基本萎缩，连朝中大臣的母亲病了想吃葡萄也求而不可得，只有在皇帝宴请大臣的国宴上方有鲜葡萄。

但当时葡萄酒真正的发展机遇是一个国力强盛的国家已经建立。唐高祖李渊、唐太宗李世民都十分钟爱葡萄酒，唐太宗还喜欢自己动手酿制葡萄酒。

唐朝葡萄的种植得到了快速长足的发展。据陈习刚考证，"唐十道中种葡萄的达九道，只有岭南道未见葡萄种植的记载。唐时葡萄种植已分布于我国西域、西北、北方、关中、河朔、西南（包括南诏）、吐蕃甚至淮南地区，尤其是西域、河西、河东的太原地区以及长安、洛阳两京之地，在唐时已是葡萄的重要产地"（陈习刚，2001）。

在唐朝，葡萄的进步不仅仅是种植技术还有酿造技术，以前中原消费的葡萄酒基本为"西域"进口品。唐朝我国史书中第一次出现了有关中原地区采用西域地区的酿造方法来酿制葡萄酒的记载。《册府元龟》中记载，唐太宗时，"及破高昌，收马乳葡萄实于宛中种植，并得其酒法，弟自损益，造酒成，凡有八色，芳心酷烈，味兼缇盎"。记载唐代时期史料的重要文献中显示，"既颁赐群臣，京师始识其味"。《太平御览》记载，唐太宗贞观十三年（640年），唐军在李靖的率领下破高昌国（今新疆吐鲁番），唐太宗从高昌国获得马乳葡萄种和葡萄酒制法后，不仅在皇宫御苑里大种葡萄，还亲自参与葡萄酒的酿制，酿成的葡萄酒不仅色泽很好，味道也很好，并兼有清酒与红酒的风味。

2. 葡萄酒文化的鼎盛

我国葡萄与葡萄酒文化在唐代达到封建社会的鼎盛时期。中原地区大规模酿造葡萄酒始于唐代，河东出产的葡萄酒一度跻身当时名酒行列。长安西市及城东至曲江一带俱有胡姬侍酒之肆，可见当时葡萄酒在长安已甚为流行。著名的李白《对酒》中就曾现当时风光，"葡萄酒，金叵罗，吴姬十五细马驮。青黛画眉红锦靴，道字不正娇唱歌。玳瑁筵中怀里醉，芙蓉帐底奈君何"。

唐代的许多诗句中，葡萄酒的芳名屡屡出现。如王翰《凉州词》："葡萄美酒夜光杯，欲饮琵琶马上催。"诗句脍炙人口，千古传颂。刘禹锡也曾作诗赞美葡萄酒，诗云"我本是晋人，种此如种玉。酿之成美酒，尽日饮不足"。《襄阳歌》中有"遥看汉江鸭头绿，恰似葡萄初酸醅。此江若变作春酒，垒麹便筑糟丘台"。从诗中可以看出盛唐时期，人们不仅喜欢喝酒，而且喜欢喝葡萄酒。因为到唐朝为止，人们主要是喝低度的米酒，但当时普遍饮用的低度粮食酒，无论从色、香、味的任何方面，都无法与葡萄酒媲美，这就给葡萄酒的发展提供了良好的市场空间。

图 1-18　和葡萄美酒相得益彰的夜光杯

二、宋代至明代的葡萄酒

（一）宋代商品化的发展时期

宋代瓦楼酒肆兴旺，苏东坡醉书传为中外佳话，"将军百战竟不侯，伯良一斛得凉州"是他的感慨。到 10 世纪中叶，葡萄酒已经有了商品化的提升。据《马可·波罗游记》记载，太原府那里有很多的葡萄园，酿造很多的酒，销售到各地。

北宋时期，山西仍是我国葡萄酒重要产地。苏东坡《谢张太原送蒲桃》有云，"冷官门户日萧条，亲旧音书半寂寥。唯有太原张县令，年年专遣送蒲桃"。可见太原仍是葡萄酒优质产区，葡萄酒仍是稀有之物。

在宋代，葡萄酒文化在江南得到普及。梅尧臣《寄送许待制知越州》中云，"喜公新拜会稽章，五月平湖镜水光。菡苕花迎金板舫，葡萄酒泻玉壶浆"。陆游《越王楼》中云，"蒲萄酒绿似江流，夜燕唐家帝子楼。约住管弦呼羯鼓，要渠打散醉中愁"。可见葡萄酒在绍兴一带是待客佳品。同样流行的还有湖南、湖北，以及福建。蔡沈正在《武夷自咏》中有"紫京真人玉为杯，琼浆初发葡萄醅"。宋时葡萄酒已是中原地区酒座常设之佳品。

南宋时偏安江南，北方尽失，山西等重要葡萄酒产区沦陷，葡萄酒又成为稀缺物。陆游在《夜寒与客烧干柴取暖戏作》中写道："稿竹干薪隔岁求，正虞雪夜客相投。如倾潋潋葡萄酒，似拥重重貂鼠裘。"可见南宋时期饮用葡萄酒的价格堪比奢侈的鼠裘。辛弃疾在《雨中花慢·吴子似见和再用韵为别》中也说葡萄酒名贵，"笑千篇索价，未抵葡萄，五斗凉州"。

（二）元代葡萄酒业的鼎盛时期

元朝统治者对葡萄酒非常喜爱，规定祭祀太庙必须用葡萄酒。《元史·卷七十四》记载，元世祖忽必烈至元年间，祭祀宗庙所用的祭酒为"乳、葡萄酒，以国礼割奠，皆列室用之"。

在元朝，葡萄栽培受到官方的重视。元至元十年（1273 年）刻颁的《农桑辑要》对葡萄的性状栽培要点做了比较详尽的描述：葡萄蔓延，性缘不能自举，作架以承之。叶密阴厚，可以避热。十月中，去根一步许，掘作坑收卷葡萄以悉埋之。近枝茎薄实黍穰弥佳，无穰，直安土亦得。不宜湿，湿则冰冻。二月中还出，舒而上架。性不耐寒，不埋则死。其岁久根茎粗大者，宜远根作坑，勿令茎折。其坑外处，亦掘土并穰培覆之。

受到政府的推进，元代是中国古代历史上葡萄栽培面积最大、种植地域最广、酿酒数量最巨的时期，葡萄栽培技术与葡萄酒酿造技术都有巨大发展。今天宁夏、甘肃河西走廊地区、青海以东、新疆以东、新疆东部、河西与陇右地区都有大面积葡萄栽培，山西、河南等地也成为新的葡萄与葡萄酒重要产区。为保证官方有足够的葡萄酒供应和可靠质量，元朝中央政府还在山西太原与江苏南京等附近地区设置官方酿酒作坊，以所开辟的官方葡萄园的葡萄为原料。这种做法已和如今酒庄酒的理念非常相似。

值得一提的是，元代已出现白兰地。元·忽思慧《饮膳正要》中记载，"阿剌吉酒，味甘辣，大热，有大毒，主消冷坚积去寒气，用好酒蒸熬取露成阿剌吉"。在书中忽思慧把阿剌吉写得平淡、简练，这也说明烧酒在元代已很平常。

三、明朝酒业的低速发展

明朝是酿酒业大发展的新时期，酒的品种、产量都大大超过前世。明朝虽也有过酒禁，但大致上是放任私酿、私卖的，政府直接向酿酒户、酒铺征

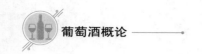

税。由于酿酒的普遍，政府不再设专门管酒务的机构，酒税并入商税。据《明史·食货志》记载，酒就按"凡商税，三十而取一"的标准征收，这极大地促进了蒸馏酒和绍兴酒的发展。

相比之下，葡萄酒则失去了优惠政策的扶持，不再有往日的风光。明朝人顾起元所撰写的《客座赘语》中对明代的数种名酒进行了品评："计生平所尝，若大内之满殿香，大官之内法酒，京师之黄米酒……绍兴之豆酒、苦蒿酒，高邮之五加皮酒，多色味冠绝者。"并说，"若山西之襄陵酒、河津酒，成都之郫筒酒，关中之蒲桃酒，中州之西瓜酒、柿酒、枣酒，博罗之桂酒，余皆未见。"《客座赘语》多载明故都南京故实，而于嘉靖、万历年间社会经济、民情风俗的变化尤为注意。顾起元所评价的数十种名酒都是经自己亲自尝过的，包括皇宫大内的酒都喝过了，可葡萄酒却没有尝过，可见当时葡萄酒并不怎么普及。

四、清代至民国时期的葡萄酒

清朝，尤其是清末民国初期，是我国葡萄酒发展的转折点。由于西部的稳定，葡萄种植的品种增加。据《清稗类钞》记载，"葡萄种类不一，自康熙时哈密等地咸录版章，因悉得其种，植渚苑御。其实之色，或白或紫，有长如马乳者。又有一种，大中间有小者，名公领孙。又有一种小者，名琐琐葡萄，味极甘美。又有一种曰奇石密食者，回语滋葡萄也，本布哈尔种，西域平后，遂移植于禁中"。

清朝后期，由于海禁的开放，葡萄酒的品种明显增多。除国产葡萄酒外，还有多种进口酒。据《清稗类钞》记载，"葡萄酒为葡萄汁所制，外国输入甚多，有数种。不去皮者色赤，为赤葡萄酒，能除肠中障害。去皮者色白微黄，为白葡萄酒，能助肠之运动。别有一种葡萄，产西班牙，糖分极多，其酒无色透明，谓之甜葡萄酒。最宜病人，能令精神速复"。《清稗类钞》还记载了当时北京城有三种酒肆，一种为南酒店，一种为京酒店，还"有一种药酒店"，则为烧酒以花蒸成，其名极繁，如玫瑰露、茵陈露、苹果露、山楂露、葡萄露、五茄皮、莲花白之属。凡以花果所酿者，皆可名露。由此可知，当时的药酒店还出售白兰地酒。

晚清之年，爱国华侨张弼士建立张裕公司。他在雅加达出席法国领事馆的一个酒会时，一位曾经到过中国的法国领事向他讲起了烟台的野葡萄，称那里的葡萄可以酿出好酒。在 1892 年，张弼士先生经过实地调研，于烟台选址建厂。他一生引领中国葡萄酒走向工业化生产的道路，成为中国葡萄酒厂的先驱。张裕酿酒公司，开创了中国工业化酿造葡萄酒的先河。

张裕葡萄酿酒公司的创立正式开启了中国葡萄酒的现代化酿造史，其标志性开启的引进葡萄技术有：引进欧洲葡萄品种、聘请国外酿酒师、建造地下酒窖、利用橡木桶陈酿、使用玻璃瓶和软木塞包装。从 1892 年至 1908 年，张裕葡萄酿酒公司陆续出产二十多个品种的葡萄酒。其所酿造出的葡萄酒，风格醇厚，风靡全国，远销海外。1912 年，孙中山先生莅临山东烟台，参观张裕葡萄酿酒公司，并亲笔题词"品重醴泉"，表示其对张弼士品格为人及葡萄酒品质的赞赏。1915 年，在"巴拿马太平洋万国博览会"上张裕葡萄酒一举拿下四项金奖和最优等奖项，打响了国际知名度。

图 1-19 张裕葡萄酿酒公司原址（现张裕博物馆）

纵观汉武帝时期至清末民国初的 2 000 多年，中国的葡萄酒产业有过繁荣和鼎盛，也有过低潮和没落，与之相随而行的是绵延不断、流传至今的灿烂的中国葡萄酒文化。

五、当代中国葡萄酒

（一）大有可为的天然环境

新中国成立后，国家为了防风固沙和增加人民的收入，在黄河故道地区大量种植葡萄，并在 20 世纪 50 年代后期建立了一批葡萄酒厂，从而掀开了中国葡萄酒发展的新篇章。现在，中国已经发展成为全球第六大葡萄酒生产国。

中国葡萄酒业的快速发展，不得不归功于神舟大地为葡萄栽培所创造的理

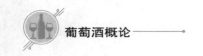

想环境。中国地域辽阔，可以为各具特色的葡萄品种提供良田。气候条件也较为合适，即便在冬季温度低至零下40℃的通化产区，以及夏季温度高至45℃的吐鲁番产区，也能种植出品质尚佳的葡萄。地形的多样性也有利于葡萄的种植，如云南高原上就有弥勒产区，还有坐落在沙漠边缘的甘肃武威产区，更有周边靠山的银川产区，四周环水的渤海湾产区。多年的成功引种以及栽培试验的顺利完成，可以有力地证明，中国确实有很多地区适宜栽培葡萄，而且还能种植各种各样不同的葡萄品种，满足葡萄品种多样性的需求。

（二）各具特色的优良产区

由于现代葡萄酒产业的发展历史短，葡萄生长所需的特定生态环境，地区经济发展的不平衡，我国葡萄酒产区暂时呈分散状分布，规模也参差不齐。目前，统计显示，中国葡萄酒产区主要有8个，分别是山东（胶东半岛）产区、河北产区、东北产区、宁夏（贺兰山东麓）产区、新疆产区、甘肃威武产区、西南产区和清徐产区。

其中有些产区虽资源良好，但仍有待发展来证明自己的产区魅力和产区价值。下面我们将走进几个经典产区。

1. 山东产区

山东产区有中国第一家现代葡萄酒企业，也是中国首屈一指的葡萄酒集团——张裕所在地，全国总数约1/4的酒庄在此扎根，葡萄酒产量占全国总量40%以上。葡萄酒产量、产值居全国各产区首位，山东产区无疑是目前中国最重要的葡萄酒产区之一。

山东最主要的葡萄种植区域为胶东半岛产区，种植面积约占山东种植面积的90%。胶东半岛内核心产区分别是：烟台产区、蓬莱产区、青岛产区。在三大子产区中，烟台产区酿酒历史悠久，有"中国葡萄酒之都"的美誉。

在典型的季风性气候的影响下，山东冬季温和少雨，夏季温暖湿润，东南季风保持气温凉爽，却也携带来过多的降水，使得防治真菌病害成为当地葡萄酒生产的最大挑战。胶东半岛地区为沿海平原，坡度较陡的丘陵地区排水及光照条件更佳。年平均气温为11~14℃，东部沿海地区受到大海的调节作用，温度变化相对较小，有效地避免了胶东半岛葡萄藤冬天埋土工作，因此能出产经济且优质的葡萄酒。

该产区主要种植的葡萄品种有蛇龙珠（Cabernet Gexnischet）、赤霞珠（Cabernet Sauvignon）、品丽珠（Cabernet Franc）、贵人香（Italian Riesling）、霞多丽（Chardonnay）、白玉霓（Uani Blanc）、马瑟兰（Macsetan）和小满胜（Petit Manseng）。

图 1-20　山东烟台蓬莱马瑟兰葡萄园

由于有着酿造精品酒的巨大潜质，山东地区还受到不少葡萄酒国际集团的关注。2009 年，酒界传奇拉菲罗斯柴尔德集团（Domaines Barons de Rothschild Lafite），俗称的拉菲（Lafite）集团在山东烟台蓬莱的丘山山谷（Qiu Shan Valley）购入葡萄园，建立了珑岱酒庄。直至 2022 年，珑岱酒庄仅凭两款葡萄酒——珑岱酒庄红葡萄酒（Domaine de Long Dai）和珑岱酒庄琥岳红葡萄酒（Domaine de Long Dai Hu Yue）——即驰名，特别是其中的珑岱酒庄红葡萄酒由赤霞珠、马瑟兰和品丽珠混酿而成，2017 年一经发售就成为中国目前价格最高的酒款之一。

2. 宁夏产区

说起中国的精品葡萄酒，就绕不开宁夏产区。宁夏的成功是自然条件和人为努力的双重成就的体现。

在自然风土上，宁夏位于中国西北内陆，气候为半干旱大陆性气候，降水稀少，阳光充足，昼夜温差大，北面的贺兰山阻隔西伯利亚南下的冷空气，避免了春季霜冻的危害。这些都是葡萄最爱的风土特征。不过，少雨的气候也意味着宁夏必须通过灌溉为葡萄提供水分。而且宁夏秋冬季寒冷，需要掩埋葡萄藤来防寒。这项只能靠人工完成的大工程，令种植成本提升。

在政策上，2021 年，首个国家葡萄及葡萄酒产业开放发展综合试验区落户宁夏银川。这是全国首个特色产业开放发展综合试验区，是"国字号"招牌，标志着宁夏贺兰山葡萄酒产业被纳入了国家战略。

实际上宁夏葡萄酒的政策优势由来已久。1997 年 4 月，时任福建省委副书记、福建省对口帮扶宁夏领导小组组长的习近平同志到宁夏调研对口帮扶工作。习近平同志在当时就做出了影响深远的战略决策：将西海固不宜生存地区的贫困群众"吊庄"（整村）搬迁到银川河套平原待开发的地区，建设新家园，并亲自命名为"闽宁村"。其后习近平同志先后5次出席闽宁联席会议，提出了"优势互补、互利互惠、长期协作、共同发展"的指导原则。其后20多年，一批又一批援宁干部奔赴宁夏，数以万计的闽商在宁创新创业，几万宁夏贫困群众在这些企业稳定就业。闽宁村从最初的移民人数8 000人，年人均收入500元，飞跃式发展为人口6.6万人，移民人均可支配收入达到1.6万余元的闽宁镇。在"精准扶贫"的大国发展战略中，闽宁村变成了闽宁镇，"干沙滩"成为"金沙滩"。

在抓牢干沙滩土壤方面，葡萄种植业展示它防风固沙、改善环境的优势，葡萄酒产业也为带动移民就业、移民致富做出了产业贡献。

至今，宁夏葡萄产业发展局是中国唯一专注于葡萄酒产业管理的省级组织，发展局帮助当地的葡萄酒企业进行技术开发和品种培育，建设发电站、公路等基础设施，使葡萄酒成为宁夏的主导产业之一。宁夏产区是至今唯一拥有列级庄评定权的产区。

图 1-21　实现了共同富裕的宁夏银川市永宁县闽宁镇发展葡萄产业

宁夏产区
学习视频

自然条件和人为努力的双重成就下，贺兰山东麓产区在宁夏异军突起，成为中国引以为傲的精品酒之乡。那里的葡萄园朝向为东、南，位于东经105°45′39″~106°27′35″，北纬37°43′00″~39°05′3″，地处世界葡萄种植的"黄金地带"。该地区位于中度干旱气候区，属于典型的大陆性气候。贺兰山东麓地区光能资源丰富，日照时间长，昼夜温差大，全年日照时数在 2851~3106 小时，年平均气温高于 10℃。年降水量仅为 193.4 毫米，在 8~9 月葡萄浆果成熟期间，降雨量更少，但该地区有便利的灌溉条件。此外，该地区系冲积扇三级阶梯，成土母岩以冲积物为主，地形起伏较小、较平坦、沟壑小而浅、土壤侵蚀度轻，土壤为淡灰钙土，土质多为沙壤土，有些土壤含有砾石。这些自然条件令贺兰山葡萄基地种植的赤霞珠、品丽珠、梅洛、蛇龙珠、霞多丽、雷司令、赛美蓉、西拉等 20 多种世界著名酿酒葡萄品种都相当成功。多数品种如今已进入最佳生长期，葡萄糖酸比例协调，营养物质聚合充分，是高级葡萄酒酿造的理想原料。

执着的贺兰山葡萄酒酿造者已经迎来了他们的"酿三代"。老一辈坚守传承下来的贺兰山最棒的葡萄原料，被"酿三代"采用国际先进的工艺、技术酿造成了世界最棒的美酒。

2011 年 4 月，在世界最著名的葡萄酒大赛之一——Decanter（醇鉴）大赛上，来自宁夏贺兰山晴雪酒庄的葡萄酒击败所有对手，获得了 10 英镑以上波尔多类型红葡萄酒最高奖。至此，宁夏贺兰山东麓葡萄酒国际顶级赛项大奖纷至沓来，中国葡萄酒开始以一种全新的姿态走向了世界舞台。2016 年 3 月，宁夏贺兰山葡萄酒产区开始实行葡萄酒分级制度，这是中国第一个对葡萄酒质量等级进行划分的葡萄酒制度。

贺兰山东麓同时也吸引了包括保乐力加（Pernod Ricard）、路易·威登·酩悦·轩尼诗（Moet Hennessy-Louis Vuitton，简称"路威酩轩"）在内的国际葡萄酒巨头的目光，它们纷纷到此地投资建庄。

3. 河北产区

河北省有 1 200 多年葡萄种植历史，但是酿造葡萄酒的历史只有几十年。河北省有两大最著名的葡萄酒产区，分别是怀来县沙城产区和秦皇岛市昌黎县产区。河北省还是中国第一瓶干白、干红葡萄酒的原产地，同时葡萄酒产量仅次于山东省，是我国第二大葡萄酒原产地。

在 20 世纪七八十年代，有很多西部的葡萄酒产区技术人员都来河北省学习。1988 年，长城葡萄酒在河北省昌黎县诞生，目前长城葡萄酒由中粮集团控股。怀来县的著名品牌诗百篇，在国内也是小有名气。

4. 云南产区

云南的纬度在北纬 20°~28°，属于热带和亚热带地区，较高的海拔带来了凉爽的气候、充足的日照和足够长的生长季，使其成为葡萄种植的理想之地。不过，就像许多中国产区一样，过多的降雨同样是一大问题。此外，由于适合种植葡萄的地方往往地形崎岖，因此人力管理成本较高，不适宜大批量葡

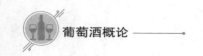

萄酒的生产，而更适合发展小规模的精品酒酿造，小众品牌较多，因此云南的优质酒款大多价格不菲。

云南产区主要种植的品种有玫瑰蜜（Rose Honey）、赤霞珠、霞多丽等。

玫瑰蜜是云南种植最广的品种，它的身世一直是个谜。人们一般认为玫瑰蜜是在一百多年前由法国传教士引入的，而这个品种已在19世纪的根瘤蚜虫危机中绝迹于法国。

由于有着酿造精品酒的巨大潜质，云南受到国际上的不少关注。路威酩轩集团在德钦县建立了敖云酒庄，酿造的波尔多式混酿葡萄酒是中国目前价格最高的酒款之一。滴金酒庄（Chateau d'Yquem）及白马酒庄（Cheval Blanc）的酿酒师皮埃尔·露桐（Pierre Lurton）也曾表露出投资云南葡萄酒庄的兴趣。

5. 新疆产区

新疆不仅是我国重要的鲜食葡萄和葡萄干产地，也是葡萄酒界冉冉升起的一颗新星。新疆的气候为干旱的大陆性气候，降水稀少，日照强烈，昼夜温差非常大，而遍布的高山，尤其是天山山脉的冰雪融水提供了充足的水源，造就了新疆风味浓郁饱满、极具平衡感的酿酒葡萄。

目前新疆已形成天山北麓、伊犁河谷、焉耆盆地、吐哈盆地四个产区。新疆著名的葡萄酒品牌有天塞葡萄酒、伊珠葡萄酒、中菲酒庄、楼兰葡萄酒等。新疆的葡萄酒坚持"小而美"，坚持小罐酿造，不追求量产，走精品葡萄酒路线，与宁夏有些相似。

新疆产区种植的主要品种有赤霞珠、蛇龙珠、梅洛、霞多丽、贵人香、晚红蜜（Saperavi）、白羽（Rkatsiteli）等。其中，引进的晚红蜜和白羽，得益于古代的丝绸之路引入西亚的特色葡萄品种，也有望促成新疆特有的葡萄酒风格。

6. 东北产区

东北肥沃的黑钙土不只盛产粮食，也盛产独具特色的葡萄酒。当地的气候为湿润、半湿润的大陆性季风气候，夏季温暖多雨，冬季严寒干燥，春秋季节短暂，葡萄生长季也相应较短。该产区现有主要品种为本土的山葡萄（*Vitis amurensis Rupr.*）和引进的国际品种赤霞珠、品丽珠、霞多丽、威代尔（Vidal）、雷司令等。

来自长白山地区的野生品种山葡萄经过多年培育，已成为东北重要的酿酒品种之一。人们也将耐寒性极佳的山葡萄与其他国际品种杂交以提升葡萄的抗寒能力。

吉林通化的酿酒历史已有上百年，当地气候相对温暖，主要生产红葡萄酒。

辽宁桓仁是东北另一重要产区，葡萄园大多分布在桓龙湖周围的山坡上，充足的雾气为贵腐菌（Botrytis Cinera）的发展提供了必要环境。桓仁有"黄金冰谷"之美誉，用威代尔、雷司令和品丽珠酿造的冰酒（Icewine）已成为东北产区的标志性葡萄酒，有着不逊色于加拿大冰酒的表现。

【拓展知识】

国家标准：《GB/T 15037—2006 葡萄酒》

国际葡萄与葡萄酒组织（OIV）

宁夏列级庄

思考与练习

一、单选题

1. 酿造葡萄酒的原料为（　　　）。

A. 葡萄汁和纯净水 　　　　　　B. 酒精和纯净水

C. 葡萄汁和色素 　　　　　　　D. 新鲜采摘的葡萄或葡萄汁

2. 将葡萄酒传播到全欧洲的是（　　　）。

A. 古埃及人 　　　　　　　　　B. 古希腊人

C. 古罗马人 　　　　　　　　　D. 高卢人

3. 中国葡萄酒的现代化酿造史（张裕葡萄酒厂的建立）开始于（　　　）。

A. 明代 　　　　　　　　　　　B. 清代

C. 民国 　　　　　　　　　　　D. 新中国成立后

4. 下列我国优质葡萄酒产区受季风性气候影响的是（　　　）。

A. 云南 　　　　　　　　　　　B. 宁夏贺兰山东麓

C. 新疆 　　　　　　　　　　　D. 山东胶东半岛产区

二、多选题

1. 下列国家可以天然出产冰酒的有（　　　）。

A. 南非 　　　　　　　　　　　B. 加拿大

C. 德国 　　　　　　　　　　　D. 法国

E. 中国

2. 下列属于传统葡萄酒产国的国家有（　　　）。

A. 中国 　　　　　　　　　　　B. 法国

C. 德国   D. 意大利

E. 西班牙

3. 下列属于传统葡萄酒产国的国家有（   ）。

A. 中国   B. 法国

C. 德国   D. 意大利

E. 西班牙

4. 下列我国优质葡萄酒产区中引进种植赤霞珠的产区有（   ）。

A. 山东   B. 宁夏

C. 新疆   D. 云南

E. 东北

三、简答题

1. 甜味的葡萄酒的"糖分"是从哪里来的？

2. 红葡萄酒和桃红葡萄酒的区别有哪些？

四、思考题

1. 唐朝的葡萄酒文化达到了我国古代葡萄酒文化的高峰，李白、刘禹锡、王翰都有关于葡萄酒的名诗传世，你能背出来么？背诵时有怎样的情景映入了你的脑海？

2. 中国葡萄酒产业走出了自主发展的特色之路，在政府的扶植引导下，中国葡萄酒产业还发挥了哪些积极的社会作用？

第二章
酿酒葡萄与葡萄种植

本章导读

　　葡萄酒行业有句俗话说，"好的葡萄酒是种出来的"。一瓶葡萄酒的风味特征、品质优劣、陈年潜力高低在很大程度上取决于其所使用葡萄的好坏。而一颗健康的葡萄又是如何得以长成的呢？为何同一个品种，却在不同的葡萄园展示出差异化的品质等级和香气特点？在了解葡萄酒的概念及其历史发展后，本章着重介绍葡萄酒的基础原料——葡萄。

　　本章分为三节内容，第一节简述葡萄的分类与其栽培分布；第二节介绍葡萄种植过程中所经历的各个阶段以及影响其健康生长的因素；第三节学习数种常见的用来酿造葡萄酒的国际红、白葡萄品种。本章内容将为后续葡萄种植与葡萄酒酿造、产区风土等相关内容的学习打下基础。

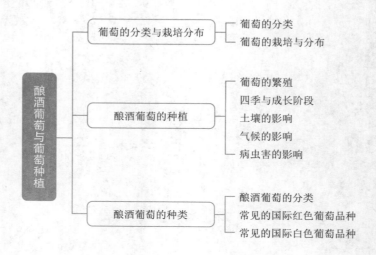

学习目标

知识目标：掌握葡萄的分类和植物特性；熟悉葡萄在包括中国在内的全球范围内的栽培分布情况；了解三种主要的葡萄繁殖方法；熟知一年四季中葡萄的生长阶段；了解"风土"的主要影响因素；掌握国际常见的红葡萄品种和白葡萄品种的起源发展、品种特征、常见葡萄酒类型以及在中国的种植情况。

技能目标：能够灵活应用影响葡萄品质的种植因素，描述成就每款葡萄酒独一无二魅力的客观条件；能够灵活应用葡萄园种植条件的稀缺程度，对葡萄酒的价位等级进行预判；能够应用产地种植风俗、品种选择、地理气候丰富客人的饮用感受。

素养目标：通过对葡萄植物特性及全球栽培分布的学习，拥有行业的宏观布局思维，建立宏观和微观兼顾的学习观；通过学习酿酒葡萄种植过程中葡萄园四季的不同管理措施，建立尊重自然规律，尊重客观条件，因势利导和具体问题具体分析的能力；通过在产区各风土因素的基础上学习各种酿酒葡萄品种，引导建立分析行业现象多元成因的系统思维。

【章前案例】

中国葡萄酒的明日之星——马瑟兰

很多葡萄酒产国是有自己的"葡萄名片"的。提到德国，人们就会想到雷司令（Riesling）；提到西班牙，自然想到丹魄（Tempranillo）；提到南非，当然是想起皮诺塔吉（Pinotage）；提到美国，是有"美国甜妞"之称的仙粉黛（Zinfandel）；提到新西兰，有以酸爽著称的长相思（Sauvignon Blanc）；提到阿根廷，有引以为傲的马尔贝克（Malbec）葡萄酒；提到澳大利亚，占品种 C 位的是设拉子（Shiraz）。这些葡萄品种名片未必是其代表产国原产的，也未必是该产国最贵名庄的原料，它们却以符号式的个性魅力向世界展示该代表产国的葡萄酒魅力、葡萄酒业探索和发展。

中国的葡萄酒明日之星——马瑟兰，俨然有了成为我国葡萄名片的良好趋势。马瑟兰这个红葡萄品种也许非葡萄酒圈人士较少听说，越来越多的人开始了解和喝到它是因为中国葡萄酒的崛起。

2001 年，马瑟兰与其他 15 种法国葡萄品种一起被引入中国葡萄园。位于河北怀来的中法庄园率先引种培育了中国第一株马瑟兰。此后 20 多年里，这个曾经在法国被视为商业价值低，还因为"杂交"难于获得法国酒单的正式注册的品种，以其优异的生产特性，强大的适应性，丰富的风味，饱满集中的口感，多变的风格魅力，在中国的葡萄田里焕发出别样的魅力。20 年来，当初仅有的 2.75 公顷的马瑟兰，已在它的中国新家增长了近 100 倍，达到 260 多公顷。

这种扩张离不开国家和产区对探索马瑟兰种植葡萄农的政策和技术支持，离不开以中国农业大学李德美教授为代表的专家们在各种项目中的推进，离不开勤劳的产区种植户的辛苦培育和智慧探索。如今，在中国从东到西，从沿海到内陆，马瑟兰在每个葡萄酒产区的表现均不一样，充分体现了它的惊人的风土表达能力。辗转半个世纪，马瑟兰才被大家熟知，生长在中国辽阔的大地上，当之无愧地可以作为中国葡萄酒的代表品种和特色品种。中国马瑟兰葡萄酒，色泽足够浓郁，深宝石红色，香气格外清新，口感柔顺甜美，单宁细腻适中。最重要的是，它适合中国人的口味，可以满足一酒配多样菜肴的中餐要求。

这就是有希望成为中国代表性品种的马瑟兰。

案例来源：酒公子.最适宜中国风土的葡萄品种——马瑟兰.乐酒客 lookvin，2016-09-19.

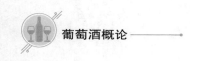

第一节　葡萄的分类与栽培分布

作为人类最早栽培的植物之一，葡萄在历经数百万年之后的今天，已发展成为多个葡萄种。在植物学分类中，葡萄属于葡萄科葡萄属中的真葡萄亚属；在真葡萄亚属中又分为三大种群：东亚种群、欧亚种群和北美种群。

东亚种群原产于中国、日本、朝鲜等地，种类丰富，包括 39 种以上，其中约有 30 种在我国，例如东北的山葡萄。

【拓展思考】

全身都是宝的葡萄

葡萄浆果除含有大量水分之外，还包含 15%~30% 糖类（葡萄糖、果糖、戊糖等），各种有机酸（苹果酸、酒石酸、少量的柠檬酸、琥珀酸、草酸、水杨酸等），矿物质，以及各类维生素、氨基酸、蛋白质、碳水化合物、钙、铁、磷、粗纤维、胡萝卜素等。现代医学还发现，葡萄皮和葡萄籽中所含的白藜芦醇和类黄酮等成分，能有效预防心脑血管疾病，并对抗癌起积极作用。

我国古代医学对葡萄的药用价值也有记载。《本草再新》中说，它"暖胃健脾"。《陆川本草》中记载，葡萄"强心利尿，补血，治胃痛腰痛，精神疲惫"。缺铁性贫血患者宜食用葡萄干。

欧亚种群原产于欧洲、亚洲北部和北非，因第四纪冰川的侵袭，现仅存欧洲葡萄一个种，栽培价值极高，目前拥有超过 6 000 个优良栽培品种，广泛分布于全世界。

北美种群原产于美洲，包括 28 种，因其抵抗葡萄根瘤蚜的特性，已培育出一批抗根瘤蚜的砧木品种和欧美杂交品种。

一、葡萄的分类

葡萄在世界范围内拥有多于 10 000 个栽培品种，实际用于生产过程的有 3 000 余个。根据目标用途、品种起源、成熟期三种方法进行葡萄分类。

（一）按照目标用途划分

根据葡萄品种的目标用途，葡萄可分为鲜食葡萄、酿酒葡萄、制干葡萄、制汁葡萄、制罐葡萄五类。鲜食葡萄与酿酒葡萄的区别，详见表 2-1。

表2-1　鲜食葡萄与酿酒葡萄的区别

区别	鲜食葡萄	酿酒葡萄
起源	部分来自欧亚种葡萄，还有一些来自美洲葡萄和圆叶葡萄，这些品种不适宜酿酒，但适宜成熟后食用	属于欧亚种葡萄，产自包括欧洲和中东在内的地中海地区
果实大小	鲜食葡萄果实颗粒较大、水分较多，若用来酿酒，风味较为寡淡	酿酒葡萄果实颗粒通常比鲜食葡萄小，酿造出的酒风味较为浓郁
甜度	采收时糖分为10%~15%（以可溶性固形物计）	采收时糖分为22%~30%（以可溶性固形物计）
果皮厚度	鲜食葡萄果皮较薄，食用方便	酿酒葡萄果皮较厚，适宜颜色、香气物质积累，对于酿造红葡萄酒尤其重要
产量	鲜食葡萄多用棚架，葡萄串间避免接触，每棵葡萄树产量约13.5千克	酿酒葡萄为保证果实浓郁的风味，每棵葡萄树产量大约控制在4.5千克

（二）按照品种起源划分

根据葡萄品种的起源，可分为欧洲葡萄品种群、北美品种群、东亚品种群、欧美杂交品种群、欧亚杂交品种群和圆叶葡萄品种群。其中，欧洲葡萄品种最具经济价值，如今世界各国所种植的葡萄大多属于本种，包含三个品种群：东方品种群、西欧品种群和黑海品种群。

东方品种群在沙漠、半沙漠干旱地区形成，大多为鲜食葡萄和制干葡萄；果实呈椭圆形，籽大，一般无香气，生长期长，不耐寒；适宜气候干燥、阳光充沛、降雨量小的地区种植。

西欧品种群分布在法国、意大利、西班牙、德国等西欧国家，大多为酿酒葡萄品种，少数可鲜食；果实呈圆形，颗粒中等或偏小，籽小，果肉多汁，生长期较短，耐寒性较差。它是我们熟悉的国际酿酒品种的主要来源种群。

黑海品种群分布于黑海沿岸国家，大多用来酿酒，少数适宜鲜食；果实呈圆形，果肉多汁，生长期较短，耐寒性强，耐旱性弱。

（三）按照成熟期划分

西方国家通常以莎斯拉葡萄为标准来划分早熟品种，间隔每两周为一期。在第一期成熟的是早熟品种，例如霞多丽比莎斯拉晚成熟一周半，属于第一期的早熟品种。在第二期成熟的是中熟品种，例如赛美蓉比莎斯拉晚成熟两周半，属于第二期的中熟品种；而赤霞珠比莎斯拉晚成熟三周到三周半，为第二期的中晚熟品种。在第三期或晚于第三期成熟的是晚熟品种，如佳丽酿比莎斯拉晚成熟四周半，属于第三期的晚熟品种。

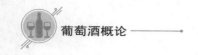

二、葡萄的栽培与分布

2022 年 4 月，现今最具影响力的国际葡萄酒组织——国际葡萄与葡萄酒组织（OIV）的总干事保罗·罗卡·布拉斯科（Pau Roca Blasco）以网络会议的形式公布了 2021 年全球葡萄酒行业最新数据报告。

（一）世界葡萄园种植规模

葡萄来自葡萄种植，作为葡萄酒唯一的主体原料，葡萄种植规模变化自然成了了解葡萄酒生产国产业发展现状和前景的重要参考数据。而世界上通常用来比对葡萄园种植规模的标准就是直观比对葡萄种植面积，国际间惯常通用单位为公顷（1 公顷 =10^4 平方米）。

世界上的葡萄种植面积到底有多大？依据国际葡萄与葡萄酒组织（OIV）给出的数据，2021 年，全球葡萄园面积为 730 万公顷（7.3 万平方公里）。值得一提的是，数据包含了所有鲜食、制干和酿酒的葡萄的种植面积。虽然酿酒葡萄有如法国、意大利、西班牙等稳定的种植基础，一段时间内将继续占据大多数的种植规模，但近年来鲜食葡萄的种植比例有增长态势。根据 2015 年国际葡萄与葡萄酒组织（OIV）的统计数据可以看出，鲜食葡萄占比已达 35%。

图 2-1　广袤的葡萄园

对于生活在陆地总面积约 960 万平方公里华夏大地上的中国人来说，全球的葡萄种植规模似乎并不大。为更具象化这个规模，不妨将这个数据比对来看：我国水稻常年种植面积为 30 万平方公里，而这在有耕地保护法治体系的我国，水稻种植面积仅是我国谷物种植面积的 30%；而中国最大的直辖市——重庆，其面积足有 8.24 万平方公里。

这个数据直观地提醒人们，葡萄无论供应鲜食、制干或酿酒，都非生存的必需品，其重要性显然都无法与粮食作物或牧业养殖相比。而且不容忽视的还有，葡萄种植有适宜的种植区限制，需要匹配较高的种植技术，直观的数据比对可以更客观地帮助我们认识葡萄产业的规模，认知葡萄酒的生产可能和稳定性。

为了更全面地认知葡萄种植规模，我们不妨再将葡萄种植与咖啡、可可和茶三大饮品的种植规模比对一番。葡萄种植面积的 730 万公顷中，其中约 35% 的产量是作为水果消耗了，所以酿酒葡萄的种植面积要有一定的面积扣除。而从咖啡种植方面来看，巴西（Brazil）是世界上最大的咖啡生产国，近 150 年来一直如此，约占世界咖啡产量的三分之一。巴西农业畜牧和供应部（Mapa）发布的最新咖啡报告显示，预计 2022 年巴西咖啡产量共计 5 573 万袋（60kg/ 袋），种植面积 182 万公顷。以巴西推测，世界的咖啡种植面积有望达到 546 万公顷。2016 年，据联合国粮农组织（FAO）统计，世界可可收获面积约 1 020 万公顷，总产量 438 万吨。依据国际茶叶委员会 2017 年统计，全球茶叶种植面积高达 4.89 万平方公里，产量为 581.2 万吨，中国为世界第一大茶叶生产国。当我们替换了比对对象，不仅可以更好地认知到葡萄种植面积的规模，而且可以对重要饮品原料种植情况有粗略的了解。

（二）葡萄重要种植国排名改变

2021 年，构成全球 730 万公顷葡萄种植面积的各国发展态势不一，有的种植面积增加，有的呈下降趋势。一方面，意大利、法国等一些欧洲国家，还有中国、伊朗等亚洲国家的葡萄园种植面积出现上涨趋势。另一方面，除澳大利亚和新西兰外的南半球主要葡萄种植国家，还有美国、土耳其、摩尔多瓦的葡萄种植面积出现显著下滑。

（1）在北半球，欧洲酿酒葡萄园面积总体稳定

欧洲，尤其是欧盟部分是世界酿酒葡萄园最为集中的地方，历史悠久的产业积淀令其抗压能力显著；同时，也没有了快速种植面积扩张的空间。2021 年，欧盟统计其内部葡萄园面积连续 8 年稳定在 330 万公顷。其中的中坚力量包括：西班牙已然是世界上葡萄园最广阔的产国，种植面积为 96.4 万公顷；世界第二位的法国葡萄园面积为 79.8 万公顷；意大利以 71.8 万公顷的葡萄种植面积位列世界种植面积第四位；德国的葡萄园面积为 10.3 万公顷。这些国家的种植面积都几乎与 2020 年保持一致或呈微量增长。而与 2020 年相比葡萄园面积出现了少量下降的有：葡萄牙（19.4 万公顷），罗马尼亚

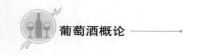

（18.9 万公顷），匈牙利（6.4 万公顷）等。

（2）在亚洲，中国的种植面积提升放缓，位列世界第三

在亚洲，中国以 78.3 万公顷的葡萄种植面积，位列世界第三位。2000—2015 年期间，我国的葡萄园面积显著扩张，直到近几年才有所放缓。作为非传统葡萄酒酿制国家，我国葡萄园的快速增长，和我国市场繁荣带来的前景预期，产区优厚的发展扶植政策，现代葡萄酒酿制技术发展都息息相关。

（3）北半球其他主要种植国面积增减受到市场和政策影响

在东欧的摩尔多瓦受到政府自 2010 年发起的葡萄酒行业重组计划的影响，自 2018 年，摩尔多瓦的葡萄园面积持续呈下降趋势。俄罗斯的葡萄园种植面积连续 4 年出现增长。南欧的土耳其的葡萄园面积已连续 8 年出现下降趋势，到 2021 年，其葡萄园面积萎缩至 41.9 万公顷，但仍位列全球第五位。

在北美，美国的葡萄园面积自 2014 年一直持续下降，2021 年的面积为 40 万公顷。除如山火毁坏等其他因素的影响外，近年来美国本土葡萄供应过剩问题更可能是导致其种植面积下降的主要原因。

图 2-2　山火等自然灾害会造成葡萄园面积缩减

（4）南半球的葡萄园面积增减受自然因素影响较大

在南美洲，气候因素成为导致阿根廷葡萄面积减少的可能主因。阿根廷的葡萄园面积自 2015 年以来一直下降，2021 年减少到 21.1 万公顷，其中著名的门多萨产区一直被缺水、升温及干旱困扰。相反，一山之隔的智利，在 2021 年葡萄园面积扩增到了 21 万公顷。巴西的葡萄园面积在连续 8 年出现下降后，2021 年出现了增长。

在非洲，2021 年，南非的葡萄园面积为 12.2 万公顷，较 2020 年下降了

2%，南非的葡萄园面积持续萎缩，尤其在 2015—2017 年，严重的干旱天气导致葡萄园面积连续出现下降。

在大洋洲，2021 年，澳大利亚的葡萄园面积与 2020 年相持平，为 14.6 万公顷。新西兰的葡萄园面积小幅上涨后，达到了 4.1 万公顷。

（三）影响种植面积的复杂因素

不同国家葡萄园的种植规模有增有减，造成世界总体种植规模的起落。而不同国家种植面积增减背后的影响因素包括：①产区的种植与酿造产业的成熟度；②市场需求变化；③产区政策情况；④产区自然气候的变换。

 ## 第二节　酿酒葡萄的种植

葡萄酒颜色和风味的最主要影响因素是酿酒的葡萄品种，而每个葡萄品种对自然条件的要求与适应性千差万别。传统葡萄酒产国通常根据其自然条件，采用合适的传统葡萄来酿酒，这些葡萄大多是在当地具有一定种植历史，并且早已驯化的本地品种。新兴葡萄酒产国则因种植历史较短等原因，对市场需求更为敏感，因此更多优先选择已被验证的生产特性优异，适应性强大，风味充沛，个性鲜明，品质稳定，商业价值较高的国际广泛适种品种（简称"国际化品种"），如赤霞珠（Cabernet Sauvignon）、梅洛（Merlot）、黑皮诺（Pinot Noir）、西拉（Syrah）、霞多丽（Chardonnay）、长相思（Sauvignon Blanc）、雷司令（Riesling）等。

一、葡萄的繁殖

要想了解葡萄品种，首先必须认识葡萄是如何栽培或繁殖的。目前各葡萄酒产国所栽培的葡萄在 19 世纪以前的很长一段时间里，都采用播种的方式来育种。当时在葡萄种植中，只有用葡萄籽播种繁殖而成的才能被称为新品种。但葡萄的繁殖中，这种做法是难度很高的一种。20 世纪初以后，在人工控制下的杂交育种法被广泛使用，带来了葡萄繁殖的新时代。葡萄基因专家何塞·弗拉穆兹（Jose Vouillamoz）指出，每个品种都有一个父本，一个母本，这是一个新品种诞生所必需的，也是我们创造新品种的唯一方法。

目前葡萄的繁殖方法，常用的有种内杂交、种间杂交和扦插与压条等方法。

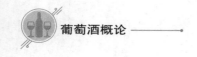

（一）种内杂交

种内杂交是指相同种类的两个亲本杂交培育成的新品种，多指欧亚葡萄，尽管美洲葡萄也有种内杂交。比如赤霞珠的父本和母本分别是品丽珠和长相思；皮诺塔基是由黑皮诺和神索种内杂交而成的。

（二）种间杂交

种间杂交是指不同种类的两个亲本杂交而成的新品种。典型的种间杂交至少会将一个美洲葡萄品种作为亲本。尽管美洲种葡萄很少用来酿酒，但是用种间杂交和美洲葡萄种内杂交的品种作为砧木，在现代葡萄种植中发挥极为重要的作用。

（三）扦插与压条

植物的无性繁殖也是葡萄栽培的常用方式，即通过扦插、压条的方法来保留品种特性，并不产生新的品种。扦插法即栽种新枝从而长出植株，这是商业苗圃向种植者出售葡萄苗所普遍采用的方法；压条法则是在葡萄园中选择长枝，将其压弯并埋入土壤中，使枝梢部分露出地面，让埋在地下的部分慢慢生根，待扎根完成后，再将新株与母株相连的长枝剪断。为了避免葡萄根瘤蚜带来的损失，种植者大多选择扦插法。

通过这两种方法所生长出来的植株有可能发生基因突变，从而表现出独特的性状，这样的葡萄藤称为克隆品种。尽管克隆品种之间存在较为明显的差异，但从基因上来说，它们只是来自于相同母株的不同克隆苗，因此并不能被视为新的品种。比如灰皮诺和白皮诺都是由黑皮诺变异而来的，所以科学地说，它们属于同一葡萄品种。

二、四季与成长阶段

除了在非常炎热的地区会出现一年两次收成，大多数葡萄酒产区每年只采收一次葡萄。在一年中，从发芽、开花、结果、成熟到冬眠，葡萄农都要根据四季变化进行不同的工作，目的是收获高品质的葡萄。

（一）发芽

每年北半球3月底至4月初，南半球9月至10月，当气温超过10℃后，葡萄藤便会开始发芽。在发芽的前后，葡萄农通常会进行第一次犁土。犁土一方面增加土壤透气性，方便吸收雨水；另一方面去除杂草，以减少除草剂的使用。犁土工作大约每两个月进行一次，直到葡萄采收。

（二）开花

北半球6月初，葡萄藤开始陆续开花，花季一般维持10~15天。葡萄的花序狭长而紧凑，每一朵小花就有成为一粒葡萄的可能。开花后，葡萄农就要进行整理藤蔓的工作，以确保最佳的光照效果。葡萄农还要定期修剪枝叶，让葡萄藤集中养分以利于果实成熟。

（三）结果

北半球 6 月底至 7 月初，葡萄藤开始绽放果实，这时必须修剪掉过于茂盛的枝叶，保证充足的养分供给葡萄果实；同时葡萄农还会抬高枝叶，让葡萄沐浴更多的阳光，提高通风效果，这样可以减少葡萄感染疾病的风险。

图 2-3　开花期的葡萄

（四）转色

北半球 8 月底至 9 月初，葡萄即将进入成熟期，此时枝叶停止生长，藤蔓开始木化成较硬的葡萄藤，同时糖分不断输送到果实内，使得葡萄的糖分含量不断升高，酸度不断降低，酚类物质和香气不断聚集，这时白葡萄的果皮会更加饱满通透，有的品种还会在颜色中混进成熟的淡淡黄色；黑葡萄品种的表皮渐渐由绿色变为紫红色。

图 2-4　转色期的葡萄

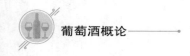

（五）收获

北半球 9 月底至 10 月初，葡萄正式进入成熟期。采收工作通常从 9 月延续到 10 月中旬，制造贵腐甜酒的葡萄会延迟至 11 月采收，制造冰酒的葡萄可能晚到 12 月或来年的 1 月采收。人工采收可以保护葡萄颗粒的完整，并且避免采收没有完全成熟或已经腐烂的葡萄，在维持葡萄品质方面具有机器采收无法比拟的优势；不过人工采收耗时费工，不少廉价酒产区更愿意选择机器采收。

图 2-5　机器采收葡萄

（六）剪枝

北半球 11 月起，叶片开始枯黄凋谢，寒冷产区的葡萄农在冬季到来之前必须培土，将土壤覆盖在树根上以防葡萄藤冻死。每年冬季直至来年春季到来之前，葡萄农必须将已经木化的藤蔓修剪成所需的形状，这样能有效减缓葡萄藤的老化，并且可以控制来年的葡萄产量。

图 2-6　葡萄剪枝

【拓展思考】

影响我国葡萄酒成本的葡萄埋土

葡萄起源于温带，属于喜温作物，耐寒性较差，世界上冬季寒冷的产区为了葡萄藤成功越冬，需要对剪枝后的葡萄藤进行埋土防寒。

在我国葡萄冬季埋土防寒与不埋土防寒露地越冬的分界线，一般认为冬季在零下17℃。

如在我国的宁夏贺兰山东麓葡萄酒产区，"冬季埋土，春季展藤"已成为有别于当地的独特风土和农耕文化。冬天把葡萄藤埋进土壤里过冬，次年清明前后再把沉睡了一个冬天的葡萄藤放出来，代表新的一年葡萄生长发育的开始。

但埋土、展藤暂时都为人工进行。即使葡萄农认真呵护，仍会在埋、展的过程中损耗一部分葡萄树。很多葡萄园的自行统计显示，由于埋土、展藤，每年要进行10%的补种。埋土、展藤、补种，令我国埋土越冬的葡萄产区葡萄酒成本高，减弱了市场竞争力。

如何酿出更优质的酒，提升价格，抵消成本冲击？如何通过产区文化营销，提升价格附加值，令消费者乐意为成本买单？如何通过文旅发展，转化种植劣势为产区特色，补偿成本损耗？中国葡萄酒人客观认知产区发展挑战后，正迎难而上，开启了多元的不断探索。

三、土壤的影响

土壤为葡萄果实输送其生长过程中所需的一切营养成分，对果实的成分结构，甚至葡萄酒的品质具有重大意义。葡萄树具有较强的耐旱能力，在其他作物无法生长的干燥贫瘠土地上都能生长。葡萄树不需要太多的养分，肥沃的土壤使得葡萄树长得枝繁叶茂，不利于优质葡萄的产出；贫瘠的土地反而更适合葡萄的生长。欧洲的葡萄园对土壤十分重视，将其视为葡萄园分级的重要评价标准。不同土壤类型在不同的气候条件下才能发挥作用。下面介绍几种常见的土壤类型。

图 2-7　土壤截然不同的葡萄园

（一）火成岩土壤

火成岩即岩浆岩，属于酸性土壤。大多含有花岗岩和页岩，呈细石状或沙粒状，排水性好。适宜种植西拉、雷司令、佳美等葡萄品种，是法国罗讷河谷北部的罗蒂丘，以及博若莱北部等地的主要土壤类型。

（二）沉积岩土壤

沉积岩由岩石经过风化侵蚀作用而形成，含有丰富的石灰质，属于碱性土壤，有助于葡萄中酸味的形成，非常适合霞多丽、黑皮诺或者内比奥罗的生长。例如，著名的香槟产区的土壤中富含白垩岩、泥灰岩或石灰岩，勃艮第产区的土壤多为泥灰岩和石灰岩黏土，这些类型都是常见的沉积岩土壤。

（三）冲击岩土壤

冲击作用形成的多石土壤利于吸热排水，养分贫瘠，适宜葡萄生长。以法国波尔多梅多克产区的砾石土壤和罗讷河谷教皇新堡的鹅卵石土壤最为典型。

四、气候的影响

温和的气候对葡萄种植来说最为理想，全球大部分的葡萄园都集中于南北纬 30 度到 50 度之间的温带地区。影响葡萄生长的最主要气候因素是阳光、温度和水。

（一）阳光

葡萄的生长都离不开阳光、二氧化碳和水的光合作用，通过光合作用来进行自身的生长以及果实的形成、成熟等生理活动。

在春末夏初，阳光的照射有益于坐果（Fruit Set）的形成。嫩芽（Bud）

这时期会长成为枝叶、卷须和花朵。只有得到适宜阳光照射，在年底的剪枝中才会有优质的保留枝条，才能更容易在来年的生长季结出累累硕果。

对于红葡萄品种的葡萄果实来说，阳光照射有助于色素花青素（Anthocyanins）的形成。在转色期（Veraison）之前，阳光照射有助于葡萄果实中单宁（Tannins）的积累。而转色期之后，阳光照射则可以促进单宁的聚合，从而减弱葡萄的苦味。

阳光对于葡萄果实中的风味物质也有一定影响。比如有助于增加萜烯（Terpenes）类化合物的含量，这类化合物可以形成葡萄酒中多种花香和果香。散发出玫瑰、水晶葡萄和荔枝香的麝香（Muscat）葡萄酒中就富含这种风味物质。而另一种生青味芦笋和青椒味来源的甲氧基吡嗪（Methoxypyrazine）会因为阳光的照射成熟，变得易于接受，减少生青味。阳光照射还能增加苹果酸（Malic Acid）在葡萄呼吸作用中的消耗速率，从而降低葡萄果实的酸度。

不过，由于葡萄果实的蒸腾作用比叶子更弱，因此如果阳光过于强烈，会导致葡萄果实无法及时散热而温度过高，直至被灼伤。葡萄果实被灼伤后，表皮上会留下"伤疤"，最终甚至有可能因此死亡。即使没有死亡，阳光的灼伤也会降低葡萄果实的质量。因此在酿造葡萄酒时，酒庄通常会筛选去除被阳光灼烧的葡萄，导致产量降低。

图2-8　晒伤的葡萄

在葡萄园里，影响葡萄阳光获得的因素主要有：

1. 纬度与海拔

阳光对地球上不同纬度的地区并非"雨露均沾"，越临近赤道的地区接收到的阳光越强烈，而越临近极地的地区阳光获取越有限。如果不计其他条件，仅考量维度，阿根廷门多萨（Mendoza）、南非显然要比法国的香槟和德国的摩索尔这些高纬度产区接收到的阳光强度更大，气温也会更高，使得葡萄果实中的糖分更高、酸度更低、香气更加成熟，红葡萄的颜色更深、单宁也更成熟。

维度之外，在海拔较高的地区，阳光只需穿过更薄的大气便可以照射到地面，因此损耗更少，阳光中紫外线的辐射更强，有利于红葡萄果实中花青素和单宁的合成。

2. 坡度与朝向

在北半球，位于坡地上的葡萄园通常会选朝向南方的地块，在南半球则相反。因为这样地块就更为"朝阳"，可以在一天中尽可能多地接受到阳光的照射。同时，考虑到太阳东升西落，朝向东面的葡萄园可以更多地接收清晨温和的阳光；朝西的葡萄园则会受到更热的午后阳光的"洗礼"，甚至会造成葡萄果实被灼伤的风险。

图 2-9 "朝阳"的清晨的葡萄园

朝阳的坡地越陡，地面与阳光的夹角就越大，得到的阳光就越集中。所以在阳光略弱的纬度较高、气候凉爽的产区，为了保障葡萄的完美成熟，都希望选择在朝阳的山坡上种植葡萄藤。比如在勃艮第，特级园（Grand Cru）通常位于山坡的中部，而山脚的平坦地块则多为大区级葡萄园。

除了更好地接受阳光，山坡还可以保护葡萄藤，减弱大风、大雨以及霜冻等恶劣天气的影响。此外，山坡上的土壤通常比较贫瘠，排水性也较强，更加适合葡萄的生长。但要知道，山坡需要关注水土流失、无法采用机械化种植等问题。因此，葡萄种植者们需要适当地考量和取舍。

3. 大型水体

很多优质葡萄酒产区都位于河、湖等大型水体的附近。比如靠近吉伦特河（Gironde）的法国梅多克（Medoc）产区、美国的手指湖（Finger Lakes）产区等。这些水体不但可以对气候产生一定的调节作用，还能反射阳光，使其二次照射葡萄藤，增加葡萄藤所接受到的阳光照射。

（二）温度

适宜的温度是葡萄生长的重要条件。

在冬季，葡萄需要经过零度以下的冬眠期，才能在来年正常发芽；但若温度低于 −17℃，葡萄树的根和叶苞会被冻死。所以有些产区在冬季会将剪枝后的葡萄藤压低，埋入土中，帮助其过冬。

春季萌芽期的温度需要在 10℃ 以上，一旦萌芽后若再遇上 −4℃ 的霜冻，刚萌出的新芽便会遭殃。损失了第一批萌芽的葡萄藤后面还会萌芽，但质量孱弱，无法与蓄力一冬萌生的葡萄芽相提并论。所以严重的倒春寒，很可能造成一个产区一年的惨淡收成。因为冷空气向下流动，所以当冷空气顺坡不受阻地流动，坡中位置温度相对会高一些。所以在寒冷产区，为了躲避霜冻，会向高海拔的上坡去寻找适宜的葡萄园地块。

受霜冻骚扰的葡萄园会采取以下方式来减缓霜冻的影响：①麦秸、杂草，堆垛生烟，产生的烟雾阻挡地面温度散失；②设洒水器，利用水从液态变为固态（冰）时释放出少量的热量；③使用风扇，通过鼓风混合高处与低处的暖冷空气，提升地面温度；④加膜覆盖，通过为葡萄藤加膜，营造膜内较高的温度；⑤驾驶直升机低空飞行，利用螺旋桨搅动气流，将上方温度的气流推到下方葡萄园中，驱赶下沉的冷空气。

图 2-10　各显神通的防冻手段（左：燃烧秸秆；右：覆盖塑料膜）

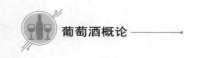

随后枝叶的生长以22~25℃为宜，所以温度太冷或太热都会使葡萄生长放缓。夏季果实成熟期，适当的高温有利于葡萄不断积累糖分，增加色素和单宁。如果温度太高且缺水，反而会让葡萄停止成熟。另外，昼夜温差对葡萄的影响也很明显：温差越大，葡萄皮颜色越深，单宁越多。

在葡萄园里，影响葡萄获得阳光的因素主要有：

1. 土壤

不同的土壤吸收和反射热量的能力不同。较之浅色土壤，颜色深或多石的土壤能吸收和反射更多的热量。在凉爽产区，土壤反射增加的热量，或是蓄积在石块中，日落后持续散出的热量对葡萄成熟至关重要。

2. 昼夜温差

偏高的夜间温度会加速葡萄成熟，导致酸度急剧下降。凉爽的夜晚则能减缓香气和酸度的流失。在温暖或炎热的产区，比起昼夜温差小的葡萄园，昼夜温差大的园地所产的葡萄酒口感更清新活泼且更加芳香。比如阿根廷的萨尔塔产区，夏季时白天温度可以高达38℃，而夜晚温度又可以降至12℃，昼夜温差非常大，出产的葡萄酒风格明快，香气浓郁。

葡萄园距离海洋或湖泊越近，昼夜温差就越小。这是因为这些水体能储存足够的热量，确保夜间温度不会过低，并且还能在白天带来凉爽的微风。即使是像河流这样的小水域也能发挥同样的作用。

另外，云量也会影响到昼夜温差，因为云层能起到保温的作用。在云层的遮盖下，夜间的温度下降得比较慢，到了白天阳光无法直接照射到地面，温度上升得也比较慢，自然就缩小了昼夜温差。

3. 洋流

洋流可将温暖或寒冷的海水从一片海域运输到另一片海域，从而使得一些葡萄酒产区局部的气候更加温暖或者凉爽。例如，智利的秘鲁寒流（Humboldt Current）和南非的本格拉寒流（Benguela Current）给原本过于炎热、不适合种植葡萄的地区带来了凉爽的气候，而墨西哥湾暖流（Gulf Stream）则使欧洲北部那些过于寒冷的地区变得更加温暖。

4. 雾气

有的产区的挑战是气候太炎热，难以种植出高品质的葡萄。而有了雾气的降温作用，情况就大不一样了。在美国加州（California）和智利卡萨布兰卡谷（Casablanca Valley），从海口涌入山谷的雾气就是造就许多顶级葡萄园的大功臣。

图 2-11　雾气带来的降温

（三）水

　　植物的生长离不开水分，从葡萄生长的角度来说，水分几乎决定了葡萄树的所有生理机能。比如，在其进行蒸腾作用（Transpiration）时，根系从土壤中汲取水分，然后通过维管系统（好比人体的血管）中的木质部（Xylem）向上传导，直至输送到葡萄树的各个部分，最后再经由葡萄叶表面的气孔排放出去。简单来说，蒸腾作用就是葡萄树从土壤中汲取水分再由树叶释放出去，这个过程使得葡萄树能够从土壤中获得生长所必需的养分，以维系自身基本功能的正常运作。

　　在葡萄初次萌芽时，刚被修剪过的葡萄树正待新一轮的生长，这时候保持土壤中湿度充足是至关重要的。适度的水分可以促使树叶及嫩枝茁壮生长，以达到理想的大小，从而开启葡萄树的蒸腾和光合作用（Photosynthesis）。

　　在葡萄树的开花期和坐果期，足够的水分供给是必要的。不过需要注意的是，如果雨水泛滥或太过湿润的话，会阻碍葡萄树授粉。特别是当葡萄树进行自花传粉时，过高的湿度容易导致其覆盖葡萄花朵中雄雌蕊的帽状物即藓帽（Calyptra）无法自然脱落，从而阻止传粉的有效进行。

　　一旦坐果完成，葡萄果实将发育出全部的细胞，这时要对葡萄园中的水分要进行严格管控。要是水分过少的话，发育出来的葡萄在之后的多雨期便很容易发生破裂；而若是水分过多的话，则容易导致葡萄染上霉病，叶子和表皮被霉菌所破坏，从而打乱光合作用的正常进行。

　　转色期（Veraison）伊始，控制好葡萄园中水分的多寡依旧至关重要，要是水分过多，迅速扩增的葡萄果实容易破裂，反之则达不到理想的果实大小。此外，在转色期，水分的多寡还会影响葡萄风味的集中度。

　　葡萄的生长季接近尾声时，采收便开始了。在这个时期，一方面，过多的水分容易稀释葡萄本来的风味、糖分及酸度，导致最终酿出的葡萄酒浓缩度大打折扣。另一方面，若是采收期间雨水稀少的话，葡萄则有变干的风险，其甜度也会急剧上升。因此，当葡萄处于采收季时，酿酒师必须要在短时间内判断出园中的水分是否适宜并采取相应措施，这样的话才能保证最终酿成的葡萄酒拥有理想的品质。

图 2-12　湿度得宜的采收季

事实上，葡萄与水分一直都需要保持一种微妙的平衡。就降雨量来说，如果降雨量过多，可能会带来霉菌滋生和葡萄腐烂的问题；如果降雨量过少，葡萄树缺少水分，就没有办法正常进行光合作用，葡萄果实也无法顺利成熟。在那些可以使用灌溉系统的地区，要达成这个平衡更显容易，因为水分的多寡可以通过人工来进行把控。不过，在那些不允许使用灌溉技术或不具备灌溉设施的地区及葡萄园中，基本上就只能"听天由命"了。

图 2-13　拥有喷灌和漫灌设施的葡萄园

【拓展思考】

葡萄种植的"微气候"

不同于宏观气候和中观气候，微观气候位于最底层，存在于葡萄园范围内，乃至在葡萄植株的行列间。

最典型的莫过于勃艮第地区，这里依据本地多样的微气候条件来给葡萄酒排序，一座葡萄园犹如一大块拼图，由数以千计的地块或微气候组成。这里的微气候是土壤和产区之间奇妙多样性的呈现方式。以夜丘为例，专家就区分出 57 种不同的土壤类型，每一种又对应一种原产地名称：特级园级、一级园级、村庄级、大区级。

微气候的概念可细化为众多因素，有时微气候甚至可达到中观气候的规模：

①半坡海拔。最好的勃艮第葡萄酒来自海拔 200~250 米山坡上的葡萄藤。

②靠近水体。例如波尔多的梅多克产区，北纬 45° 线横穿而过，地处大西洋海岸和吉伦特河入海口，两大水体调节热量和湿度，创造出非常适宜葡萄生长的微气候。

③气温。小范围的局部条件可使温度上升 1~2℃，足以让葡萄藤免遭春季霜冻的侵害。朝东南的坡地最先迎来早晨的第一缕阳光，通常能够避免霜冻，从而保证葡萄成熟。

五、病虫害的影响

常见的葡萄病虫害有：

1. 根瘤蚜病

葡萄根瘤蚜是原产于北美洲的一种虫害，在 19 世纪 60 年代席卷欧洲，几乎摧毁了那里所有的葡萄园。这种昆虫在某个阶段寄居于地下，以啃食葡萄藤的根系为生。欧亚种葡萄无法抵御这种虫害，被根瘤蚜咬过的伤口一旦被病菌入侵，将会使葡萄藤在几年内逐渐生病直至死亡，化学药剂对其完全不起作用。而美洲葡萄藤却能分泌出黏液抑制根瘤蚜咬食葡萄根部，并在根部被咬的伤口处形成保护膜以防止病菌侵染。直至 19 世纪末，人们才发现了一种方法：将欧亚葡萄嫁接到美洲品种或杂交品种的砧木上，这样既能利用美洲品种来抵御葡萄根瘤蚜，又能获取到欧亚葡萄的风味。

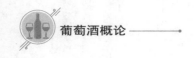

2. 灰霉病

灰霉病是酿酒葡萄栽培中最常见的病害，通常侵染葡萄的叶片、果穗等，使得果穗软化腐烂，并出现灰霉层，严重影响葡萄以及葡萄酒的品质。然而，灰霉菌也有积极的一面。在一些特殊的小气候中，被灰霉菌感染的葡萄果实随后遇上干燥的条件，从而形成贵腐，让葡萄中的糖分得以浓缩，香气不断聚集，出现特有的蜜香，如法国的苏玳甜酒、匈牙利的托卡依等。

3. 白粉病

白粉病（Powdery Mildew）是葡萄的常见病害之一，一般在 6 月中下旬开始发病，7 月中旬渐入发病盛期，该病主要危害叶片、枝梢及果实等部位，以幼嫩组织最敏感。叶片感染严重时会卷缩枯萎。果粒表面有灰白色粉状霉，擦去后表皮呈现褐色花纹，受害幼果容易开裂。新枝蔓受害，初呈现灰白色小斑，后扩展蔓延使全蔓发病，病蔓由灰白色直至变为黑色。

在降水量较小的产区，白粉病所带来的危害较为严重。叶片被白粉病侵染后，会降低光合作用效率；果实被白粉病侵染后，会影响糖分、酸度以及果皮颜色，从而导致酒液中带有苦味和其他令人不悦的风味。

4. 霜霉病

葡萄霜霉病（Downy Mildew）是一种世界性的葡萄病害。在我国的各葡萄产区均有分布，尤其在多雨潮湿地区普遍发生，是葡萄主要病害之一。葡萄霜霉病主要危害叶片，也能侵染新梢幼果等幼嫩组织。发病严重时，会导致叶片焦枯早落、新梢生长不良、果实产量降低、品质变劣等后果。

图 2-14　葡萄园的白粉病和霜霉病报警器——玫瑰花

高温潮湿多雨的天气十分适合霜霉病菌的生长。它主要侵害叶片，感染严重时会导致叶片脱落，从而降低果实成熟度；当它感染果实时，遇上潮湿天气果实上会出现白色霉层，在天气干燥时则会使病果脱落。

由于葡萄容易感染白粉病和霜霉病进而对园区的收成造成无可挽回的巨大打击，为此，葡萄园的种植者利用了娇弱的玫瑰比葡萄藤染病后发病更早、更快的特点，通过观察玫瑰植株的生长情况来更早地开展葡萄园的病害防治工作。

5. 卷叶病

卷叶病是一种在酿酒葡萄中出现的病毒病，会降低叶片的光合作用，推迟果实成熟期，并使果实中的糖分降低，酸度升高。种植师会在每天的巡护中高度观察防范卷叶病的出现。

6. 叶蝉

葡萄叶蝉是葡萄生长期间出现的一类重要害虫，主要有葡萄二黄斑叶蝉、葡萄斑叶蝉、黑胸斑叶蝉、白边大叶蝉、黑尾大叶蝉等十多种。最常见的为葡萄二黄斑叶蝉和葡萄斑叶蝉，此类害虫除危害葡萄外，还对苹果、梨、猕猴桃等作物造成危害。

叶蝉以成虫、弱虫形态集聚于叶片背面吸食叶片汁液。危害症状先从枝蔓下部叶片和内膛开始表现，逐渐向上部叶片和外部蔓延。叶片出现灰白色小斑点，造成叶子早衰。后发展至整个叶面，造成叶片失水枯焦，过早落叶，影响叶片光合作用和树体有机物的积累，造成果穗不能正常发育，果实容易萎蔫、脱落，影响当年和来年产量。

由于葡萄叶蝉的危害，叶片的光合作用和有机物的积累受到影响，果穗不能正常生长发育，果实易萎蔫、落果。叶蝉不仅影响当年的产量和品质，而且由于树势衰退，枝蔓生长衰弱，花芽弱小，以致会影响来年葡萄的产量和品质。

 ## 第三节 酿酒葡萄的种类

葡萄品种绝对是葡萄酒的灵魂。世界著名品酒大师，杰西斯·罗宾逊夫人在她所著的《葡萄树、葡萄与葡萄酒》（*Vines，Grapes and Wines*）一书中直接指出："葡萄酒的香味及特性有百分之九十是由其品种决定的。"

截至目前，根据国际组织专门的统计项目，世界上酿酒葡萄品种已经高达 6 000 多种。酿酒葡萄品种虽多，最引人青睐的却十分集中。《葡萄酒经济学》杂志早在 2014 年的一份研究报告中指出，尽管生产者面临寻求差异化产

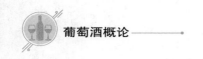

品的挑战，但葡萄品种的选择却在变窄，35个最广泛种植的葡萄品种的种植面积2010年已占全球酿酒葡萄种植面积的66%。

时至今日，常见的酿酒葡萄品种仅约50种。其中，有一些品种，在世界各地种植广泛，被称为国际葡萄品种；而不同国家自己独特种植的，被称为本土葡萄品种。

本节就是学习代表性国际品种。

一、酿酒葡萄的分类

并非所有的酿酒葡萄都酿成了我们最常见的静态葡萄酒。酿酒葡萄根据酿造出葡萄酒的不同种类分为以下五大类。

（一）酿造红葡萄酒品种

这类品种主要用于酿造红葡萄酒或桃红葡萄酒，果皮色深，单宁丰富，含糖量高，酸度中等。常见品种有：赤霞珠（Cabernet Sauvignon）、梅洛（Merlot）、黑皮诺（Pinot Noir）、西拉（Syrah）、品丽珠（Cabernet Franc）等。

这些品种对环境的要求各异，因此不同国家或不同产区的主栽品种不尽相同，如西班牙以栽培丹魄为主，澳大利亚以栽培西拉为主。

（二）酿造白葡萄酒品种

这类品种主要用于酿造干白葡萄酒，果皮色浅，含糖量高，酸度中等偏高，具有典型性香气。常见品种有：霞多丽（Chardonnay）、长相思（Sauvignon Blanc）、雷司令（Riesling）、赛美蓉（Semillon）、白诗南（Chenin Blanc）等。

（三）酿造加强型葡萄酒品种

这类品种主要用于酿造酒精度较高、甜型或干型加强酒等，糖分和酸度都较高，具有品种典型香气，其中白色和红色葡萄品种皆有。常见品种有：帕洛米诺（Palomino）、佩德罗－希梅内斯（Pedro Ximenez）、国产多瑞加（Touriga Nacional）、多瑞加弗兰卡（Touriga Franca）等。

（四）酿造白兰地品种

这类品种主要用于酿造葡萄白兰地，酸度高，产量大，无特别的香气，常见品种中白葡萄居多，适合用来进行纯净的蒸馏。常见品种有：白玉霓（Ugni Blanc）、白福儿（Folle Blanche）、鸽笼白（Colombard）等。

（五）调色品种

这类品种的主要作用是为葡萄酒调配颜色。常见品种有：紫北塞（Alicante Bouschet）等。对要不要使用调色品种一直是个争议问题，各国的法令法规不尽相同。

有的葡萄品种可能具有酿造多种类型葡萄酒的能力，如黑皮诺既可以酿造红葡萄酒也可以酿造起泡酒。在不同的国家或产区，通常会结合当地风土和品种特性，确定一个主要目标，如霞多丽在法国勃艮第多用来酿造干白；而在法国香槟区多用于酿造起泡酒。在法国卢瓦尔河谷，白诗南（Chenin Blanc）的静态和起泡酒都可见。提到麝香葡萄，很多人会快速联想到经济、讨喜的意大利的起泡甜酒阿斯蒂，但在西班牙它可以被用于雪利酒的酿制，也可以做成静态的葡萄酒令人愉悦。

在学习具体葡萄前，值得一提的是，葡萄是有生命的，葡萄品种是鲜活的，它们各有各的个性（气味、品质）、脾气（抗病能力、适应力）和偏好（适宜环境、绝佳风土）。

二、常见的国际红色葡萄品种

常见的国际
红色葡萄品种

（一）赤霞珠 Cabernet Sauvignon

中文别名：加本力苏维翁、嘉本纳沙威浓、解百纳

原产地：法国波尔多地区

全世界产酒国都有种植，已成为世界第一大酿酒葡萄品种的赤霞珠，被称为"酿葡萄帝王"。它能赢得这么广阔的种植面积，归功于它极强的适应能力，"移居"各国仍能保持卓越品质。很多世界顶级葡萄酒都是用赤霞珠酿造而成的，如大名鼎鼎的法国拉菲（Chateau Lafite Rothschild）、美国啸鹰（Screaming Eagle）和意大利的西施佳雅（Sassicaia）等。因此有人说："如果不懂赤霞珠，那就等于没有触碰到葡萄酒世界的大门。"

1. 赤霞珠的起源与发展

赤霞珠的起源目前仍存在一定争议。最早关于赤霞珠的历史记载是1763—1777年编写的 *Livre de raison d'Antoine Feuihade*，书中记载赤霞珠在法国吉伦特省（Gironde）有种植，所以很多学者相信赤霞珠有可能是源自法国的吉伦特省。而吉伦特省的波尔多因赤霞珠扬名国际，赤霞珠也因此被认为是影响世界葡萄酒的波尔多品种之一。

红葡萄酒界的"帝王"，在19世纪末期之前，还被很多人误认为是品丽珠。它们在果粒大小、果皮颜色和成熟期等方面都非常接近，它们酿造的葡萄酒在颜色、香气和口感方面都有一定的相似度。而赤霞珠与品丽珠也确实有一定渊源。1996年，加州大学戴维斯分校卡罗尔·梅雷迪斯博士（Dr. Carole Meredith）带领的研究团队通过DNA分析发现了赤霞珠葡萄是由品丽

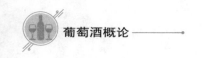

珠和白葡萄品种长相思在 600 多年前自然杂交而成。这就是赤霞珠在很多方面与其亲本品丽珠和长相思有类似特征的原因。

赤霞珠之所以成功登上世界舞台要归功于名震一时的 1855 梅多克葡萄酒分级制度。在 1855 年的波尔多分级的名庄中，赤霞珠混酿成了红酒列级庄绝对的高光主角。"拉菲庄""拉图庄""玛歌庄""木桐""奥比昂"全部 5 个一级园都是它当家。之后赤霞珠随着欧洲移民者定居美国、澳洲、智利和南非等国，从而使美国快速成为世界上种植赤霞珠面积最大的国家之一。赤霞珠与我国的葡萄酒发展也有着不解之缘，中国是近年赤霞珠种植面积增长最快的国家之一。

【拓展思考】

1855 年波尔多分级

1855 年，当时的法国国王拿破仑三世（Napoleon III）想借举办巴黎世界博览会之机，向全世界展示法国美酒。于是他命令波尔多工商会负责筹备酒展并对酒庄进行分级。

这次列级庄评选红葡萄酒仅聚焦了波尔多的梅多克（Medoc）子产区，被称为 "1855 梅多克分级"；白葡萄酒针对甜白葡萄酒的产区苏玳 & 巴萨克（Sauternes & Barsac）子产区，被称为 "1855 苏玳 & 巴萨克分级"。

从 1855 年至今，该制度只发生过两次重大变更。其一，是佳得美酒庄（Château Cantemerle）补录为五级庄；其二，二级庄木桐酒庄（Château Mouton Rothschild）破格晋升为一级庄。除此之外，部分列级庄的产权发生了变化，有的经历了拆分，有的则合二为一。所以现在看到的 1855 红葡萄酒分级名单中，列级红酒庄共有 61 座，其中一级庄 5 座、二级庄 14 座、三级庄 14 座、四级庄 10 座、五级庄 18 座。

距今已有 160 多年历史的 "1855 波尔多分级" 饱受争议。例如：一是它没有全面考量波尔多的美酒，只过分侧重两个子产区；二是人们对该分级的当代权威性还剩几何有所质疑。但不可否认的是，这一制度仍旧被现今消费者视为挑选波尔多佳酿最简单易行的参考依据。

2. 赤霞珠的特点

赤霞珠果粒小、果皮较厚。别小看了果小皮厚，优良的皮渣比例令它酿出的酒果味突出、层次丰富、酒体饱满，单宁和酚类物质含量高，陈年潜力好，和橡木桶是绝配。

赤霞珠拥有极强的生命力，抗病性强；作为晚熟品种，这种葡萄还能抵御倒春寒对幼芽的影响。赤霞珠适应能力极强，能适应不同的气候环境与土壤，是世界上种植面积最广的酿酒葡萄品种。因其易种植，产量较高，被称为"红葡萄品种之王"。至今在多个葡萄酒产国中，最贵的葡萄酒主角都是赤霞珠，如美国、阿根廷，还有我国，足见其发挥稳定的品种品质。

赤霞珠偏爱温和或炎热的气候，在寒冷地区或气温较低的年份无法完全成熟。对它来说，波尔多已经够高纬度了，再冷凉的产区就难以成熟了。

赤霞珠皮厚色深，香气馥郁，有很高的单宁和酸度。典型的香气包括黑色水果，如黑樱桃、黑醋栗等香气，还伴有植物性香气，如青椒、薄荷。成熟的赤霞珠酿造出的葡萄酒颜色深，酒体饱满，单宁圆润甚至强劲，酸度高，黑色水果香气明显，草本植物特征较少。凭借其浓郁的果香、高单宁和高酸度，赤霞珠具有极高的陈年潜力，非常适合在橡木桶中培养，来增添烟熏、香草、咖啡和雪松风味。

图 2-15　赤霞珠葡萄酒典型香气图

3. 常见的赤霞珠葡萄酒类型

赤霞珠既可以酿造单一品种的葡萄酒，也经常与其他品种混酿。

喜好温暖的赤霞珠，单酿时通常来自炎热或温暖的产区。美国加州在地中海气候加持下，其核心精品产区纳帕谷（Napa Valley）涌现了很知名的膜拜酒庄（Cult Wine）。"膜拜酒"种植和酿造严格，偏爱用 100% 的赤霞珠酿造葡萄酒。这些酒产量稀少、品质卓越，是全球最贵的葡萄酒之一，常受到酒评家和收藏家的喜爱。智利的科尔查瓜山谷产区，因其所产的赤霞珠葡萄酒单宁厚重、酒精度较高、酒体饱满等特征，被称为智利的"纳帕谷"。

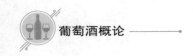

【拓展思考】

什么是膜拜酒

膜拜酒源于 20 世纪 90 年代的加州纳帕谷（Napa Valley），最初用来描述那些品质优异但是产量极少的加州葡萄酒。膜拜酒的价格昂贵，主要通过邮件订购等方式在小范围内出售，绝大多数人很难购得，也没有机会品鉴，只能顶礼膜拜，因此被称为膜拜酒。

膜拜酒的代表牌号有啸鹰酒庄（Screaming Eagle）、哈兰酒庄（Harlan Estate）、艾伯如酒庄（Abreu Vineyard）、布莱恩特家族酒庄（Bryant Family Vineyard）和达拉·瓦勒酒庄（Dalla Valle Vineyards）等。这些酒款量少质优，备受酒评家和消费者的追捧，葡萄酒价格也一路飙升。

膜拜酒贵的道理有：投入大，为创造品质人工、先进设备、橡木桶投入都高；酒少，又难买，物以稀为贵；营销成功，期货式邮购，大师点评，搞拍卖，关注度高。

赤霞珠的混酿通常香气浓郁、酒体强劲、余味悠长。波尔多的梅多克产区，对喜温暖产区的赤霞珠来说，已是其能成熟的极北产区了。在这里，人们将赤霞珠与梅洛（Merlot），有时还添加品丽珠一起混酿，打造出色深味重、酒体强劲、适宜陈年的风格。梅洛能提供鲜美多汁的果味，同时平衡赤霞珠的单宁质感；品丽珠可增强酒体，提高葡萄酒的复杂性。更主要的是这样混酿保留了调配最终葡萄酒品质的弹性，是赤霞珠未必每年都可完美成熟产区的应对措施。赤霞珠与梅洛这一经典搭配被称为"波尔多混酿"，已遍布世界各大产酒国。在我国的山东、河北、宁夏等产区就能喝到中国产区的"波尔多混酿"风格葡萄酒。在意大利，赤霞珠可与桑娇维塞（Sangiovese）混酿，在澳大利亚与设拉子（Shiraz）混酿。赤霞珠主要酿制风格与产区如表2-2所述。

优质赤霞珠葡萄酒无一例外都会经过橡木桶的陈酿，时间从数月到两年不等，视酒的风格和酿酒师的喜好而定。在与橡木桶的亲密接触中，橡木的香气和单宁物质能丰富酒液的香气、口感和复杂度，同时缓慢氧化的过程还能提升香气的复杂度并改善单宁的赤霞珠葡萄酒的质感。

4. 赤霞珠与中国

早在 1892 年，我国就从法国引入赤霞珠葡萄；直到 20 世纪 80 年代后，才开始大规模种植。

我国第一瓶干红葡萄酒是 1983 年由郭其昌大师带领的研发团队，在河北地王葡萄酒公司酿制出的以赤霞珠葡萄为主，配以品丽珠、蛇龙珠等混酿而得的葡萄酒。

20 世纪 70 年代，为了扭转改变我国与国际先进的葡萄酒酿造业长期脱轨的局面，1979 年，国家轻工业部派出由国内酿酒专家、学者组成的团队赴法考查。回国后，组织科研团队，培训技术人员，进行技术研发、攻坚，设备更新换代等工作。终于在 1983 年，借鉴法国酿造干红葡萄酒的先进工艺和设备，结合本国的实际情况，选取国际知名酿酒葡萄品种，采用热浸果浆法，结合转动罐法，对分离果渣后的红色果汁进行控温发酵，酿出了中国本土干红葡萄酒，结束中国没有自主酿造干红葡萄酒产品的历史。

研发开始，受国家轻工业部大力支持，在昌黎葡萄酒产区的中国酿酒人进行了干红葡萄酒设备设计、试制、配套、配合工艺试用等项目。在干红研发成功后，为改善赤霞珠等酿造干红葡萄酒的原料品质，昌黎葡萄酒厂不惜以当时 1 美元 1 株脱毒苗木的高昂价格，从法国进口 5 万株赤霞珠、品丽珠等脱毒苗木，在昌黎县的后营等村庄进行本土优质栽培。

时至今日，赤霞珠已成为中国最重要的红葡萄品种之一，在我国各大产区都有种植，例如宁夏、新疆、烟台和昌黎产区等。赤霞珠在中国既有波尔多混酿式的葡萄酒也有单一品种酿制的葡萄酒，通常经过长时间的橡木桶陈酿，香气浓郁复杂，酒体强劲饱满，单宁厚重。

有人开玩笑说，赤霞珠对中国消费的葡萄酒品位影响太大，中国人脑子里红葡萄酒该有的样子，往往指的就是赤霞珠葡萄酒的特征。

现今我国产出的葡萄酒高价位表里，来自香格里拉的敖云和来自烟台蓬莱的嫏岱都是赤霞珠混酿。

表 2-2 赤霞珠主要酿制风格与产区

酿制风格	优质产区
混酿型赤霞珠	法国波尔多
	澳大利亚玛格丽特河
	南非斯泰伦博斯
	智利迈坡谷
单酿型赤霞珠	美国纳帕谷
	澳大利亚库拉瓦拉
	智利阿空加瓜山谷

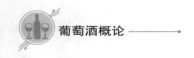

（二）梅洛 Merlot

中文别名：美乐、梅乐、美露、梅鹿辄

原产地：法国波尔多地区

著名酒评家尼尔·马丁（Neal Martin）曾说"我把梅洛想成'圆形'的品种，而赤霞珠则是'方形'"。作为世界上第二大酿酒葡萄品种，梅洛常常被视为是赤霞珠的最佳搭档，用来平衡赤霞珠的单宁结构。与赤霞珠的强劲有力不同，梅洛更加热情柔和，且香气淡雅，果味充沛，酸度和单宁更低。

1. 梅洛的起源与发展

梅洛的种植历史可以追溯到公元 1 世纪，原产于法国波尔多地区，目前是波尔多酿造红葡萄酒的两大主要栽培品种之一。1784 年，法国的葡萄酒历史学家 Henri Enjalbert 研究发现梅洛是波尔多右岸利布尔讷（Libourne）的贵族葡萄品种，这是对梅洛葡萄最早的历史记录。

对于梅洛葡萄的生物学起源，目前尚无定论。有奥地利的学者认为，梅洛是品丽珠和另一种葡萄杂交的后代。从这一角度来看，梅洛与赤霞珠是存在亲缘关系的，这也解释了以梅洛为主的混酿与以赤霞珠为主的混酿在口感上容易混淆的原因。

梅洛葡萄的名称很多，除了在波尔多叫作 Merlot 以外，在法国的其他地区还有 Petit Merle、Merlau、Vitraille、Crabutet、Bigney 等名字，在匈牙利也叫作 Médoc Noir。其来源与波尔多地区的一种小山雀有关，这种小鸟身上蓝黑色的羽毛与梅洛葡萄成熟时的颜色十分相似，并且梅洛也是小山雀最喜欢的食物。Jancis Robinson 曾提出，要么梅洛的名字来源于这种小山雀，要么小山雀的名字来源于梅洛葡萄。关于 Merlot 的中文译名，郭其昌等葡萄酒行业的老前辈于 1999 年提出统一使用"梅洛"这一规范译名。

【拓展思考】

左岸与右岸

在法国最耀眼的明星级葡萄酒产区波尔多（Bordeaux）境内，加龙河（Garonne）、多尔多涅河（Dordogne）与它们两河交汇而成的吉伦特河（Gironde）组成了一个扭曲、曲折的"人"字。这个"人"字将波尔多划分成了三个区域。而葡萄酒业内常常被提起的"左岸"就是吉伦特河左边的产区，右边的则被称为"右岸"，而在加龙河、多尔多涅河两条河交会处中间的石灰岩台地，称为"两海之间"。

波尔多的左岸、右岸由于地理和微气候的不同，在葡萄种植和酿造上有比较大的差异。波尔多左岸的土壤主要是砾石，排水性好，土质贫瘠，最适合赤霞珠（Cabernet Sauvignon）的成长，酿造出来的混酿往往具有高酸、高单宁、高酒精度的特点，风格偏向于"强劲"；波尔多右岸的土壤类型主要是黏土，酸性土壤，延展性佳，但不易排水，最适合梅洛（Merlot）的成长，酿造出来的葡萄酒常常具有酸度适中、单宁柔顺、酒体丰满的特点，风格偏向于"柔美"。

2. 梅洛的特点

梅洛葡萄的果粒中等，果皮厚度中等，果肉酸甜多汁，果味饱满。这样的特点注定了它不会像它的老搭档赤霞珠一样酒体饱满、单宁含量高、口感坚实而骨架丰满。它的口感更亲切、圆润、柔美。

梅洛对土壤和气候具有较强的适应性，偏爱潮湿凉爽的土壤，容易种植，所以在波尔多吉伦特河右岸砾石不多，黏土为主、延展性佳还不易排水的酸性土壤上，爱温暖的赤霞珠成熟和品质都无法得到保障，梅洛却在这里找到了乐土，品质卓越。还在右岸产出了世界顶级的梅乐单酿（有少数年份辅以品丽珠）帕图斯（Petrus）和众多顶级"车库酒"。值得一提的是，波尔多最贵的酒不是拉菲，而是波尔多的"酒王"帕图斯。

【拓展思考】

车库酒（Vins de Garage）

车库酒的本意就是从车库里"起家"的葡萄酒，是那些产自并不具有显赫风土的葡萄园（通常位于波尔多右岸地区），采用100%全新小橡木桶且大多以梅洛（Merlot）酿造而成的葡萄酒。这些酒大多产自小酒庄，由于无法承担高额费用，还为了节约酿酒成本，酒庄只好选择地窖或车库作为酿酒场地，因此被称为车库酒。

这种小型的精品加工方式中，一些执着的酿造者酿出了众多世界顶级名酒。如瓦兰佐酒庄、里鹏酒庄、拉梦多酒庄（La Mondotte）以及圣马丁酒庄（Clos Saint-Martin）等。

波尔多右岸波美侯的里鹏酒庄（Le Pin）就是车库酒的开山鼻祖，而圣埃美隆的瓦兰佐酒庄（Chateau Valandraud）则将其推向高潮。20世纪的最后20年是车库酒的光辉岁月，其售价甚至远远高于波尔多列级庄中5大名庄的葡萄酒。

由于越来越多的车库酒出产，市场供应急增；再加上不同车库酒的风格又大致相同——其成酒酸度低且酒精度高，较适合净饮，不利于与食物搭配，导致了车库酒近些年的热度下降。

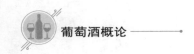

梅洛产量较高，对霜霉病、白腐病等抗病能力较强，使得它在世界很多地区均有出色表现。梅洛发芽、开花和成熟通常比赤霞珠早 1~2 周，且采收时含糖量较高。

梅洛葡萄酒的风味通常根据其成熟度分为两种风格：一种是温和或凉爽气候条件下的梅洛葡萄酒表现出红色水果特征，如草莓、红浆果、李子等，还有一些药草（如薄荷）的特征，单宁和酸度稍高。另一种是来自温和或炎热气候的梅洛葡萄酒表现出黑色水果特征，如黑莓、黑李子、黑樱桃等，酒体更为饱满，酸度中等或偏低，酒精度高，单宁中等且柔和。一些成熟度高的梅洛甚至会带来水果蛋糕和巧克力的气味。最好的梅洛葡萄酒经常在橡木桶中熟化，以获得更多的香料味和橡木带来的香草和咖啡味。

图 2-16　梅洛葡萄酒典型香气图

3. 常见的梅洛葡萄酒类型

最出色的混酿风格梅洛葡萄酒莫过于在其发源地法国波尔多了。但在出名早、影响力大的波尔多左岸，尤其是波尔多列级名庄中，梅洛很长时间被低估，被视为是赤霞珠的最佳配角。波尔多地区右岸的圣埃米利永（Saint-Emilion）和波美侯（Pomerol）产区，是梅洛葡萄酒最为名声显赫之地，在这里梅洛葡萄酒中通常会添加一些赤霞珠或品丽珠葡萄来增添酸度和单宁，使其更具筋骨。其丰腴细腻的质地、丝滑柔软的口感、新鲜浓郁的香气，让它在世界范围内大受欢迎。

梅洛有"红葡萄中的霞多丽（Chardonnay）"之称，既可以酿造单一品种葡萄酒，也常与其他葡萄品种一起混酿。

用单品种酿造的梅洛葡萄酒在年份较浅时，呈现出略带紫色的深宝石红，伴有新鲜的樱桃、李子等果香，浓郁柔滑。在意大利、澳大利亚、美国加州、智利中央山谷、新西兰的霍克斯湾（Hawke's Bay）等葡萄酒产区都能见到它的身影。

4. 梅洛与中国

1892 年，梅洛由西欧被引种至我国的山东烟台。20 世纪 70 年代后，又多次从法国、美国、澳大利亚等国引入。尽管梅洛在中国已有超过百年的历史，但在较长时期内都未受到重视，直到近些年来才陆续扩展种植规模。在我国甘肃、河北、山东、新疆、云南等 14 个主要产区，梅洛的种植面积约占酿酒葡萄总种植面积的 10.6%。

（三）品丽珠 Cabernet Franc

中文别名：维龙、布席、布榭、卡门耐特

原产地：法国波尔多地区

作为"解百纳（Cabernet）"家族中的一员，品丽珠在不同产区的名称差异较大。在法国卢瓦尔河谷地区（Vallé de la Loire），品丽珠被叫作维龙（Veron，Veronais）；在比利牛斯山地区，品丽珠被称作布席（Bouchy）、卡普利顿（Capbreton）、沙地苗（Plants des Sables）；在波尔多右岸的 Saint-Émilion，又被称为布榭（Bouchet）；在左岸的 Médoc，被叫作卡门耐特（Carmenet）；在意大利则被叫作 Bordo 或 Cabernet Frank。

1. 品丽珠的起源与发展

品丽珠是一个古老的酿酒葡萄品种，关于其起源有很多猜测。近期的研究表明，12 世纪时期，在位于西班牙和法国边界处的巴斯克（Basque）大区内的一个叫作龙塞斯瓦列斯（Roncesvalles）的小镇上，当地牧师所种植的本地葡萄品种 Acheria 就是品丽珠。研究者在法国的卢瓦尔河谷找到了 16 世纪时种植品丽珠的记录，当时它被称为"布莱顿（Breton）"。直到 19 世纪，品丽珠的现代拼写"Carbernet Franc"才正式出现。

品丽珠在世界各地均有种植，主要用来调配提高葡萄酒的果香与颜色。近年来，因消费者青睐于果香充沛的红葡萄酒，品丽珠的栽培面积得以迅速发展。在波尔多，右岸的石灰质黏土尤其适合品丽珠的成熟，品丽珠那细软的单宁、中高的酸度、内敛的香气，让它成为赤霞珠和梅洛的"陪衬"。在卢瓦尔河谷，品丽珠则更受欢迎。在布尔盖伊（Bourgueil）、希侬（Chinon）等产区，品丽珠被作为混酿中的"主角"或被用来酿造单一品种葡萄酒。此外，品丽珠在法国西南产区、意大利东北部、美国加州等葡萄酒产区都占据重要地位。

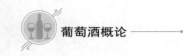

2. 品丽珠的特点

品丽珠属中熟或中晚熟品种，作为赤霞珠的母本植株，比其更早发芽也更早成熟，喜好温和至凉爽气候。以加拿大葡萄酒为例，该国高纬度的凉爽气候注定了即使在相对温暖的小气候环境中赤霞珠也很难成熟。这时作为赤霞珠母本的品丽珠优势就显而易见了。在凉爽的气候中，品丽珠在采收期有机会达到更好的成熟度，从而酿出优质好酒，展现出优雅、充沛的红色果香和层次感，其中度的单宁和酒精，带来适当的骨架和口感。同样在法国的卢瓦尔河谷，品丽珠还因为其早熟的特性能适应当地冷凉的气候而表现出色。

品丽珠葡萄的果粒较小，但果皮比赤霞珠薄，所以较易感染霜霉病、白粉病等真菌病害，对病毒也较为敏感，因此在种植时应根据不同生长期的特点做好管理和灾害防治工作。

品丽珠的风格介于赤霞珠和梅洛之间。单宁和酒精度中等，酸度较高。带有覆盆子、草莓等红色水果香味，不完全成熟的品丽珠带有明显的青椒等草本植物性风味。在法国卢瓦尔河谷地区可用于酿造单一葡萄品种的红葡萄酒或半甜型桃红葡萄酒。

3. 常见的品丽珠葡萄酒类型

法国是品丽珠种植面积最广的国家，2009 年为 36 948 公顷。卢瓦尔河谷是核心种植区，这里的品丽珠红葡萄酒酒体中等，单宁细致，带有红色水果、紫罗兰花香和铅笔芯的气息，具备较好的香气复杂度和较为平衡的架构。在安茹（Anjou）产区，还酿造品丽珠的桃红葡萄酒，并且有两个独立的桃红葡萄酒法定产区——安茹桃红（Rosé d'Anjou）和安茹卡贝内（Cabernet d'Anjou）。其中，安茹卡贝内的品质最高，由品丽珠和赤霞珠混合酿造，半甜型风格；而安茹桃红则由品丽珠与当地葡萄品种果乐（Grolleau）混合而成，甜度更低。

在波尔多，由于品丽珠的发芽期与开花期和赤霞珠、梅洛不同，因此作为"临时配角"拥有一定的栽培量可以保持葡萄酒品质的稳定。其颜色深，单宁厚，具有红色浆果及铅笔芯的香气，但其中庸的风格无法与赤霞珠与梅洛相媲美。在右岸，知名的白马酒庄（Château Cheval Blanc）和欧颂酒庄（Château Ausone）都很偏爱品丽珠，其在园中占比高达 60% 以上。在法国南部，品丽珠被用来与赤霞珠、丹娜（Tannat）等高单宁品种混合，来提升酒液的柔和口感。

在美国，品丽珠既被用于酿造波尔多混酿风格的红葡萄酒，也被用于酿造单一品种葡萄酒。

4. 品丽珠与中国

与赤霞珠和梅洛一样，1892 年品丽珠由西欧被引种至我国山东烟台，20世纪 70 年代后，又多次从法国、美国、澳大利亚等国引进，我国甘肃、宁夏、山东、山西、云南、河北等地都曾引种。尽管品丽珠在我国历史已久，但由于栽培性状不满意等原因一直未被大规模推广。2001 年，品丽珠的栽培面积仅为当时国内酿酒葡萄栽种总面积的 3.2%。

（四）黑皮诺 Pinot Noir

中文别名：黑比诺、黑贝露、贝露娃

原产地：法国勃艮第地区

世界上最贵的葡萄酒是黑皮诺葡萄酒。黑皮诺在法国的勃艮第被酿制成极致优雅的单一品种葡萄酒，在香槟产区被酿成泡沫如珍珠项链般连续冒出的起泡酒。在其他国家黑皮诺还被叫作 Pineau、Franc Pineau 或 Noirien，在德国叫作 Spatburgunder，在意大利称为 Pinot Nero；在新西兰则叫作 Clevner。

1. 黑皮诺的起源与发展

黑皮诺原产于法国勃艮第（Burgundy）地区，有专家认为它是从野生葡萄中选出来的，作为最古老的葡萄品种之一，黑皮诺是霞多丽（Chardonnay）、阿里高特（Aligote）、佳美（Gamay）等众多品种的父本植株。关于黑皮诺的最早记载可追溯到公元 1 世纪，当时被叫作 Pinot Vermei。14 世纪，介于法国和罗马帝国之间实力强劲的勃艮第公国，在菲利普公爵的带领下，用高品质的黑皮诺取代了多产但品质低的佳美葡萄（Gamay）。由此，黑皮诺在勃艮第被广泛种植，而勃艮第葡萄酒也随之声名远播。

尽管黑皮诺种植是出名的"娇气"，但在全球主要产区都有黑皮诺的身影，毕竟用它酿制的葡萄酒品质上乘且经济价值较高。其中法国的种植面积最大，在其原产地勃艮第地区表现最为完美，这里黑皮诺葡萄酒的品质取决于葡萄园的位置，不同地块所出产的黑皮诺葡萄酒的品质差别较大。同一个法定产区的村里，不同朝向和海拔变动都会让品质落差明显。另外，黑品诺在德国法尔茨（Pfalz）和巴登（Baden）产区，美国的加州和俄勒冈州（Oregon），新西兰的马丁堡（Martinborough）和中奥塔哥（Central Otago）产区，澳大利亚的雅拉谷（Yarra Valley）等产区都有不错的表现。这些产区能得到黑皮诺的眷顾，全凭"天时、地利"的风土，外加精心的葡萄农的劳作。

2. 黑皮诺的特点

黑皮诺的"娇气"主要源于它是早熟品种，葡萄皮较薄，这使它易受天气和病虫害的影响。所以它对土壤、温度、湿度等环境条件十分敏感，外加它产量小且不稳定，所以是公认的极为挑剔和难以照料的品种。

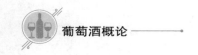

黑皮诺在冷凉气候条件下，在排水性较好的白垩土和石灰黏土中表现最好。温度过高使得果实较快成熟，而风味物质聚集不足；雨水过多又会使果实因遭受真菌病害而腐烂。

黑皮诺葡萄容易变异，这可以解释为什么它是很多葡萄品种的父本植株。根据葡萄品种学专家的研究，依据果粒大小形状、风味产量等不同性状，在全世界范围内存在200~1 000个黑皮诺的克隆品系，其中还不包含灰皮诺（Pinot Gris）、白皮诺（Pinot Blanc）等远亲品种。

黑皮诺葡萄酒的颜色较淡，淡到在相同杯型和份量下，一眼可以在赤霞珠、梅洛、品丽珠、西拉中认出它。黑皮诺酸度较高，酒体中等，单宁细腻丝滑，以平衡优雅著称。酒龄较短时它会散发出红色水果的香气，如草莓、樱桃、覆盆子等，陈年后会发展出更为复杂的香料味和动物味，如甘草、蘑菇、野味、皮革等。高质量的黑皮诺葡萄酒有优雅的紫罗兰花香，陈年潜力非常强，通常经橡木桶陈酿来增加香气的复杂度，并提升酒体的丰腴感。

3. 常见的黑皮诺葡萄酒类型

黑皮诺通常为单一品种酿造。勃艮第的中心地带，大名鼎鼎的金丘（Côte d'Or）是黑皮诺的圣地，尤其是北部的夜丘（Côte de Nuits），是全世界最适合黑皮诺生长的地方，全世界最昂贵的红酒也诞生于此。这里的顶级黑皮诺葡萄酒细腻优雅、丰满迷人，是勃艮第最耐久存的红酒。黑皮诺在勃艮第除了很偶尔与佳美搭配混酿外，极少进行混酿。

图 2-17 黑皮诺葡萄酒典型香气图

在香槟地区（Champagne），黑皮诺常与霞多丽（Chardonnay）、莫尼耶皮诺（Meunier Pinot）一起被用来酿造风格各异的起泡酒，这里的起泡酒就是我们耳熟能详的香槟。黑皮诺为香槟提供结实的架构和强劲的口感，全部用黑皮诺和莫尼耶皮诺这两个红葡萄品种酿的香槟叫作黑中白（Blanc de Noirs），而只用黑皮诺酿造的香槟产区静止葡萄酒叫作 Coteaux Champenois。

在美国，黑皮诺主要分布于加州沿海、圣巴巴拉（Sant Barbara）及俄勒冈州等较凉爽地区，其中俄勒冈州已成为重要的黑皮诺葡萄酒生产中心。美国黑皮诺葡萄酒的果香比勃艮第突出，但在复杂性和平衡型上稍有不足。在新西兰，黑皮诺的栽培面积增长迅猛。近些年在市场的推动下，新西兰黑皮诺葡萄酒的出口量暴增，已成为继长相思之后的第二大出口品种。这里的黑皮诺香气奔放，口感柔和多酸。德国的黑皮诺葡萄酒始终位于高品质红葡萄酒之列。德国与法国的勃艮第和香槟区一样都属于凉爽的大陆性气候，而且其土壤也同样非常适合黑皮诺的生长，因此这里出产的黑皮诺的品质丝毫不差于法国。这两个产区最近越发受到市场追捧。

4. 黑皮诺与中国

黑皮诺早在 1892 年已由西欧引入山东烟台，当时还被叫作大宛红。20 世纪 80 年代，曾多次从法国引入，目前在甘肃、宁夏、山东、河北等地皆有种植。但我国对黑皮诺种植区的探索相对初级，其中：甘肃的黑皮诺种植面积最大，甘肃的莫高是国内生产单品种黑皮诺葡萄酒的企业。陕西蓝田地区，属于温和的大陆性季风气候，秦岭山脉隔断冬季寒流，是冬季无需埋土防寒的最北产区。葡萄园分布在不同海拔和朝向的山坡上，较为凉爽的气候有机会让果实缓慢而均匀地积累酚类物质和酸度。土壤是以类似勃艮第的厚质黏土为主，如此土壤可以赋予葡萄酒更明朗的结构感。该地 2000 年建立之初，便开始种黑皮诺。玉川酒庄是该地黑皮诺生产的代表酒庄。

（五）西拉 Syrah

别名：西拉 Syrah（法国）、设拉子 / 西拉子 Shiraz（澳大利亚）

原产地：法国罗讷河谷

从本质上讲，西拉（Syrah）和设拉子（Shiraz）是同一个葡萄品种，但酿造出来的是两种风格差异明显的成酒。一般来说，市面上以"西拉（Syrah）"标注的葡萄酒，风格倾向于法国北罗讷河谷的经典西拉佳酿，更为优雅内敛、精致细腻。标注"设拉子（Shiraz）"出售的葡萄酒，既有可能来自澳大利亚，也有可能是其风格与澳大利亚的设拉子葡萄酒相似，它们一般果香直接，浓郁奔放，带有复杂的香料气息。

如今，中国、智利、阿根廷、南非、新西兰、美国等新兴葡萄酒产国都会根据酒款的不同风格标注为"Shiraz"或"Syrah"，无论是哪种风格，都不乏品质卓越的佳酿。

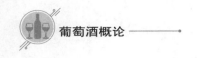

1. 西拉的起源与发展

西拉原产于法国罗讷河谷，是当地的白蒙得斯（Mondeuse Blanche）与都尔查（Dureza）杂交而成的后代。从全球范围内来看，西拉的种植面积一直处于增长态势。西拉在法国的种植面积在所有红葡萄品种中约占2%，它的原产地罗讷河谷也是最优质的西拉所在地。在法国南部的普罗旺斯（Provence）、朗格多克－鲁西荣（Languedoc-Roussillon）等产区，西拉的种植面积都有较大的扩展。

19世纪上半叶，西拉传入澳大利亚，但直到20世纪50年代左右，澳大利亚人才渐渐关注到这一品种。如今，西拉已成为这里最具代表性的品种，种植面积远远超过其他红葡萄品种。除此之外，意大利、西班牙、美国、智利、南非、阿根廷、新西兰等国家的西拉都有不错的表现。

2. 西拉的特点

西拉对于气候和土壤的适应性较强，在全世界种植广泛，尤其喜好温暖气候、花岗岩或火成岩土壤。西拉较容易种植，抗病能力较强，在凉爽的气候条件下无法成熟。它发芽晚，新梢生长较快，抗风性较差，在罗讷河谷北部风力较为强劲的葡萄园，需要通过棚架支撑、绑缚来种植。西拉葡萄的果实较小，果穗紧实，果肉多汁，酸甜相宜，在生产过程中需注意控制产量，产量过大会造成风味的寡淡。所以西拉葡萄的种植者们经常说，"西拉喜欢站得高望得远"，因为最优质的西拉葡萄园都位于靠近山顶的地方，那里的土壤比较贫瘠，葡萄产量就会被限制而较低，酿制的葡萄酒风味就会集中、浓郁。

3. 常见的西拉葡萄酒类型

世界上颜色最深、酒体最丰满的葡萄酒当中，有一部分是用西拉酿制而成的。西拉葡萄带有各种深色水果的风味，比如蓝莓、黑橄榄等。用西拉酿成的酒拥有丰沛而浓郁的风味，余味中夹带着一缕胡椒的辛辣气息，还会伴有泥土、药草的气息；而来自炎热产品的酒则具有黑李子、甘草的香气；陈年后还会表现出巧克力、烟熏、野味等香气。

由于用单一品种西拉酿成的酒的口感比较直接，所以它一般与其他葡萄品种混酿，比如赤霞珠（Cabernet Sauvignon），这样可以使得葡萄酒的口感更加富有层次、更加复杂。在法国，西拉一般都是与歌海娜（Grenache）和慕合怀特（Mourvedre）混酿，制作成经典的"罗讷河谷丘混酿"风格葡萄酒，被简称为"GSM"。

西拉是法国罗讷河谷北部唯一的红葡萄品种，许多顶级的西拉葡萄酒主要来自罗蒂丘（Côte Rôtie）、康纳斯（Cornas）和赫米塔兹（Hermitage）三个子产区。这里冷凉的气候、花岗岩土壤以及罗讷河两岸的陡坡，让这里的西拉红酒色深饱满、单宁较重、坚实耐久存，一般呈现出黑色水果（如黑莓、李子）、黑巧克力以及丰富的辛香料（黑胡椒）的香气。这里当然不乏西拉的单品种酒，还有一种已不多见的传统是加入维欧尼（Viognier）和当地的玛珊（Marsanne）、胡珊（Roussane）白葡萄品种来柔化单宁、增添香气的红白混酿。在罗讷河谷南部，西拉多用来与南部主要品种歌海娜（Grenache）还有慕合怀特（Mourvèdre）等品种混合形成 GSM 混酿，结构更加丰富，陈年潜力也更高。

图 2-18 西拉葡萄酒典型香气图

在澳大利亚，南部的巴罗萨（Barossa）、库纳瓦拉（Coonawarra）等地气候干燥、阳光充足，设拉子葡萄酒结构复杂，带有黑莓的果香与胡椒的香气；较为凉爽的维多利亚省的设拉子红酒则带有薄荷的香味。澳大利亚的设拉子也常与赤霞珠、歌海娜、慕合怀特等品种混酿，以达到风味更加芬芳，酒体更加圆润的目的。

4. 西拉与中国

根据相关资料记载，我国最早于 1955 年从保加利亚引入西拉，由于当时引入的类型混杂，导致栽培表现不一。20 世纪 80 年代，又再次引入山东、河北、宁夏、新疆等地进行小范围试栽。1987 年北京龙徽葡萄酒酿酒有限公司将西拉由法国罗讷河谷引入河北怀来，并于 2002 年在国内首次推出西拉单酿红酒。近些年，又有其他酒庄在陆续引进和积极探索中。

（六）歌海娜 Grenache Noir

别名：加尔纳恰（西班牙）

原产地：西班牙

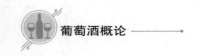

歌海娜原产于西班牙，在西班牙称 Garnacha，是西班牙重要的葡萄品种之一，此外在法国南部也较为常见。歌海娜喜好干旱、炎热的地中海气候。歌海娜经常与其他葡萄品种进行混酿，能够增强葡萄酒的结构和平衡性，如典型的"GSM"葡萄酒就是歌海娜、西拉和慕合怀特的混酿。

歌海娜的表皮较薄，糖分高、酸度低，因此酿成的葡萄酒颜色中等、单宁和酸度低、酒体饱满，也适宜酿造桃红葡萄酒。歌海娜常带有红色水果的香气，如草莓、覆盆子、樱桃等，还伴有白胡椒、甘草等香料味。随着陈年会发展出太妃糖和皮革的味道。歌海娜常与西拉混酿，使葡萄酒中具有更高的酒精度、更饱满的酒体、较低的单宁和酸度，以及红色水果和香料味；而西拉则可以增加歌海娜葡萄酒的颜色、单宁和酸度，以及黑色水果特征。

（七）佳美 Gamay

佳美原产于法国，是黑皮诺的后代，最早的种植记载可追溯到 14 世纪。1395 年，随着菲利普公爵一声令下，原本种植于勃艮第的佳美葡萄全部被拔除，移种到勃艮第以南的博若莱地区。一直到今日，博若莱地区依然是佳美的经典产区。佳美葡萄酒颜色较浅，酒体轻到中等，酸度中等到高，单宁含量低，带有新鲜的红色水果香气，如草莓、覆盆子、樱桃等，有时还伴有香料味，如肉桂和胡椒。博若莱新酒带有樱桃酒、香蕉、泡泡糖等独特味道，采用二氧化碳浸渍法酿造，即将整串未经破碎的葡萄放入发酵罐中，注入二氧化碳除去所有的氧气，促成果内发酵。博若莱新酒在每年 11 月的第 3 个星期四发售，一般适宜上市后 6 个月内饮用，以保留新鲜的果香和风味。

（八）丹魄 Tempranillo

丹魄又名添普兰尼洛、添帕尼罗，是西班牙最具代表性的葡萄品种，经典产区在西班牙的里奥哈。中等至饱满酒体，酸度和单宁中等，带有草莓、樱桃等红色水果以及李子、桑葚等黑色水果风味。经过橡木桶熟化的丹魄酒体更加醇厚，单宁更加柔和，增添了椰子和香草口味，陈年后会发展出肉类、皮革、蘑菇等动物和植物味道。

（九）仙粉黛 Zinfandel

仙粉黛又名普米蒂沃（意大利），是美国加州的标志性葡萄品种之一。现在谈起美国葡萄酒，很多人会想到仙粉黛（Zinfandel）葡萄酒和白仙粉黛葡萄酒。

大约在 19 世纪 60 年代，美国的葡萄种植先驱人物阿戈什顿·哈拉斯缇（Agoston Haraszthy）将仙粉黛从他的家乡匈牙利引入加利福尼亚州。此后十余年，仙粉黛只是与其他葡萄一起混酿成餐酒。随后的禁酒令（Prohibition）冲击了美国葡萄酒行业。在禁酒令解除后，美国葡萄酒行业又开始兴起。一些酿酒商开始采用仙粉黛酿造单一品种的葡萄酒，但是这种做法尚不常见。

到了 20 世纪 70 年代，酒厂未提升仙粉黛葡萄酒色泽和单宁，会在压榨后，浸皮前，将部分浅色的自流汁抽出。而利用这些副产品，如自流汁酿制的果香、浅色、易饮的平价葡萄酒也顺势诞生了，它就是"白仙粉黛"（White Zinfandel）。

20 世纪 80 年代初期，仙粉黛已可被用来酿造世界级葡萄酒。尤其在纳帕谷（Napa Valley）和索诺玛县（Sonoma County）子产区内还保留有一些老藤仙粉黛。这些老藤仙粉黛酿出来的葡萄酒酒体饱满，常带有丰富而诱人的红色水果风味，品质出色，是最优质仙粉黛酒的代表。

仙粉黛喜好温暖的气候，成熟早，含糖量高，成熟时，还会出现成熟不均衡的现象，需要分批采摘。仙粉黛可用于酿造干红葡萄酒或半干型桃红葡萄酒，口感丰富，酒体饱满，酒精度高。在温暖的产区表现为黑色水果、果干和甘香料香气，如黑莓、葡萄干、丁香、甘草等。在冷凉的产区，主要以覆盆子等红色水果的香气为主。

三、常见的国际白色葡萄品种

常见的国际
白色葡萄品种

（一）霞多丽 Chardonnay

别名：莎当妮、夏多内

原产地：法国勃艮第地区

霞多丽被称为葡萄界的"百变女王"。因为它适应能力强，可塑性高，可以在多种气候下生长，而且它的品种香气非常淡雅，能够精准展现不同酿酒工艺赋予的风味和口感，所以酿出的葡萄酒风格十分多变。霞多丽凭借自己超高的可塑性，俨然成为世界上最受欢迎的白葡萄品种，许多高品质的白葡萄酒都是用霞多丽酿造的。

1. 霞多丽的起源与发展

霞多丽原产于勃艮第，曾经叫作 Aubaine、Beaunois、Melon Blanc、Pinot Chardonnay 等。有资料显示，在公元 3—5 世纪，勃艮第南部马孔（Macon）产区附近的 Cardonnacum 村的白葡萄品种表现突出，当时在这里的天主教本笃会的修士将这种白葡萄传播到各地，后来为了说明其来源，将这种葡萄称作 Chardonnay。然而 DNA 分析显示，霞多丽葡萄是由世界上最古老的白葡萄之一白古埃（Gouais Blanc）和皮诺（Pinot）家族葡萄自然杂交而成的，其亲系包括佳美、甜瓜（Melon）、阿里高特（Aligote）等。

尽管如今霞多丽的身影已遍布世界各大葡萄种植园，然而在 1930 年之前，霞多丽却只有在西半球才能见到，其他地区鲜有种植。20世纪80年代末，霞多丽的栽培得以普及，美国加利福尼亚州拥有超过44 500公顷的霞多丽葡萄园，是世界上霞多丽种植面积最大的国家；其次为法国，霞多丽已成为法国第二大白葡萄品种，仅次于白玉霓（Ugni Blanc），主要分布于勃艮第、朗格多克－鲁西荣和香槟（Champagne）产区。在澳大利亚、新西兰、意大利等国家均有相当面积的霞多丽葡萄园。

2. 霞多丽的特点

霞多丽属于早熟品种，果实较小，皮薄易破碎，易遭受春季霜冻的伤害。相较于其亲本黑皮诺以及其他白葡萄品种来说，霞多丽对于气候、土壤、温度的适应性强，含石灰质的碱性土壤有助于其酸味和香气的聚集，不过在其他土壤中它也生长得很好。霞多丽耐寒，产量高，容易种植，品质稳定，因而深受果农的喜爱。

"百变"二字最能概括霞多丽葡萄酒的特点。用霞多丽酿造的葡萄酒可因产区、酿造工艺的不同而产生风格和口感的变化。苹果酸－乳酸发酵过程使酸度降低，并带来黄油、奶油的香气；通过搅动酒中残留的酒泥，能够使霞多丽葡萄酒产生光滑的质感以及鲜味；橡木桶的培养会带来烤面包、香草、椰子等香味；此外，霞多丽还能一改人们认为"白葡萄酒不宜陈年"的主观印象，很多霞多丽干白葡萄酒陈年潜力惊人，一些顶级的可达数十年。

3. 常见的霞多丽葡萄酒类型

霞多丽白葡萄酒以来自其故乡勃艮第的最负盛名，被认为是对"风土"的最完美诠释（l'interprète du terroir）。在较为寒冷的夏布利（Chablis）产区，主要出产清雅高酸、以矿石和青苹果香气为主的干白葡萄酒；而在顶级的霞多丽产区伯恩丘（Côte de Beaune），制成的白葡萄酒带有丰富的柑橘类和桃的果香以及香草、奶油、坚果芬芳的香气，平衡浓郁、酒体饱满。在南部气候较温和的马孔产区，这里的霞多丽越发丰腴圆润，充满成熟的蜜瓜等热带水果的香味。

此外，霞多丽葡萄非常适合酿造成起泡酒。生长于冷凉产区的霞多丽，为了保留其高酸爽口的特性，需要在葡萄未完全成熟之前就提早采摘，从而给起泡酒带来清新活跃的口感。由霞多丽酿造的起泡酒以法国香槟区最为著名，通常霞多丽的比例越高，风味就越清爽。

新兴葡萄酒产区的霞多丽风格与勃艮第的传统风格完全不同，以美国加州的表现最为出色。加州的气候比勃艮第温暖，霞多丽成熟更早，糖分高，酸度低，因此这里的霞多丽干白酒精度较高，酸度较低，带有桃、蜜瓜等成熟果香。100%霞多丽酿造的葡萄酒多用不锈钢容器发酵，再放入橡木桶中陈年（当然也有橡木桶中发酵和陈年），带有芒果、菠萝等热带水果和香草、烤面包、坚果的香味；以索诺玛（Sonoma）的俄罗斯河谷（Russian River）和纳帕谷（Napa Valley）的卡内罗斯（Los Carneros）最为经典。

图 2-19　霞多丽葡萄酒典型香气图

4. 霞多丽与中国

我国在 20 世纪 80 年代从法国和美国引种霞多丽，目前国内种植面积约36 000 亩，分布于山东、河北、新疆、甘肃、宁夏等地。中法、怡园、华东、贺兰山等多家酒庄的霞多丽葡萄酒都具有果香浓郁、品质优异的特征，与国外高品质霞多丽不相上下。

（二）长相思 Sauvignon Blanc

别名：白苏维翁、白沙威浓、白富美

原产地：法国卢瓦尔河谷地区

作为芳香型白葡萄品种之一，长相思以其易于辨认的浓郁香气和十足的酸度而闻名。经 DNA 分析证实，长相思是赤霞珠的两大亲本之一，赤霞珠的青椒、芦笋类的植物味就是遗传它的，青草味、醋栗叶、荨麻甚至是有点野的猫臊味是它的香气特征之一。

1. 长相思的起源与发展

18 世纪，长相思与品丽珠在波尔多的葡萄园中自然杂交而成赤霞珠。由此，很多人认为长相思的故乡也是波尔多。其实不然，长相思最早可追溯到1534 年的卢瓦尔河谷地区。目前，长相思在世界各地都有广泛种植。种植规模最大的是其故乡法国，长相思是法国排名第三的白葡萄品种，主要集中于波尔多和卢瓦尔河谷地区。19 世纪 80 年代，长相思被引进美国加州，在当时并不受重视，主要用于生产甜白葡萄酒，以满足美国市场对甜酒的需求。直至 20 世纪 80 年代，美国著名酿酒师罗伯特·蒙大维（Robert Mondavi）利用过桶工艺酿造出了高品质的长相思葡萄酒时，才让其为人所熟知。这种美国过桶长相思被称为"Fumé Blanc"（白富美）。

长相思进入新西兰的时间较晚，起初发展较为缓慢。1985 年，长相思的世界名牌云雾之湾酒庄（Cloudy Bay）首次出产的长相思干白，以通透、干净的品质，高香的个性魅力，脆爽的酸度惊艳了世界。自此以后，长相思逐渐在新西兰占据主导地位，尤其是新西兰南岛的马尔堡（Marlborough），已然成为长相思的现代家园。长相思为新西兰所带来的良好声誉也让新西兰政府对长相思葡萄栽培格外重视，目前长相思已成为新西兰种植面积最为广泛的葡萄品种。

此外，在澳大利亚阿德莱德山区（Adelaide Hills）、库纳瓦拉以及塔斯马尼亚（Tasmania），西班牙卢埃达（Rueda），南非的西开普省（Western Cape）以及智利，长相思都有不俗的表现。

2. 长相思的特点

长相思是芳香型早熟品种，对土壤和气候有较强的适应能力。在石灰石、黏土石灰质或贫瘠的沙砾土壤中生长的品质最佳；冷凉的气候条件可以拉长葡萄的成熟时间，使糖分和酸度达到很好的平衡，从而酿造出香气浓郁、口感丰富的美酒。长相思的香气通常在即将成熟时达到高峰；而在葡萄完全成熟后，香气反而会迅速减少，因此长相思一般在完全成熟前采摘。

图 2-20　长相思葡萄酒典型香气图

长相思葡萄酒一般在浅龄时就十分可口，酸度高，香气浓郁。用成熟度高的长相思酿造的葡萄酒通常带有青苹果、柠檬、柑橘或草药的香气；而用未完全成熟的长相思酿造的葡萄酒中，青草香气较为突出。来自石灰质土壤中的长相思葡萄酒，矿物和白色水果香气浓郁，一般称之为猫尿味。

3. 常见的长相思葡萄酒类型

在法国波尔多，无论是经典的波尔多白葡萄酒还是贵腐甜酒，都是用长相思与赛美蓉（Sémillon）这两种风格迥异的葡萄混合酿造而成。长相思葡萄酒高酸浓郁，赛美蓉则低酸圆润，混合后互相弥补，形成波尔多干白清淡简单的风格；但在佩萨克－雷奥良（Pessac-Léognan）产区则主要出产经过橡木桶中陈酿的浓厚型干白葡萄酒。在苏玳（Sauterne）和巴萨克（Barsac）产区，长相思和赛美蓉还用来酿造贵腐甜酒，其中长相思葡萄所占的比例并不固定。

长相思在法国卢瓦尔河谷产区只生产干白葡萄酒，主要栽培于中央区（Centre）和都兰区（Touraine）。其中表现最为出色的是中央区的桑塞尔（Sancerre）和普宜芙美（Pouilly-Fumé）两个子产区。这里位于卢瓦尔河谷的上游，大陆性气候和石灰岩土壤赋予长相思葡萄酒浓郁的白色水果香和矿物质的香气。不同于波尔多，这里的长相思干白通常不经过橡木桶陈年，也不经过苹果酸乳酸发酵的过程，因此酸度颇高。

如上所述，长相思在美国加州还有这样一个名字——白富美（Fumé Blanc）。其中，Blanc 在法语中是"白色"的意思，Fumé 指烟熏风味。因此美国加州的长相思葡萄酒通常经过短时间的橡木桶陈酿，缺乏新鲜感，口感丰富油滑，带有蜜瓜、桃、燧石的味道。

作为长相思在新兴葡萄酒产国的标杆，新西兰长相思以醋栗、青椒、西番莲等香气为代表，酸度高，酒体中等，随着瓶中陈年过程的推进，还可以发展出芦笋的风味。

4. 长相思与中国

长相思引入我国的历史最早可追溯到 1892 年，由西欧引入山东烟台，20 世纪 80 年代又多次由法国引进。但由于中国消费者的红酒消费偏好等原因，一致未能大规模推广，如今在山东、甘肃、北京等地有少量种植。

（三）雷司令 Riesling

别名：薏丝琳、威士莲

原产地：德国莱茵地区

1. 雷司令的起源与发展

雷司令作为一种古老的酿造品种，起源于德国莱茵地区。最早的史料记载，来自德国莱茵高艾伯巴赫地区西妥教团修道院 1392 年的一份酒窖清单。可见在当时，教会就开始种植包括雷司令在内的白葡萄品种。DNA 检测表明，雷司令与西欧最古老的白古埃（Gouais Blanc）葡萄存在亲缘关系，而白古埃又同时是霞多丽、佳美等葡萄的亲系，因此雷司令也与这些葡萄品种之间有着些许共同的遗传特征。然而需要注意的是，雷司令与威尔士雷司令（Welschriesling）、贵人香（Italian Riesling）、巴纳特雷司令（Banat Riesling）以及加州的灰雷司令（Gray Riesling）等名字中带有"雷司令"的品种均毫无关系。

全世界超过 65% 的雷司令都栽培于其故乡德国，雷司令在这里可谓占据举足轻重的地位。在德国酿酒人的手上也呈现出从干型到甜型、从平价到奢侈各类型的魅力。

在高纬度和寒冷的气候，如摩索尔产区，使德国生产出全世界最精致、优雅、高香、高酸的雷司令白葡萄酒。此外，在法国、奥地利、美国、澳大利亚、加拿大等国，雷司令也有着不错的表现。

2. 雷司令的特点

雷司令属于芳香型高酸品种，发芽较晚令其免受春霜的侵袭。葡萄藤木质坚硬，耐旱性强，因此成为寒冷气候产区的"宠儿"。雷司令成熟缓慢，在德国通常于 10 月底 11 月初才开始采收。较长的成熟期有利于积累葡萄的香味物质，在酿造过程中需轻柔处理，尽可能减少人为干涉，从而最大限度保留其自身清新细致的特征。雷司令容易感染贵腐菌，因此除了酿造干型葡萄酒外，也能够酿造出优质的甜酒。此外，这还是一种能够反映出土壤特征的品种：在黏土质中浓郁醇厚；在石灰岩土壤中清爽细腻；在页岩土壤中则展现出矿物质和汽油的风味。

3. 常见的雷司令葡萄酒类型

在雷司令大国——德国，高纬度和大陆性气候使得这里气温较低，葡萄生长十分困难，因而几乎所有的产区都位于气候较温和的西南部。河岸边向阳坡地上最佳的葡萄园一定是优先种植雷司令的，这里的葡萄沐浴更多的阳光，能够达到更高的成熟度。德国雷司令葡萄酒通常采用单一品种酿造，除了常见的干白葡萄酒之外，还生产琳琅满目的甜味葡萄酒，从清淡的半甜型到浓郁的贵腐甜白乃至冰酒都有，德国葡萄酒法规 QmP 的六个等级便是依据含糖量来区分的。寒冷的气候使得这里的雷司令拥有凛冽的酸度，酒精度较低，保留一些糖分反而会使口感更加均衡。在合适的年份，果农会晚采收来酿造甜酒。在最凉爽的摩泽尔（Mosel）产区，板岩土壤反射阳光吸收热量帮助雷司令充分成熟，从而生产出最顶级的雷司令葡萄酒，强劲的酸度支撑起耐久存的架构，并伴随着花香、果香和矿石的香气。

在法国阿尔萨斯，雷司令被列为五大贵族品种（Cépages nobles）之一，也是种植最为广泛的葡萄品种。这里的雷司令成熟度好，因而酒液中的酒精度相对较高，相较于德国的雷司令来说，酒体更为饱满，新鲜的果香与矿石的风味清新宜人。晚采收的雷司令具有极高的酸度和浓郁的风味，陈年后颜色由浅绿色变为金色甚至琥珀色，并发展出蜂蜜、烘烤、烟熏、汽油等复杂香气。

图 2-21　雷司令葡萄酒典型香气图

4. 雷司令与中国

相较于在中国推广还很局限的其他酿酒白葡萄品种，雷司令以其高香的特点、多样风格的优势、个性鲜明的卖点，赢得了我国很多优秀酒庄的青睐。

我国于 20 世纪 80 年代由德国引进雷司令，种植分布于山东、河北、宁夏、甘肃等产区。现今在众多中国知名品牌中，宁夏贺兰山东麓的迦南美地酒庄和新疆伊犁的丝路酒庄都是雷司令中国葡萄酒酿制的探索表率。

（四）赛美蓉 Sémillon

赛美蓉原产于法国波尔多地区，是波尔多重要的白葡萄品种，常与长相思混酿出优质的干白和甜白葡萄酒。令赛美蓉驰名世界的，是它成熟后易感染贵腐霉，可酿制有"液体黄金"之称的贵腐酒。赛美蓉（Semillon）是起源于法国波尔多（Bordeaux）产区的白葡萄品种。在 18 世纪以前，赛美蓉的种植范围仅局限在法国西南部的苏玳（Sauternes）产区。

根据 DNA 的图谱检测结果，赛美蓉和长相思（Sauvignon Blanc）有密切的基因联系，但它们并不存在亲子关系。另外，在澳大利亚的猎人谷和智利，也有赛美蓉的一席之地。

赛美蓉香气较淡，酒体轻，酒精度低，酸度高，带有柠檬和柑橘类水果

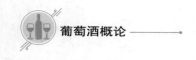

的香气，陈年后会发展出蜂蜜、烤面包和坚果等复杂香味。在波尔多苏玳产区受贵腐菌影响可酿造出陈年潜力极强的优质贵腐酒。

（五）琼瑶浆 Gewurztraminer

琼瑶浆原产于意大利，偏好凉爽气候，易受贵腐菌感染酿造出浓郁香甜的贵腐酒。可酿造从干型到甜型的各种白葡萄酒。

琼瑶浆是一种芳香型葡萄品种，香气浓郁，酿出的葡萄酒颜色浓郁，酒体饱满，带有花香（玫瑰、橙花）、热带水果（荔枝、菠萝）和核果（桃子、葡萄）、甘香料（肉桂、麝香）等香味，酸度较低。大多数琼瑶浆葡萄酒适合在年轻果味新鲜时饮用，有些在陈年后会产生蜂蜜和干果香味。

琼瑶浆最出名的产区是法国的阿尔萨斯地区，这里凉爽的气候能够出产干型到甜型的琼瑶浆葡萄酒。德国的巴登和法尔茨出产的微甜型琼瑶浆相对清淡。其他产区包括智利、新西兰和北美。

（六）灰皮诺 Pinot Gris/ 意大利灰皮诺 Pinot Grigio

在法国叫作 Pinot Gris，在意大利叫作 Pinot Grigio。原产于法国，是黑皮诺的一个变异品种，喜好凉爽气候，相对早熟。经典产区在法国的阿尔萨斯，可酿造从干型到甜型的各种葡萄酒，酒体饱满，带有浓郁的热带水果香味，如香蕉、甜瓜、以及生姜和蜂蜜味。意大利灰皮诺为干型，酒体轻到中等，酸度中等，带有苹果或李子香味。此外在新西兰，灰皮诺也得到了广泛种植，可酿造不同风格的白葡萄酒。

（七）白诗南 Chenin Blanc

原产于法国卢瓦尔河谷，适合温和环境，易受贵腐菌感染酿造贵腐酒。如今在南非发展最为知名，南非拥有世界上 50% 以上的白诗南，被酿造成不同类型的葡萄酒。

白诗南葡萄酒大多酒体中等，酸度较高，甜度中等，带有柑橘类、绿色水果（青苹果、梨、柠檬）和热带水果（菠萝）香气。

【拓展知识】

国际葡萄与葡萄酒组织统计数据
波尔多分级制度
宁夏产区的酿酒葡萄品种
西班牙的酿酒葡萄品种与产区
美国酿酒葡萄的品种与产区
德国酿酒葡萄品种雷司令

思考与练习

一、单选题

1. 在（　　　），葡萄藤蔓木化，糖分不断聚集，酸度不断降低。

A. 开花期　　　　　　　　　　B. 结果期

C. 转色期　　　　　　　　　　D. 成熟期

2. 世界第一大酿酒葡萄品种是（　　　）。

A. 霞多丽　　　　　　　　　　B. 赤霞珠

C. 梅洛　　　　　　　　　　　D. 长相思

3. 下列是晚熟葡萄品种的是（　　　）。

A. 霞多丽　　　　　　　　　　B. 赤霞珠

C. 黑皮诺　　　　　　　　　　D. 长相思

4. （　　　）葡萄品种是里奥哈最重要的葡萄品种？

A. 黑皮诺　　　　　　　　　　B. 赤霞珠

C. 歌海娜　　　　　　　　　　D. 丹魄

5. "GSM" 葡萄酒指的是由（　　　）的混酿。

A. 歌海娜、西拉和慕合怀特　　B. 赤霞珠、梅洛和慕合怀特

C. 歌海娜、西拉和品丽珠　　　D. 赤霞珠、梅洛和品丽珠

6. 19 世纪 60 年代爆发的（　　　），摧毁了欧洲大部分的葡萄园。

A. 霜霉病　　　　　　　　　　B. 根瘤蚜虫病

C. 灰霉病　　　　　　　　　　D. 卷叶病

二、多选题

1. 下列是高酸的白葡萄品种的是（　　　）。

A. 雷司令　　　　　　　　　　B. 霞多丽

C. 赛美蓉　　　　　　　　　　D. 长相思

2. 欧洲葡萄品种包括的品种群有（　　　）。

A. 东方品种群　　　　　　　　B. 西欧品种群

C. 黑海品种群　　　　　　　　D. 北美品种群

3. 葡萄繁殖的方法有（　　　）。

A. 种内杂交　　　　　　　　　B. 扦插

C. 种间杂交　　　　　　　　　D. 压条

三、判断题

1. 赤霞珠的亲本植株是品丽珠和长相思。 （　　）
2. 波尔多右岸产区更适合赤霞珠葡萄的生长。 （　　）
3. 土壤越肥沃，葡萄生长得越好。 （　　）
4. 法国卢瓦尔河谷地区的品丽珠葡萄，既可用来酿造干红葡萄酒，也可用来酿造桃红葡萄酒。 （　　）

四、简答题

1. 影响霞多丽葡萄酒风格的酿造工艺有哪些？
2. 简述黑皮诺葡萄的品种特征和主要产区。

五、思考题

产区的"风土"因素如何影响葡萄的品质？

第三章
葡萄酒的酿造

本章导读

　　本章围绕葡萄酒的酿造展开，讲解一颗枝头的葡萄如何成为杯中美酒的过程。从生产伊始酿酒师早已定好目标，工艺是获得最终美酒的通道，是酿酒师大显神通的过程。本章将基础的酿酒工艺介绍给学生。本章中介绍的酿制方法会和使用该方法的产区相呼应，还会和相应的著名品牌相呼应。将酿酒方法具象、生动地表述，更将酿造方法与消费市场现实连接，鼓励学生在每个阶段都追求学以致用。

　　本章分为四节内容，第一节介绍酿酒原料；第二节分别讲解红葡萄酒、白葡萄酒和桃红葡萄酒的酿酒工艺；第三节学习起泡酒的不同酿造工艺；第四节讲解加强型葡萄酒的酿造工艺。本章内容将为后续学习葡萄酒的品鉴、储存和饮用健康等相关内容打下基础。

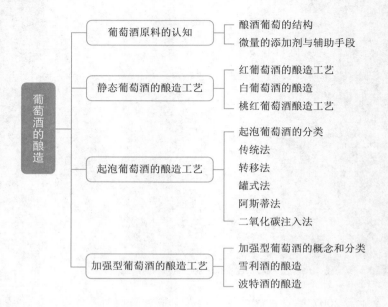

葡萄酒的酿造
- 葡萄酒原料的认知
  - 酿酒葡萄的结构
  - 微量的添加剂与辅助手段
- 静态葡萄酒的酿造工艺
  - 红葡萄酒的酿造工艺
  - 白葡萄酒的酿造
  - 桃红葡萄酒酿造工艺
- 起泡葡萄酒的酿造工艺
  - 起泡葡萄酒的分类
  - 传统法
  - 转移法
  - 罐式法
  - 阿斯蒂法
  - 二氧化碳注入法
- 加强型葡萄酒的酿造工艺
  - 加强型葡萄酒的概念和分类
  - 雪利酒的酿造
  - 波特酒的酿造

学习目标

知识目标：掌握酿酒葡萄的结构；了解葡萄酒酿制中的微量添加剂与辅助手段；熟悉葡萄酒的历史演变时间线；了解并掌握红、白、桃红等静态葡萄酒的基础酿制工艺；掌握香槟传统酿制法的酿制工艺；熟悉非传统法的起泡酒酿制工艺；掌握加强型葡萄酒的酿造工艺；了解主要酿酒工艺的代表品牌。

技能目标：运用掌握的葡萄酒的酿制工艺对产品的品质、服务客群进行合理预判；灵活应用酿制工艺回答客人对葡萄酒品质的疑问；能够通过生动讲述酿制环节的知识打造自己的岗位专业度；能够运用对工艺的了解，组合不同工艺魅力的葡萄产品来满足多元市场需求。

素养目标：通过对工艺和流程的学习，培养严谨的专业知识学习态度；通过对不同工艺和对应具体产品的学习，领略葡萄酒的多元魅力，产生工作幸福感和认同感；通过关注市场流行工艺的变化，培养职业敏感性和良好学习习惯；通过学习不同地区工艺，将科技与人文交织，拓展葡萄酒文化视野，培养职业审美。

【章前案例】

缔造银色高地的中国女酿酒师

酿造是科学，也是有情怀的文化。在了解和学习酿造理论的时候，不能忽视，最好的酿制技术应用者是那些心有美酒，要呈现一方土地风土的潜心酿酒人。我国的产区中就有这样一批酿酒人，而高源女士就是其中表率之一。

高源（Emma），银色高地创始人兼首席酿酒师，法国国家级葡萄酒酿酒师中最为年轻的女性酿酒师，被著名品酒大师 Jancis Robinson 在《法国葡萄酒评论》里高度评价，一位将20多年时光奉献给葡萄园的传奇中国女酿酒师。

1997 年，21 岁的高源到法国专门学习葡萄酒知识。她先后在奥朗日葡萄栽培和酿酒职业学校、波尔多葡萄酒学院、凯隆世家庄园和拉科鲁锡庄园学习和实习，并取得了法国国家级酿酒师证书，在法国工作两年。

2004 年，高源完成学业回国。那时，中国的葡萄酒市场尚未成型，市场假酒泛滥。一些大牌酒厂专注生产商业酒，追逐体量，忽视品质。有些老板为了市场体量，把好酒和坏酒混到一起卖。对市场上的酒不满意，令这位年轻的酿酒师于 2007 年回到银川老家，成立银色高地酒庄，开始自产葡萄酒。

从一开始，高源女士就有将自己的葡萄酒定位于高端的决心。在她的葡萄园看重的是酒的品质，按酿造世界高端葡萄酒标准配备的设备、原料、工艺；刻意限制的酒产量；注重土地的平衡，以可持续的土地关怀，提高土地免疫力。

在从"红酒小作坊"到"红酒家族酒庄"的跃迁中，银色高地的产量，从 2007 年的不足 3000 瓶，增长至一年 20 万瓶。而这个跃迁高源女士用了十年时间。十年里，《纽约时报》、《英国金融时报》，还有法国、比利时、加拿大等各国大使都曾到访银色高地。

高源女士的红酒已出口到意大利、英国、法国等国。她用她的红酒展示了宁夏葡萄酒别有的风味，那宁夏不可复制性的矿物质赋予葡萄酒的无限可能。

银色高地酒庄已迎来下一代，高源的小侄子已从澳洲阿德莱德大学酿酒专业毕业加入酒庄。高源的女儿未来也计划学习酿酒或者葡萄酒营销。

20 多年时间，高源一家将银川一处处女荒地改造成葡萄园，他们在葡萄园间扎根生长，朝着共同的使命前进。

案例来源：笔者整理编写，援引资料：唐安．"中国传奇女酿酒师"高源（专访）．焦点之外，2020-11-27.

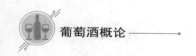

第一节　葡萄酒原料认知

在酿酒车间里，酿酒师如何把一颗颗葡萄神奇地变成了一瓶瓶美酒？为何葡萄酒中有红酒，也有白酒，还有桃红？有静态酒，还有起泡酒？加强葡萄酒又加强了什么？红葡萄能用来酿制红葡萄酒，但可以用红葡萄酿制白葡萄酒吗？了解葡萄酒的酿造过程让美酒多了份珍贵，喝遍各种酿造风格的酒，或通过嗅觉味蕾猜测可能缔造这滋味的工艺，给美酒饮用增添了别样趣味。

"好的葡萄酒是种出来的"，这句话是在强调原料对葡萄酒的重要性，开始学习酿造前，请先认真观察学习我们的原料。

一、酿酒葡萄的结构

无论是依据世界公认度很高的 OIV 给出的概念，还是依据我国 2006 年12 月国家质检总局和国家标准委发布的《葡萄酒》（GB15037—2006）国家标准，都可得出结论：

葡萄酒的原料必须是鲜葡萄或葡萄汁。

第二章中已经提及，以酿造葡萄酒为主要生产目的的葡萄品种，被称为酿酒葡萄。酿酒葡萄大致可分为红色品种、白色品种等。而在认知酿酒原料时，为更好地了解葡萄不同结构在酿酒中的用途和作用，我们可以将葡萄切开。在葡萄的剖面上，果梗、果皮、果肉和果籽四个葡萄结构清晰可见。当然愿意的话，只需要看得更细致，就可以发现更细化的葡萄结构。但作为初步的基础认知，这个略粗糙的结果划分已经足够。

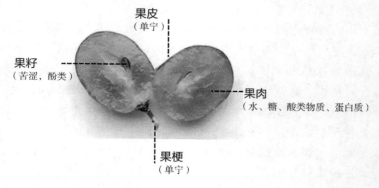

图 3-1　葡萄的结构

（一）果梗

将葡萄粒连接成串的是葡萄的果梗。突发奇想或意外咀嚼过葡萄梗的人都会对果梗又苦又涩和浓烈的青草味记忆犹新。果梗中含有丰富的单宁，但果梗中的单宁往往收敛性过强且触感粗糙，带给口腔强烈的冲击。果梗还常常带有刺鼻的生青味道和草味。那是因为葡萄梗中带有大量的吡嗪（Pyrazines）。吡嗪的全称为甲氧基吡嗪（Methoxypyrazine），是葡萄酒中一类重要的香气物质。吡嗪是酒液中常见的青草或青椒类香气的主要来源。适量的吡嗪令酒闻起来活泼、清爽，还可以帮助盲品者辨认出具体的葡萄品种或产区，但果梗中往往因含量过高而难以令人接受。

图 3-2　机器去梗后废弃的葡萄梗

早期酿造葡萄酒时，受条件局限几乎都是带梗发酵的，因为那时没有去梗机器，而用手工方式为数量庞大的葡萄串去梗是件过于艰巨的工程。现在，得益于工业技术的成熟，绝大多数的葡萄在发酵前都会经过筛选和去梗工序，以酿造出口感更精致的葡萄酒。因此当代去梗发酵成为葡萄酒酿造的通常做法。

但"酿红酒不去葡萄梗"这种在现今听起来有些古怪的方法，仍时有发生。为了给酒添加一定的风味、口感或让颜色更透亮，很多酿酒师偏爱保留一定的葡萄梗一起发酵。因为无论青味、单宁的紧涩，只要适量都会创造不同的体验感。在不同类吡嗪的作用下，青椒、豌豆、芦笋、泥土，甚至茉莉般的花香都可能在酒中出现。单宁紧涩，但它可以卓有成效地提升酒的口腔触感，令太温和的酒突然"精神"起来了，配餐时也会跳脱成美味协奏时的小高音。而且葡萄梗能够吸收葡萄皮渗出的色素，因此带梗发酵酿出来的酒

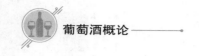

颜色更浅、更明亮。

　　但需要注意的是：①保留部分果梗发酵时，选用的果梗往往非常成熟，以避免一不小心释放了葡萄梗突出的缺点；②带梗发酵也往往只和红葡萄酒有缘，因为追求清新酸爽的白葡萄酒不太需要果梗的加持；③红葡萄中也不是全都适合尝试带梗发酵，要因酒制宜。例如，法国波尔多的混酿葡萄酒本就以青味和单宁为特点，果梗还是尽早舍弃为妙。但遇上黑皮诺酿制红葡萄酒时，因为果皮较薄，如果要提升葡萄酒的单宁含量，提升口感的广度，酿酒师就有可能会打葡萄梗的主意了。

　　葡萄作为酿酒原料可以说全身是宝，没有什么绝对的"废物"，用的方法对，用量适量，废料可能是画龙点睛的原料。

【拓展思考】

　　带梗发酵的名庄

　　许多产区的顶级酒庄都采用带梗发酵的方法，例如勃艮第的杜雅克酒庄（Domaine Dujac）就以大胆的带梗发酵工艺而著名。带梗发酵能为葡萄酒带来更复杂的风味和更丝滑的单宁，杜雅克酒庄调配时经常使用65%以上的带梗发酵酒液，在特殊的年份其比例可能达到100%。稀雅丝酒庄是教皇新堡产区（Chateauneuf-du-Pape）最著名的酒庄之一，其出产的葡萄酒不论是价格还是酒评家所给的评分都远超罗讷河谷的其他酒庄。酒庄坚信带梗发酵使葡萄酒结构感更强，经得住更久的陈年。喜欢玩创意的新世界产酒国肯定也不会忽视带梗发酵这一方法。位于索诺玛海岸（Sonoma Coast）的著名酒庄花庄（Flowers Vineyards & Winery）在酿造野营岭黑皮诺（Camp Meeting Ridge Pinot Noir）时就使用100%的带梗发酵酒液。除了花庄外，奥邦酒庄（Au Bon Climat）、利托雷酒庄（Littorai）和霏霞酒庄（Laetitia Winery）等酿造的带梗发酵的葡萄酒也享有很高的声誉。

（二）果籽

　　和果梗一样往往带给我们酿造挑战的还有果籽。

　　葡萄籽在法语中又被称为"Pepins"，每种葡萄品种果籽的大小和形状是不一样的。例如，小粒白麝香（Muscat Blanc a Petits Grains）的果籽为5毫米，而鲜食葡萄沃尔瑟姆克罗斯（Waltham Cross）的果籽则接近10毫米。此外，每粒葡萄的果籽数量根据葡萄品种的不同而有所不同。

　　尽管果籽在被压榨时，也会释放出较苦的单宁，但实际上果籽在酿酒过程中作用微乎其微。与较容易和果实分开的果梗不一样的是，在酿酒过程中，果籽总是和果汁及果皮相伴。在酿制白葡萄酒的过程中，果汁及果籽的接触时间较短，从果籽中吸收的单宁含量也微乎其微。在酿制红葡萄酒的过程中，由于果汁与果籽接触时间的延长，且葡萄汁中的酒精度不断增加，就很可能造成果籽中的单宁少量溶解在发酵汁中。如果酿酒师采用的是带梗发酵，葡萄籽的困扰就更小了。带梗发酵时，很多葡萄在压榨工艺之前还是完整的。在皮都没有破的发酵过程中，里面的葡萄籽就更不可能破碎了，也就避免了葡萄籽释放出大量苦味和粗涩的单宁破坏葡萄酒的口感。

但考虑到葡萄籽对葡萄酒口感鲜明的破坏作用，多数酒庄只能依靠采用尽量轻柔的压榨方式完成葡萄籽与葡萄酒的分离，避免破裂的葡萄籽影响葡萄酒的柔顺口感。

图 3-3 葡萄籽与葡萄籽油

酿酒中不太讨喜的果籽却是食用油或工业用油的来源之一。同时葡萄籽提取物是迄今发现的植物来源的最高效的抗氧化剂之一，体内和体外试验表明，葡萄籽提取物的抗氧化效果，是维生素 C 和维生素 E 的 30~50 倍。超强的抗氧化效率具有清除自由基、提高人体免疫力的强力效果。

（三）果肉

世界发行量最大的葡萄酒专业刊物《葡萄酒观察家》（*wine spectator*）曾指出：酿造一瓶葡萄酒需要 600~800 颗葡萄，而根据葡萄品种的不同，每瓶酒由 3~10 串葡萄酿制而成。按质量来算的话，酿造一瓶 750 毫升的葡萄酒，大概需要 1 公斤的葡萄。而这 1 公斤主要就贮藏在丰厚饱满的果肉之中。通常一颗葡萄中 70%~80% 都是水，剩下约有 7% 的物质溶解在果汁中，而其他东西在酿制过程中会逐步丢弃。考虑到酿造中的损耗，《葡萄酒观察家》给出

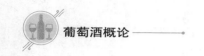
的结论可信度颇高。也充分说明了果肉对葡萄酒无法比拟的重要性。

果肉和葡萄汁是葡萄酒中最重要的部分。果肉是葡萄果实中的主要构成，葡萄汁就存在于果肉细胞的液泡中。它们包含了葡萄酒成品中的主要成分，如图 3-4 所示。图 3-4 中由于葡萄酒品种不同，数据会有一定差异，数值仅为参考值，如一瓶加强型的雪利酒的酒精含量肯定远高于一瓶清爽的起泡酒，而一瓶贵腐酒拥有的糖分也远高于一瓶干型红酒。一瓶葡萄酒中 70%~90% 是水，8%~22% 为乙醇，还有 0.1%~20% 的糖分，0.3%~1% 的酸类，这些成分都来自葡萄的果肉。

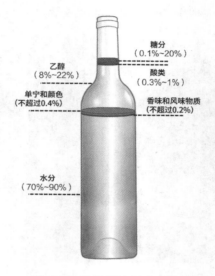

图 3-4　葡萄酒的组成成分

所有葡萄的汁液均呈浅灰色，所以白葡萄酒可用所有颜色的葡萄品种酿制，只要确保在用深色葡萄品种酿制时，葡萄汁不与葡萄皮接触，避免被葡萄皮染色即可。红葡萄酒只能用深色葡萄酿制；桃红葡萄酒既可将深色葡萄通过短时间浸皮来进行酿制，也可通过控制粉红色或红色葡萄的浸皮时间来酿制。

果肉中蕴含的果汁的品质与后期发酵效果息息相关。作为发酵反映的原料，葡萄糖来自成熟的果肉，糖分的含量一方面影响了发酵的可能性和潜力，另一方面也影响着葡萄酒最终的口感。用多成熟的葡萄酿酒，来获得含糖量和酸度理想的果汁；何时终止发酵，保留多少的残糖，显然就是酿酒师的重要决策之一了。

有趣的是，一粒葡萄中可取得的果汁也是不同的。这一事实也是酿酒师发挥技能的空间之一。在香槟地区，酿酒师在葡萄压榨中采用的是分级压榨，以 4 000 千克葡萄作为一个单位，被称为 1 马克（Marc）。依据当地法律：1 马克葡萄最初压榨出的 2 050 升葡萄汁为头汁（Cuvée）；而接下来压榨所得的 500 升为尾汁（Taille）。只有头汁和尾汁才会被用于酿造香槟。头汁主体来自核心果肉，含糖量和酸度都高，出品的酒液香气优雅、口感细腻、陈年力也更强。尾汁则主要来自靠近葡萄籽和葡萄皮的果肉部分，虽然含糖量不低，但酸度下降，而且含有更多的无机盐、色素与酚类物质。尾汁往往可以得到年轻时果香更浓郁、风格更富有表现力的酒。分级压榨的实际操作更为精细复杂，头汁和尾汁的应用也更为灵活，而"简版"的香槟压榨案例，已经让我们从中窥视到：完美的葡萄也需要遇上懂它的酿酒师才能发挥魅力，不完美的葡萄更需要优秀的酿酒师发挥出它的优势，隐藏它的不足。

（四）果皮

果皮在法语中称 Pellicule，也就是我们俗称的"葡萄皮"，是葡萄表面的一层质地较硬的包膜层。果皮位于葡萄果实的外层，成熟后呈青色、红色以及深紫红色等颜色，是葡萄酒中单宁、颜色和风味物质等的主要来源。果皮的外面还有一层果霜，其上附着了一些细菌和酵母菌，对葡萄酒的发酵至关重要。

1. 有价值的果霜

果霜于酿酒是很有价值的部分，酿酒的葡萄一定不会洗。葡萄皮外层通常都覆盖有这层果霜（Bloom），常常令清洗鲜食葡萄的人懊恼。这层包裹葡萄的"白霜"难以去除是因为它含蜡。果霜包含蜡质层和角质层两结构，能有效防止果实的水分流失，阻止真菌孢子及其他生物侵入果实。果霜上还经常生长着葡萄园或者空气中天然存在的酵母菌，即人们常说的天然酵母。在坚持采用有机方式和生物动力法管理的葡萄园和酒庄中，天然酵母是用来让葡萄汁进行酒精发酵的唯一选择。与稳定性和一致性更高的人工酵母相比，天然酵母可以赋予葡萄酒更多独特的风味，能更好地反映当地的风土特征。果霜中还含有脂肪酸、固醇类物质，能在发酵过程中为酵母（天然的和人工的）的生长提供重要的养分。

2. 果皮中的色素

红葡萄酒的颜色主要来源于葡萄皮中的花青素（Anthocyanins）。花青素是一种水溶性色素，其色泽还会随 pH 的改变而改变，许多鲜艳明亮的植物中可见其踪影，如蓝莓、桑葚、茄子、紫甘蓝和甜菜根等都被花青素赋予了紫红色的外观。白葡萄酒的颜色则由类黄酮（Flavonoids）等化合物主导，这些浅色分子大多呈绿色、黄色、浅稻草色甚至灰色。

果皮是葡萄色素最为丰沛的结构，果肉中的颜色较浅，因此如何处理和应用果皮往往决定了葡萄酒的颜色。只要处理得当，红葡萄的果肉也可以用来酿制白葡萄酒，而白葡萄的淡色果皮决定了它酿不出红葡萄酒来。这个获得葡萄皮色素的重要酿制步骤被称为"浸皮"，就是在葡萄破皮之后，把皮渣和汁液混在一起，两者继续浸泡一段时间，便可以从葡萄皮里面萃取所需的色素、单宁和风味物质。所以浸皮这个过程也被称为色素和单宁的萃取。

通过避免浸皮，以红葡萄酿制白葡萄酒最经典的案例当属黑中白香槟（Blanc de Noirs）了，是完全采用红葡萄品种酿成的浅色香槟。黑中白香槟只能由红葡萄品种黑皮诺（Pinot Noir）和莫尼耶皮诺（Pinot Meunier）两种或其中一种酿制而成。在酿造这类香槟时，酿酒师不仅不会进行浸皮，还会通过轻柔压榨以避免过多萃取葡萄皮中的色素，由此得到保持清澈的葡萄汁。著名的灰皮诺白葡萄酒也是个好例子。灰皮诺是由红葡萄品种黑皮诺基因突变产生的白葡萄，这款诞生于法国的勃艮第（Burgundy）的葡萄品种，拥有较深颜色的果皮，呈粉色或紫色。在一些较温暖的产区，该品种的颜色更深，甚至接近黑皮诺的颜色。通常状况下，灰皮诺确实是酿酒师酿制白葡萄酒的原料。未进行浸皮的灰皮诺葡萄酒可以呈现从浅绿色直至黄铜色的色泽，如果在酿造过程中经历短暂的浸皮，那么灰皮诺还可能呈现出粉色。

3. 果皮中的单宁

果皮是葡萄酒中单宁的主要来源。

单宁是英文"Tannins"的中文译名，也被称为鞣酸、鞣质或者单宁酸。单宁是一种常见于葡萄皮和葡萄梗中的多酚（Polyphenol），能为葡萄酒增加复杂度和陈年潜力，尤其在红葡萄酒中含量较高。

葡萄酒中的单宁一般是由葡萄籽、葡萄皮及葡萄梗浸渍发酵而来，或者通过萃取出橡木中的单宁而来。单宁非常复杂，它的结构多种多样，由多种形态的分子组合而成。葡萄皮中单宁丰富的结构受到很多因素的影响，比如葡萄品种、葡萄园的风土（包括光照、土壤、葡萄园的走势、种植管理方法等），都会对葡萄酒中的单宁产生影响。

单宁影响着葡萄酒的颜色、陈年能力以及葡萄酒的结构，但它却闻不到也品尝不了，不过你却可以真实地感受到它，它会给你的口腔带来一种涩感。这种涩感是由单宁和口腔唾液中的蛋白质进行反应而产生的。作为葡萄酒中特有的物质，单宁在为葡萄酒增加涩味的同时，也为葡萄酒建立起骨架，它和酒液中的其他物质发生反应，生成新的物质，增加了葡萄酒的复杂性。

单宁本身具有一定抗氧化性，是葡萄酒这种植物产品的保鲜剂。因此，在单宁逐渐失去化学活性的过程中，其降黏作用也会逐渐下降，即酒液会逐渐变得柔顺，就像野兽被驯服一样，"涩"得恰到好处，同时增加了葡萄酒的复杂性。单宁的这种延缓氧化作用对于植物产品的陈年能力具有重要作用。一瓶拥有和谐比例的天然单宁成分的优秀红葡萄酒，常常在数年甚至数十年后逐渐进入最佳适饮期。

单宁可与蛋白质结合进而变得更加柔顺，因此单宁强劲的红葡萄酒特别适合为高蛋白美食如牛排、干酪等佐餐。由于平衡的葡萄酒通常还有比例和谐的酸，肉类的油腻感也能得到降低。两种作用同时发生，口腔内会产生舒适怡然的"渐好"感。

4. 果皮中的芳香物质和营养物质

葡萄酒的香气是很多人喜爱它的原因，而在众多的香气类型中，又有很多人对清新的果香与植物香气情有独钟。这些果香和植物气息就是人们常说的"一类香气（Primary Aroma）"，它们大多来自葡萄皮中的芳香化合物与多酚，如带有草本风味的吡嗪类（Pyrazines）、带有水果风味的酯类（Esters）、带有花香的萜类（Terpenes）及带来百香果、醋栗甚至是汗津津的腋窝味的硫醇类（Thiols）等。酿酒师可以通过浸皮时间来控制葡萄酒的风味浓度，浸皮时间越长，葡萄酒的风味越浓郁。

"吃葡萄不吐葡萄皮"的原因是因为葡萄皮中含有葡萄其他部分不含的营养物质。这一原理同样适用于葡萄酒的酿制。葡萄皮中含有大量槲皮素（Quercetin）、儿茶素（Catechins）、五倍子酸（Gallic Acid）以及白藜芦醇（Resveratrol）等抗氧化物质，它们能对人体健康起到积极作用，如保护心脏和血管、抗癌、防衰老、延年益寿和预防糖尿病等。同样是在浸皮和发酵的过程中，这些营养物质会溶解到葡萄酒中。从这个层面上说，红葡萄酒因为较长的浸皮时间，会融入更多的营养物质，因而拥有更好的健康效益。从重量上来说，一颗成熟的葡萄中葡萄皮所占的比例为5%~12%（根据葡萄品种的不同而有所差异）。葡萄皮的厚度通常在3~8微米。此外，果皮与果肉在化学构成上还存在其他差别：除酚类物质含量丰富外，果皮还含有丰富的钾。

二、微量的添加剂与辅助手段

（一）紫色梅加（Mega Purple）

可否在葡萄酒中添加紫色梅加是一个很有争议的话题。紫色梅加是一种浓缩葡萄汁，用来加深葡萄酒的颜色并给葡萄酒增添些许甜味，一般在葡萄酒中所占的比例不到1%。有些人认为这只是为了使用较少的成本酿造出品质更佳的葡萄酒，是加入小西拉（Petite Sirah）和紫北塞（Alicante Bouschet）

葡萄混酿的一种扩展方式；另外有一些人认为这是一种欺骗行为，应该杜绝。因此即使使用，大部分酒庄都不愿意承认在酿酒过程中加入了这种添加剂。

（二）动物制品（Animal Products）

有些人认为葡萄酒是素食，因为葡萄酒是用葡萄酿制的。然而，一些动物制品也经常被用于澄清和过滤葡萄酒中的杂质，使葡萄酒色泽清澈透亮，无杂质。这些动物制品包括蛋白、奶制品、鱼鳔以及牛胰等。对于非素食主义者来说这些是很好的添加剂。

（三）亚硫酸盐（Sulfites）

亚硫酸盐可是唯一一种会出现在葡萄酒标签上的添加剂，可见其重要地位。其作用主要是为了保护葡萄酒免受细菌和氧气的影响。酿酒师们向葡萄酒中添加一些二氧化硫（Sulfur Dioxide），以保持葡萄酒的稳定性并防止氧化。任何一款含有超过十万分之一的二氧化硫的葡萄酒，都需要在酒标上标注"包含亚硫酸盐"（Contains Sulfites）。一般情况下，甜葡萄酒、白葡萄酒或桃红葡萄酒中亚硫酸盐的添加量最高。在葡萄酒发酵过程中，酵母的新陈代谢就会产生微量亚硫酸盐。即使不进行人为添加二氧化硫，葡萄酒中仍存在亚硫酸盐。

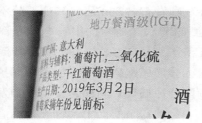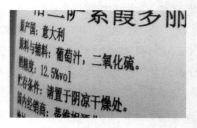

图 3-5　葡萄酒背标上标注的辅料二氧化硫

实际上，存在少数对二氧化硫"敏感"的人，类似于食物过敏。美国曾有统计结果显示普通人中约 1% 的人群存在这种过敏，而该人群在哮喘病人群中会大概提升至 5%。不同的人引发"敏感症状"所需要的量不尽相同，其症状一般为恶心、呕吐、腹痛、头晕、呼吸困难等，严重的也会危及生命。

对于二氧化硫的添加世卫组织设定的安全标准是每天每公斤体重不超过0.7 毫克。对于一个 60 公斤的成年人，相当于每天 42 毫克。"安全标准"的意思，是不超过这个量，即使长期食用也不会带来可见的危害。

我国为保障消费者的饮用安全，国标 GB15037 规定，无论是进口葡萄酒还是国产葡萄酒，干型、半干型、半甜型的总硫都不能超过 250 毫克 / 升，甜酒为不超过 400 毫克 / 升。越甜的葡萄酒往往含有更多的二氧化硫，因为甜酒中含有较多残糖，这些糖分一直蠢蠢欲动，等待着重新发酵的机会。加入更多的二氧化硫才能抑制住嗜糖的酵母及其他的细菌与真菌的活动，以增强甜型葡萄酒的稳定性。实际上，随着酿制工艺的进步，现代卫生条件下，清澈的葡萄酒在实际生产中并不需要添加这么多的二氧化硫。所以大多数正规酒厂的添加总量远低于国家标准。在饮酒的过程中，由于人们会醒酒和晃杯，这会让酒中的游离二氧化硫迅速挥发，因此消费者实际摄入到体内的二氧化硫十分有限。

而为保障消费者的安全，葡萄酒推介和服务人员，询问餐饮客人过敏史，为客人选择正规生产酒庄和酒厂的葡萄酒是自己的职业操守和岗位责任。

（四）水与反渗透（Reverse Osmosis）

首先强调，在大部分国家，向葡萄酒中加水是明确不允许的，例如中国。这种方法曾经被用于稀释葡萄酒，以生产出更多的廉价酒。现今的一些葡萄种植农还会选择晚采收葡萄，以提高葡萄的糖分含量，增加葡萄酒的酒精度。但是，较高的酒精度也可能会造成酒体的不平衡或者更高的税收（酒精度越高，税率越高），因此加利福尼亚州（California）等部分葡萄酒产地为了解决这一问题，允许向葡萄酒中添加一定量的水分。

而更好的解决方法是反渗透。这是一种使用机器过滤出葡萄酒中多余的酒精成分的方法。相对于向葡萄酒中添加水分这种降低酒精度的方法，反渗透法不仅降低了葡萄酒的酒精度，还不会稀释葡萄酒的风味或者产生其他影响。

（五）加糖（Chaptalization）

从罗马时期开始，酿酒师们就已经学会了向葡萄汁中添加糖分。当代葡萄种植技术提升，加糖在很多产区根本不需要。但在寒冷气候产区，当葡萄中的糖分不足以支撑酒精发酵时，就需要人工加糖来辅助发酵。有人认为人工加糖具有欺骗性，也有人认为对于特定葡萄品种来说人工加糖有其存在必要性。现在，法国、美国和德国等国是允许往葡萄汁中加糖的，但对添加的糖分剂量有着严格的规定；而在澳大利亚、阿根廷和意大利等国，加糖则是违法行为。

（六）培养酵母（Cultured Yeasts）

大部分酿酒师会选择使用自己培养的酵母进行发酵。与天然酵母的不可控性不同，人工培养酵母允许酿酒师采用特定种类的酵母，从而酿造出预想风格的葡萄酒。无论是天然酵母还是培养酵母，两者没有对错之分，但是培养酵母也被认为是葡萄酒中的一种添加剂。

（七）酸化和降酸（Acidification and Deacidification）

酸度是评判葡萄酒平衡性的一个重要因素。当葡萄酒本身的酸度不够时，

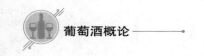

酿酒师就会选择往葡萄酒中添加苹果酸（Malic Acid）和乳酸（Lactic Acid），以提升葡萄酒的酸度；而在葡萄酒本身的酸度过高，破坏了葡萄酒的平衡的情况下，酿酒师又会往葡萄酒中添加碳酸钙（Calcium Carbonate）以降低酸度。这种做法，在崇尚自然酒和生物动力法的当下，存在一定的争议。在炎热气候产区，当葡萄过度成熟，自然酸度不足时，有些酒商会在酿酒过程中加入酒石酸。虽然说在最合适的时间采摘葡萄以保证葡萄的各方面品质很重要，但是也有一些不可控的因素会影响到葡萄的品质，这时添加少量的酒石酸能起到很大的作用。

（八）单宁粉（Powdered Tannins）

单宁是评判葡萄酒平衡性的另一重要因素，它为葡萄酒提供了紧实感、苦味和口腔的干涩感。当一款葡萄酒无法从果皮、种子和葡萄梗中萃取足够的单宁时，酿酒师就可以选择向葡萄酒中添加一些单宁粉，以提升葡萄酒中的单宁含量。

（九）橡木片与微氧化（Oak Chips and Micro-Oxygenation）

橡木桶能够为葡萄酒提供香草、香料等众多风味，但是质量较好的橡木桶一般价格不菲，因此一些酿酒师便会选择一些较为便宜的方式——往储存在不锈钢罐中的酒液中放入橡木片。这一方法在节约成本的同时，也能让橡木风味快速地融入葡萄酒。但事实上，橡木片的作用要比橡木桶小得多。

橡木桶自身有许多气孔，因此存放在橡木桶中的葡萄酒会缓慢地和氧气接触，产生氧化作用，这一过程不仅有利于葡萄酒风味的形成，还能柔化单宁。但是一些酿酒师为了节省成本，会选择在酿酒的不同阶段向酒中多次注射适量氧气，模仿葡萄酒的氧化过程，这一方式便被称为微氧化。

 第二节　静态葡萄酒酿造工艺

按照葡萄酒的状态人们通常会将葡萄酒分为静态葡萄酒和起泡葡萄酒。要了解葡萄酒的酿造工艺，我们由简入手，先从静态葡萄酒起步。

一、红葡萄酒的酿造工艺

红葡萄酒的颜色主要来源是葡萄皮中的色素。喝红葡萄酒，舌头和牙齿却变黑了，对此我们无须担心，这些都是葡萄中的天然色素，对人体并无坏处，还含有对人体有益的成分，耳熟能详的花苷素就是其中之一。所以在红葡萄酒的酿造中，不仅要发酵，发酵前还会进行"浸皮"，发酵时也会带皮发酵。这两个阶段都能有效地萃取果皮中的色素、单宁和风味物质。如果要驯服单宁，还要选用橡木桶陈酿。有了这些思路，我们来看看红葡萄酒的主要加工工艺。

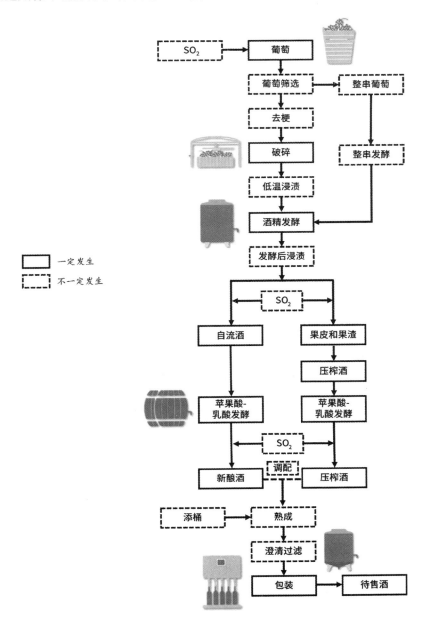

图 3-6 红葡萄酒的加工流程图

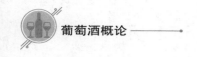

（一）葡萄采收

对于红葡萄来说，其成熟度关系到葡萄内糖分的积累，更重要的是酚类物质的成熟。有时候不成熟的单宁，会给葡萄酒带来不悦的草本味。所以可以说，酿酒师第一个最重要的决定就是何时采摘葡萄。当然，除了糖分和酚类的成熟外，酿酒师还要确保葡萄没有感染灰霉病，这样的葡萄才是完美的。

通常，具体的采摘时间每年都有不同，有时候还会受天气的影响。在美国纳帕谷，葡萄成熟期雨水通常较少，酿酒师就可能较晚采摘葡萄，以获得更成熟的葡萄。有的品种，如赤霞珠（Cabernet Sauvignon）本来就属于晚熟品种，因而在每年采摘季都是较晚被采摘的。如果采摘成熟不均匀的仙粉黛，还要分批采摘，品质才会更优。

一般来说，葡萄采摘用人工和机械均可。人工采收费用高，但在陡峭的葡萄园是唯一选择，人工采摘的葡萄梗完好无损，还可以在采摘时直接淘汰品质不达标的葡萄串。机械采收效率高，成本低，采摘到的葡萄是不带梗的。

图3-7　采摘好的红葡萄等待运往酒厂

（二）筛选和去梗破皮

机器采摘的葡萄无梗，成粒状，会夹杂叶子、坏果。送递酒厂的葡萄会在筛选机的输送带上进行筛选。有腐烂或霉菌的葡萄会被剔除。

采用人工采收的葡萄一般在采摘时已筛选，都带梗，因此去梗是第一个步骤。图3-9为倒入去梗机的葡萄。当然，也不排除有时候酿酒师为了增加单宁，而刻意保留几串带梗葡萄进入发酵罐，有的甚至直接整串进行发酵，例如勃艮第产区（Bourgogne）的黑皮诺（Pinot Noir）。一般情况下，红葡萄去梗后，只要稍微破皮就好了。果皮会连同果肉一同进行发酵，这也正是红葡萄酒颜色的来源。

图 3-8 葡萄筛选

图 3-9 倒入去梗机的葡萄

（三）发酵前浸渍

在破皮后发酵前，对葡萄酒进行一定时间的浸渍有助于成功地萃取果皮中的单宁和色素。浸渍过程一般在低温下进行，这样可以加大色素和风味物质的萃取力度，但需要较长的浸皮时间。因此有的酿酒师也会采用热浸渍法，为了能更完全地提取果皮中的色素和其他物质，或是为了争取尽早开始葡萄酒的发酵。但热浸渍一旦出现把控纰漏会降低葡萄酒品质，如令酒失去鲜味、难于澄清等。

（四）带皮发酵

红葡萄酒的发酵温度一般是 20~32℃，较高的温度有利于颜色和单宁的萃

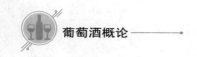

取。发酵过程中，酿酒师还会通过淋皮、压帽和倒罐等来加速色素和单宁的萃取。当然，发酵最重要的是为了将糖分转化为酒精，这个过程一般由酵母进行。红葡萄酒在发酵过程中并不会完全隔绝氧气，因为适当的氧化对于红葡萄酒来说是一件好事。

图 3-10　从发酵中的葡萄酒取样

红葡萄酒大多在惰性容器中发酵，这样更方便淋皮等操作的进行，否则橡木桶很难保证果皮和果汁进行充分接触。有时候酿酒师会选择在发酵完成前，将葡萄酒转移至橡木桶中完成最后的发酵阶段，以赋予葡萄酒独特的香气及橡木桶单宁。当然，这一目的也可以通过添加橡木片实现，但可能风味不如前者精细。

（五）发酵后浸渍

随着发酵的进行，单宁和色素的提取速度会发生变化，前者越来越快，后者则越来越慢。所以有时候为了加大色素和单宁的提取，会在发酵完成后继续浸渍，这在法国和意大利都非常常见。不过如果酿酒师只想要低单宁和果味浓郁的葡萄酒，那么一般不会进行此步骤。

（六）压榨

浸渍后果皮和酒液会进行分离，自由分离开的酒液就是所谓的自流酒，自流酒的质量是最好的。剩余的果皮和残渣会进行压榨，这时候得到的酒液颜色很深，单宁也很重。这种压榨酒一般不会直接面市，而是用来调配增色或增加单宁。

（七）苹果酸 - 乳酸发酵

一般来说，红葡萄酒的酿造都少不了苹果酸 - 乳酸发酵这一步骤。这个过程发生在酒精发酵后，由乳酸菌进行。它们可以将尖锐的苹果酸转化成柔和的乳酸（这就是红葡萄酒的酸感不太明显的重要原因），并产生许多其他风味物质。

图 3-11 葡萄酒的苹果酸－乳酸发酵

（八）熟成／调配

红葡萄酒在完成前述步骤后基本就已经酿造完成了，这时候酿酒师可以选择直接澄清过滤并装瓶销售，也可以选择继续进行陈酿。一般来说，橡木桶陈酿对于红葡萄酒来说更常见，这样不仅可以使单宁更加柔和，同时也能给葡萄酒带来额外的香气和结构物质，适当的氧化也会使葡萄酒变得更加柔顺易饮。不过，橡木桶陈酿有时候会有蒸发，因此也可能需要进行添桶。

调配或不调配由酿酒师自己决定，这个调配可以是不同品种之间的调配，也可以是不同年份、产区、批次或酿造工艺之间的调配。

（九）澄清过滤

一般来说，这个步骤是为了去除葡萄酒中的悬浮颗粒物，使酒液达到一定的稳定性，同时确保酒液澄清，达到消费者的期待。通常，酒厂可以借用添加剂（如蛋清）来吸附悬浮物质，接着再进行轻微过滤以确保没有微生物残留，这样可以稳定酒质。

（十）包装出售

有时候，在装瓶前可能会进行最后一次调配。一旦装好瓶贴好标后，一般就可以直接发售了；但也不排除有的葡萄酒装瓶后还会继续置于酒窖中瓶陈一段时间。

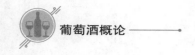

二、白葡萄酒的酿造

　　白葡萄酒可以由白葡萄品种也可以由红葡萄品种酿制，主要是避免葡萄中的天然色素浸染了葡萄酒。所以在白葡萄酒的酿造中，无需发酵前的"浸皮"，发酵时皮渣也往往被分离淘汰了。有了这些思路，我们来看看白葡萄酒的主要酿造工艺。

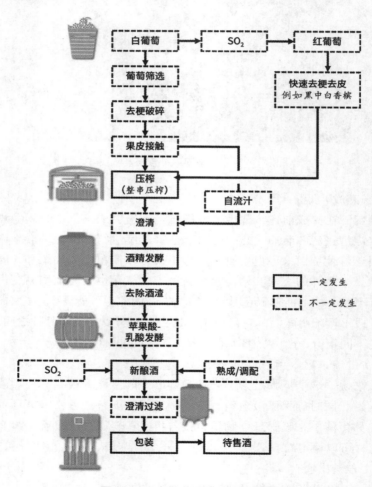

图 3-12　白葡萄酒的酿造流程图

（一）采收

　　绝大多数白葡萄酒是采用白葡萄酿造的，当然有时候也可以用红葡萄

（红皮白肉）酿造，前提是要尽早将果汁与皮渣分离，而且去皮过程要尽量轻柔以降低色素的提取可能。

白葡萄没有单宁抗氧化的支持，同时品质追求酸度和清爽，采摘过程的氧化就成了对葡萄酒品质的伤害。所以白葡萄采摘后要及时送往酒厂，有些较热的产区还会把采收时间安排在半夜或凌晨，以达到降低原料氧化的目的。

图 3-13 白葡萄采收

（二）筛选与去梗破碎

相比红葡萄，白葡萄更容易掺杂一些腐烂的葡萄，因此采收后的筛选过程也非常关键。

白葡萄酒和红葡萄酒最大的差别就在花青素和单宁含量上，为了避免萃取过多的花青素和单宁，白葡萄都会经过去梗和破碎这两个步骤。因为葡萄梗会给葡萄酒带来单宁和涩味，破坏白葡萄酒的清香；而葡萄皮则可能使酒液染上颜色或带来单宁。虽然白葡萄的浸皮不常见，但偶尔一些特殊品种也会为了提升风味浓度而进行短暂的果皮接触，如雷司令（Riesling）和麝香（Muscat）等。

图 3-14 进入去梗机的白葡萄

（三）压榨

当然，有的葡萄在压榨前并不会去皮去梗，而是进行整串压榨。这时候，

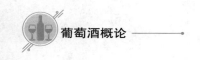

轻柔的压榨可以得到最优质的葡萄汁，同时也可以避免染上果皮上的色素。白葡萄汁颜色较浅且风味清淡，一旦氧化会出现非常不悦的颜色和气味，因此酿酒师需时刻注意防止氧化。

（四）澄清

一般来说，只有那些最早榨出来的葡萄汁才有可能用于酿酒，这些常被称作自流汁。压榨完成的葡萄汁会转移至大容器中，随后会将果汁中的果皮和果肉碎片分离以方便后续发酵的进行。当然，少量的细胞碎片富含酵母所需的营养成分，有时候也可以增加酒的复杂性。

（五）发酵

白葡萄酒的发酵温度普遍要低于红葡萄酒，大多为 12~22℃。这样做是为了减缓发酵进程，保留更多新鲜果味，同时也是为了促进更多芳香物质的产生。为了保持纯正的果香，酿酒师一般会选择在惰性容器中发酵。当然也有特殊例子，如霞多丽（Chardonnay）会选择在橡木桶中发酵，这样做是为了得到更加精妙的橡木味。通常，在橡木桶中发酵的葡萄酒还会有搅酒泥的步骤，这样做也可以给葡萄酒增添风味和复杂度。

（六）排渣

发酵完成后，酿酒师会将酒液中存在的酒渣和酵母残渣排出，让酒质更加清澈。

（七）苹果酸－乳酸发酵

在红葡萄酒酿制时，苹果酸－乳酸发酵是很常见的一个步骤。而在白葡萄酒中，是否进行苹果酸－乳酸发酵取决于酿酒师对酒风格的把控。因为对于白葡萄酒来说，通过苹果酸－乳酸发酵得到的特殊风味未必受欢迎，因此不少酿酒师会抛弃这一环节来保持白葡萄酒的新鲜、酸爽。由于这一环节普遍减少，在酸度上，白葡萄酒通常普遍高于红葡萄酒。

在这环节的处理上，较经典的例子有：美国顶级酿酒师罗伯特·蒙大菲为了让美国产的长相思更有竞争力，特别是为了和其他国家出产的长相思区分开，把自己酿造的长相思进行了橡木桶陈年，酿成了一款兼具典型品种香氛和酸度，以及橡木桶圆润口感的白葡萄酒。他还为这种长相思葡萄起了一个新名字"白富美"（Fumé Blanc）。

（八）熟成／调配

大多数的白葡萄酒不会进行橡木桶陈酿，而直接装瓶销售，这样得到的葡萄酒往往更加清新，酒体也更轻。当然，还是会有一些特例，如维欧尼（Viognier）和霞多丽会进行一定时间的陈酿以获得额外的风味。当然，白葡萄酒的调配也是根据具体需求而定。

（九）澄清过滤

在装瓶前，白葡萄酒也会进行澄清过滤，大批量生产的白葡萄酒会进行低温稳定，将温度降至零度后可以促进酒石酸盐的沉淀，进而可以凝结澄清。商业性的葡萄酒还会再进行过滤，这样可以滤掉一些潜在的有害物质，并除去悬浮物。

（十）装瓶发售

在出货之前，酒厂才会用装瓶机快速装瓶，这样可以在保持新鲜的同时避免氧化，之后葡萄酒就可以投放到市场了。

三、桃红葡萄酒酿造工艺

酿造桃红葡萄酒的方法有很多，最常见的有短暂浸渍法、直接压榨法放、放血法和混酿法四种。

图 3-15 色泽美丽的桃红起泡葡萄酒

（一）短暂浸渍法

短暂浸渍法（Limited Skin Maceration）是目前为止最受欢迎的酿造桃红葡萄酒的方法，其实就是在葡萄破碎后，将葡萄汁与果皮、果肉浸泡在一起，通过短暂的浸渍让葡萄汁提取少量葡萄皮中的色素和单宁。浸渍的时间越长，提取的色素和单宁就越多，至于要泡多久，就看酿酒师想要酿什么样的酒了。红葡萄酒的浸皮时间一般会是几周，而桃红葡萄酒的浸皮时间则通常从 6 小时到 48 小时不等。浸渍完成之后，将葡萄皮等果渣去掉，再对葡萄汁进行发酵，得到桃红葡萄酒。这种方式可以酿造出许多不同风格的桃红葡萄酒，往

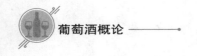

往是最优质的桃红葡萄酒的酿制方法。

（二）直接压榨法

直接压榨法（Direct Pressing）的方式与酿造白葡萄酒相似，都是先压榨，将葡萄汁与葡萄皮分离之后，再发酵。由于压榨的过程中，果汁会与果皮进行短暂的接触，从中提取少量颜色，因此可以酿造出颜色非常淡的桃红葡萄酒。在所有酿造方法中，使用直接压榨法酿造出来的桃红葡萄酒的颜色是最淡的。这种方法在普罗旺斯（Provence）和朗格多克-露喜龙（Languedoc-Roussillon）地区常见，也是美国白仙粉黛葡萄酒的酿制方法。

（三）放血法

放血法（Saignne Method）的真正意图并非酿造桃红葡萄酒，而是通过放血法提升红葡萄酒的质量，桃红葡萄酒是被放出来的副产品。采用放血法时酒庄通常会在酿制红葡萄酒时，经冷浸渍处理后，特意将一部分葡萄汁液排出，以求剩余的皮渣比上升的葡萄汁在后续的皮渣接触中更好地获得色泽和单宁等。被排出的那部分汁液随后进行的发酵过程则与白葡萄酒的发酵过程相同，最终被酿制成了桃红葡萄酒。在红酒当家的波尔多（Bordeaux）地区，桃红葡萄酒大多采用放血法酿造。无独有偶，在我国红葡萄酒当家的宁夏产区，也可以买到很多讨喜的放血法酿造出来的桃红葡萄酒。放血法制成的桃红葡萄酒作为副产品价位往往更亲民，是人们日常饮用的不错选择。

（四）混酿法

混酿法（Blending）就是将白葡萄酒和红葡萄酒进行混合，这种做法在所有的欧盟国家都是绝对禁止的，但桃红香槟是个例外。在香槟（Champagne）产区使用混酿法酿造桃红香槟（Rose Champagne）不仅被允许，还很受支持。桃红色、冒着气泡的香槟，满足了太多消费者的美好设想，这些顾客多以女性为主。而且仅加了颜色，会令同品质的香槟价位大增。这真是人们为享受美丽而产生的额外支付。在一些新兴产国，有些低价位的果味型桃红葡萄酒，就是用这种方法来酿造的。

桃红葡萄酒看起来讨喜，但只有少部分消费者知道它，市场对中国桃红葡萄酒知之更少。不被大众所知就意味着会增加普及宣传的成本和经营风险。在酒商代理制盛行的市场状况下，经销商不愿意代理或者止步保守的试探，都会限制我国葡萄酒多元市场的发展。同时，我国几家大企业、强势品牌只将桃红酒作为边缘产品，很多是作为红酒的副产品生产，不会匹配大力推广。而中小企业又没有实力做大规模宣传。这些都导致了桃红酒市场面临的尴尬处境。

但桃红酒不是烫手山芋。国外桃红酒的发展，已经有较长的历史。它凭借讨喜的颜色、较亲民的价格、愉悦新鲜的果香和轻松的饮用场景，在很多国家广受欢迎。有人会说，国外和中国的市场阶段不同，中国的桃红酒还有很长的路要走。随着葡萄酒市场销售端的专业人才开始增长，尊重我国消费者的差异消费需求，利用好我国已经出现的丰富好产品满足人们日益增长的多元幸福需求，应是葡萄酒从业者要迎接的时不我待的挑战。

第三节　起泡葡萄酒的酿造工艺

一、起泡葡萄酒的分类

自 2018 年以来，香槟顺应全球起泡酒的潮流在世界市场乘势而上。2021 年出口中国的香槟借着东风销量飞升，在全球经济受疫情影响的情况下，它创下历史新高。2021 年的中国葡萄酒市场，香槟的进口额高达 6 670 万欧元，和疫情前的 2019 年相比增长了 69.9%，出口量达到 210 万瓶，与 2019 年相比增长了 14.8%，史无前例地突破 200 万瓶大关。

业内人士指出，尽管受到疫情的影响，但是居家饮用香槟的消费者越来越多，这是促使香槟在 2021 年销量增长的重要原因。而消费模式的悄然变化对葡萄酒文化的普及起了推动作用。

很长一段时间，香槟的消费主场都是酒吧夜店，如今香槟已经逐渐演变为美食的配餐伴侣、日常餐桌的常客、中餐的优质的新搭档。这也是疫情影响下，香槟在我国市场销量增长的原因之一。

香槟是起泡酒的代表，它的逆风增长体，还有我国顺世界潮流增长的不容忽视的起泡酒出口量提升，体现了葡萄酒市场的瞬息万变，其本质上是中国和全球消费者的口味喜好追求的多元化。葡萄酒的世界本就多元，各类型的起泡酒就各具魅力。学习不同工艺是从本质入手了解各种葡萄酒产品品质和口味的不同，看清多姿多彩的葡萄酒，才会觉得我们在满足葡萄酒爱好者多元需求上本可以做得更好。学习工艺是在清晰了解各种工艺带来的差异体验后，用不同的工艺产品去给消费者一个更满意的答卷，并在顺其自然的推介中，让多样的葡萄酒文化普及得更广。

如图 3-16 所示，按照酿造工艺不同，起泡酒可以分为：传统法酿制起泡酒、转移法酿制起泡酒、罐式法酿制起泡酒、二氧化碳注入法酿制起泡酒和阿斯蒂法（Asti Method）酿制起泡酒。

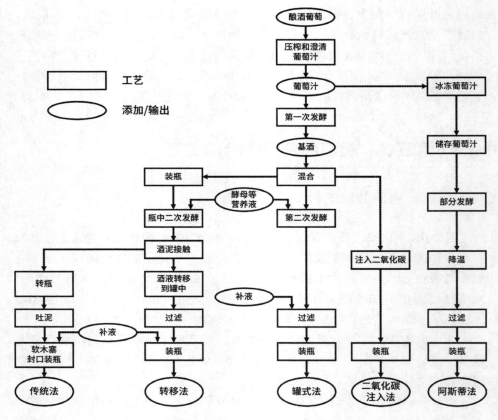

图3-16 起泡葡萄酒酿造流程

二、传统法

（一）传统法的工艺流程

传统法（Traditional Method），也叫香槟法（Champagne），是最耗时、耗力的起泡酒酿造方式，但酿出来的起泡酒是品质最出色的。而最出色的品质是与多付出的几倍的功夫相等的。传统法的酿造工艺分为：

1. 葡萄采摘和葡萄收购

传统法葡萄采摘一般是人工采摘，以得到整串的、健康的葡萄，尽可能避免葡萄破碎带来氧化和酚类物质提取。起泡酒酿酒葡萄适合生长在凉爽的气候环境下。用于酿造起泡酒的葡萄需满足三个条件：

（1）葡萄的糖分含量要比酿造静止葡萄酒的糖分含量低

在第二次发酵的过程中，不仅会产生 CO_2，还会产生酒精。酿造起泡酒的基酒的酒精度一般在 10.5%~11% vol。

（2）葡萄的酸度要高

起泡酒只有保持高酸度，才能保持住清爽的风格。

（3）葡萄的成熟度要够

虽然葡萄要保持低糖度、高酸度，但葡萄果实的成熟度也要有保证，否则酿出来的酒会含有过多的绿色植物或生青的味道。

值得注意的是，和很多静止酒酿制酒庄用自己葡萄园里当年产出的葡萄酿酒不同，香槟产区酒厂酿酒的葡萄汁可能来自香槟不同年份、不同子产区。作为法国最北的葡萄产区，常受到天气灾害的打击。霜冻以及冰雹不期而至的严重影响，令香槟区的产量每年都有较大的起伏。为保障酿制，香槟产区的种植者每年都会留有一部分较好质量的葡萄汁以保障后面年份的品质生产。酿制酒厂会通过香槟的内部交易会，选购满足自己生产期望的、来自香槟法律规定的种植区域的葡萄汁。这种酿制传统下，很多香槟酒庄、酒厂没有自己种植的葡萄，而是收购葡萄果实和葡萄汁。收购品质和价格与葡萄园的风土条件息息相关，所以香槟产区的列级制是给葡萄园的，是否被列为特级村或一级村在很大程度上会影响其收购价格。

也是这个原因，普通香槟酒通常是没有酿制年份的。

2. 整串压榨

压榨前葡萄不会经过破碎和去梗，一般采用气囊式压榨机或传统木质压榨法进行温柔压榨。这样是为了尽量避免提取酚类物质，特别是红葡萄中的颜色和单宁。而带梗整串压榨是有智慧的，这样靠梗造就的空间，有利于汁液流出，缓解了葡萄压榨所受的压力。

很多产区对压榨的程度都有法律限制。刚开始压榨的葡萄汁中糖分、酸度较高，酚类物质少，酿出来的起泡酒品质更高。

3. 初次发酵

初次发酵（First Fermentation）前常去除沉淀以避免带来除果香以外的其他风味。发酵容器一般是不锈钢罐，少量生产者会使用橡木桶。发酵往往是快速的，发酵温度会比大部分白葡萄酒更温暖一些，因为在低温环境下发酵，容易产生香蕉、水果糖等风味，这对于起泡酒来说是不利的。

有的酿酒师会选择经过苹果酸－乳酸发酵（MLF），以降低酸度，增添黄油、奶油等风味。但更多生产者不这么做，他们更推崇做出来的基酒简单清爽，富于果味。比起橡木桶的作用，他们留有更好的表现空间给二次发酵

图 3-17　用来完成初次发酵的
　　　　　不锈钢罐

中携带来的烤面包、黄油等复杂、饱满的气息。

初次发酵酿出来的酒被称为基酒。大部分基酒在当年参与起泡酒制作，少部分储存在惰性容器中供今后几年使用，它们对调整风味有着重要作用。基酒往往不好喝，但平衡作用很重要，任何基酒中的问题最终都会在起泡酒中被放大。

4. 混合调配

起泡酒是混合（Blending）的艺术，将不同产地、不同葡萄品种、不同年份、不同酿造工艺的基酒进行混合调配，不仅可以增添起泡酒复杂度，还能减少年份差异保证质量与数量，使酒厂风格保持稳定。当然也可以通过混合来表达某个村或某个葡萄园的独特风格。

大的生产商有更多的基酒混合选择，多达几十甚至上百种基酒，更容易获得高品质、风格稳定的起泡酒。基酒混合之后需进行酒石酸稳定，以免装瓶后在二次发酵中形成结晶。

5. 二次发酵

混合调配好的基酒加入少量发酵液（Liqueur de Triage），这是由静止葡萄酒、糖、酵母、酵母营养物质和澄清剂组成的液体，然后再将酒液装入酒瓶中，加上瓶盖。这里加的不是印象中香槟的蘑菇木塞，而是如同啤酒瓶使用的皇冠帽。这种盖子足可以应对酒液在瓶中进行第二次发酵（Second Fermentation）产生的 CO_2 带来的气压。

图 3-18　带着皇冠帽的起泡酒在经历二次发酵

一般来说，加入少量发酵液后的含糖量在 24 克／升上下，这可以产生 1.2%~1.3% 的标准酒精度，而发酵生成的 CO_2 会令瓶内的压强达到 5~6 帕。

二次发酵会使用特殊培养的酵母，能避免产生不好的风味，并适应二次发酵的瓶中环境，毕竟此时瓶中的酒精度已是 10 度左右，还会继续提升，酵母要有一定的酒精抗压能力，来维持好好工作。这种特殊酵母还具备后期容易浮动滑落、易于去除的特点。

这一阶段，通常是在阴凉、温度稳定的起泡酒窖中，传统的倒"V"型架上完成的。

图 3-19　宁静的香槟窖里仿佛能看见二次陈酿的时间流过

6. 酒泥陈酿

酒泥（Lees）陈酿也叫酵母自溶（Yest Autolysis）。瓶中二次发酵完成后，酵母死亡，形成沉淀物，我们把它叫作酒泥。

酒泥陈酿是除混合调配之外，最能影响一款起泡酒品质和风格的关键步骤。有关香槟的法律规定，无年份香槟必须经过 15 个月的瓶中陈酿，其中 12 个月需为酒泥陈酿。而对于年份香槟，酒泥陈酿的时间至少要 3 年。二次发酵结束后，酵母死去，其"尸骸"却仍在瓶中。随着时间的推移，酒泥中的酵母因自溶作用使其细胞膜破裂，逐渐分解和释放出的蛋白质和其他化学物质溶于酒

图 3-20　酒泥

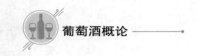

液。这些物质能提高葡萄酒的圆润度、结构感和澄清度，对酒液后味中的苦涩感有一定的修饰作用，使起泡酒的稳定性提高。这个过程的鲜明香气特征是，赋予了起泡酒坚果味、面包味和独特的酵母味，不同酵母菌株所释放的风味各异。酒泥接触的时间越长，这种酵母自溶形成的风味就越明显。

酵母自溶的作用在发生 18 个月后开始变得明显，一般持续 4~5 年后变得特别明显，长的甚至会持续 10 年。酒泥接触时间不应该是无限延长的，因为较早结束酒泥陈酿的起泡酒还有实力进行比较稳定的瓶中风味发展，而较晚结束酒泥接触的酒一开始非常新鲜，然而陈年和老化的速度会较快。

有时获得美酒的唯一途径是等待，酿酒师为了请时间这个魔术师把这种延迟满足包裹进那入口的刹那美好，唯有安静、执着、智慧、适度地等待。

图 3-21　与时间一起缔造美酒的酿酒师

7. 转瓶

酒泥陈酿完成之后，就需要将酒泥清除了。这阶段，首先得将所有的酒泥聚集在瓶口，这个过程被称为转瓶（Riddling）。为达到酒泥向瓶口聚集的效果，转瓶过程中需要分阶段将起泡酒瓶慢慢地从水平状态转到垂直倒立状态。而阶段操作的意思就是每天转动一定角度，让酒泥缓慢地沿着瓶身集体滑落到瓶口：急促地转瓶会使死亡酵母分裂成小块，悬浮在酒中；太慢又无法很好地带动酒泥内旋，向瓶口汇聚。

传统的转瓶工作是纯手工完成的，需要耗费 6 周甚至更长的时间。转瓶工的工作内容就是站在香槟的架子前，重复地一瓶瓶准确地转出角度，持续地进行，枯燥、单调、辛苦。工作性质令转瓶工招聘难，人工成本高。现在很多有实力的生产商会使用转瓶机（Gyropalette）来代替人工。转瓶机一次可转动 500 瓶，且一般 3 天就可以完成，大大节省了人力成本。但转瓶机的价格不菲，很多小型香槟酿制酒庄无法承担，依然靠人工转瓶，或指望通过酿酒联合社共享转瓶机。

A B

图3-22 转瓶工艺（A）与转瓶的时间表（B）

A B

图3-23 人工转瓶（A）与转瓶机（B）

8.吐泥

转瓶结束后，将瓶口部分放进冰冷的盐水中使内部结冰，沉积在瓶口的酒泥同时也被冻住了。当将瓶盖去掉的时候，瓶内的压力就会将瓶口结冰的固体凝结部分"砰"的一声射出，于是酒泥就可以被成功地去除。这个过程称为吐泥（Disgorgement）。

这个过程可以人工完成，但出于速度和质量控制方面的考虑，现在该过程往往由机器完成。

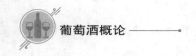

9.补液

在吐泥过程中势必会损失一部分酒液。损失的部分要用糖和葡萄酒的混合液体（Liqueur d'Expedition）补充回来。补充混合液会影响起泡酒的最终风味。补充混合液中如果多用年轻葡萄酒可以增添清爽风味，如果多用经过陈放的葡萄酒能够增添烤苹果、干果等陈年风味。

混合液中的糖分含量（Dosage）决定了起泡酒最后的甜度，也会和起泡酒发生复杂反应，并随着一段时间的陈年逐渐融合。起泡酒酸度越高，需要的补液就越多。而酒泥陈酿的时间越长，味道越细腻、丰富的起泡酒需要的补液就越少。

10.加塞封瓶

起泡酒的加塞封瓶（Corking）是由软木塞加固定铁丝组成的。这一步一般需要机械完成。机械令从吐泥到最后装瓶只需数秒，不会损失气压而且避免氧化可能。

A   B

图3-24　起泡酒的机械装瓶（A）与木塞（B）

起泡酒软木塞本来是规整的圆柱体，比普通的静态酒塞大，通过挤压进瓶，然后由于瓶内气压的作用才逐渐变成了蘑菇形。而铁丝捆绑显然是为了保障安全。

根据酒厂对起泡酒风格的设想，封瓶之后有的起泡酒会被立即出售，有的会继续进行瓶中陈年。瓶中陈年过程中，起泡酒风味会继续发展，产生饼干、蜂蜜、蘑菇、胡桃、烘烤等独特而且往往较昂贵的风味。

（二）传统法经典起泡酒

1.香槟

香槟（Champagne），只有产自法国北部香槟区的起泡酒才能叫香槟，这里是传统酿制的发源地，被广泛认为是世界上最好的起泡酒，也是最贵的起泡酒。

香槟被视为传统法起泡酒的发源地，在起泡酒界地位超然，要归功于起泡酒传统的发明者唐·培里侬神父（Dom Pérignon，1638—1715），一位传奇的酿制和酒窖管理者。他的酿制方法令香槟区成为世界上第一个酿制起泡酒的地方。其实在此之前，香槟生产的是静止葡萄酒。由于冬季寒冷，酵母菌"罢工"导致发酵中止，来年春天气温回升又开始发酵，此时瓶中会产生气泡。这种带气泡的酒出现于 17 世纪，很快就在伦敦流行起来。19世纪，酿酒师发明了吐泥工艺，香槟品质提升。1927 年香槟获得法定产区地位，该法定产区的地位在全球经济一体化的时代和它的历史与文化一起得到了其他葡萄酒

图 3-25 香槟产区的唐·培里侬雕像

产国的尊重。所以只有法国香槟产区传统法酿制的起泡酒，才是香槟。"所有香槟都是起泡酒，但不是所有起泡酒都是香槟。"

（1）香槟的风土特色

凉爽的香槟区位于巴黎东部，距巴黎 150 公里，受大陆性气候和海洋性气候影响，气候冷凉（年均气温 11℃，日照 1 680 小时），降雨适中（700 毫米 / 年），容易受冰雹和霜冻困扰。葡萄在这里的难题是充足的成熟，在稍微温暖点的年份，葡萄十分适合酿制高品质起泡酒。所以很多香槟不标年份，因为为了保证生产，使用了非同一个年份的葡萄汁为原料，可见当地的冷凉。

香槟产区面积 34 000 公顷拥有 7 个法定葡萄品种，但霞多丽（Chardonnay）、黑皮诺（Pinot Noir）与皮诺莫尼耶（Pinot Meunier）占据了该区 99% 以上的种植量。而这三种也是通常的标准白起泡香槟的混酿主品种。

（2）按葡萄原料来划分

除了常见的标准白起泡香槟，香槟还有：

白中白香槟（Blanc de Blancs）：完全采用白葡萄品种酿造。最常见的是采用 100% 的霞多丽，当然有的还加入了少量的白皮诺或其他白葡萄品种。

黑中白香槟（Blanc de Noirs）：完全采用红葡萄品种酿造。一般采用100% 的黑皮诺或 100% 的皮诺莫尼耶酿造，当然也可以是两者的混合。

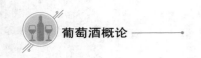

桃红香槟（Rose）：通常是红、白葡萄品种酿制的红、白葡萄酒混合，最后做成桃红香槟。也允许将红葡萄品种短暂浸皮得到浅淡颜色，做成桃红香槟。

（3）按年份来划分

无年份香槟（Non-Vintage）：由不同年份采收的葡萄酿制而成，大部分香槟都是这种类型，往往代表了一个酒厂的标准风格。

年份香槟（Vintage）：所有酿酒葡萄来自同一个年份的香槟。这种香槟酒是好年份天气的馈赠，只在好年份才可能生产，所以珍贵稀少。香槟法律对年份香槟必须的酒泥陈酿市场要求也高于普通的无年份香槟。

（4）按生产销售模式来划分

香槟区 90% 的葡萄园掌握在约 15 700 个葡萄农（Grower）手中，大厂商（House/Negociant）拥有的葡萄园较少。但是大厂商占据了香槟 2/3 的销量和 90% 的出口量。除了以上两者，合作社（Cooperative）在香槟的生产贸易中也扮演着重要角色。

按照生产销售模式来划分，香槟可以分为以下 8 类。

酒农香槟（Recoltant-Manipulant，RM）：拥有葡萄园的独立葡萄农生产、销售贴有自己品牌标签的香槟。酒农香槟有较多的自由可酿造不同性格的风味，通常产量稀少，近年来很受追捧，是顶级的米其林餐厅营造独特性的好酒品。

联合酒农香槟（Societe de Recoltants，SR）：2 个或 2 个以上的葡萄农联合起来共用一个酒庄生产香槟，可以是 1 个联合品牌，也可以是拆分的多个品牌。

酒农合作社香槟（Recoltant-Cooperation，RC）：葡萄农联合起来组成合作社。合作社生产香槟，然后这些香槟返回给葡萄农，用葡萄农自己的品牌来进行市场销售。

合作社香槟（Cooperative-Manipulant，CM）：葡萄农将葡萄卖给合作社，合作社酿制香槟，然后以合作社的品牌标签进行销售。

酒商香槟（Negociant-Manipulant，NM）：这是唯一允许大量购买葡萄、葡萄汁、静止葡萄酒以及散装香槟的生产商。这些香槟以大厂商自己的品牌进行销售。

分销商香槟（Negociant Distributeur，ND）：他们不生产香槟，而是购买已经装瓶的香槟，然后贴上自己的品牌标签进行销售。

买家品牌香槟（Marque d'Acheteur，MA）：这类香槟是由合作社或大厂商生产的，但是品牌标签属于第三方，比如超市、餐厅、有影响力的团体。

（5）著名香槟生产商

香槟一直受到大量名牌厂商的关注，如世界最大奢侈品集团——酩悦·轩尼诗-路易·威登集团（Louis Vuitton Moët Hennessy，LVMH），也是世界上最大的香槟集团，旗下酒庄包括：酩悦（Moët & Chandon）、"香槟王"唐培里侬（Dom Pérignon）、库克（Champagne Krug）、凯歌（Veuve Clicquot）。罗兰百悦（Laurent Perrier）和沙龙（Salon）香槟则归属罗兰百悦集团（Laurent Perrier Group）。

2. 克雷芒

克雷芒（Crémant）是指除香槟区以外，法国其他地区采用传统法酿造的干型起泡酒。有个例外，卢森堡地区酿制的起泡酒也可以叫克雷芒。

法国克雷芒的产地主要是阿尔萨斯（Alsace）、波尔多（Bordeaux）、勃艮第（Bourgogne）、卢瓦尔河谷（Loire Valley）和利慕（Limoux）。

3. 卡瓦

卡瓦（Cava）是西班牙起泡酒的无冕之王，它指的是一种起泡酒风格，而不是某个具体的产地。相对香槟而言，卡瓦的价格更为亲民。由于葡萄园管理和酿造技术的进步，现在卡瓦已经变得越来越纯净，减少了一些泥土、橡胶风味。天然型卡瓦越来越流行，几乎没有甜型卡瓦了。

值得一提的是，卡瓦地区发明了转瓶机（Gyropalette），加快了转瓶过程，将大量人力从枯燥的转瓶工作中解脱出来。但转瓶机成本不低，小规模酒农仍大量采用人工来完成转瓶过程。

三、转移法

转移法酿制的起泡酒酒标上常标有"bottle-fermented"，而传统法起泡酒的酒标上则常标"fermented in this bottle""traditional method"等。这样标注的原因是，转移法跟传统法酿制很一致，直至完成酒泥陈酿，自然是"bottle-fermented"。只是其后，转移法将完成酒泥陈酿的酒转移到加压密封罐中，酒液统一过滤，去除酒泥，然后在压力下装瓶。转移法既使起泡酒获得了酵母自溶风味，又避免了传统法逐瓶转瓶、吐泥、补液的烦琐步骤，很大地降低了成本。这种方法对最终酒液的气泡会有一点影响，但很微小。

转移法在新兴的葡萄酒产国较多见，特别是澳大利亚和新西兰，其中澳大利亚 80% 的起泡酒用这种方法酿制。

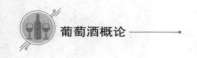
四、罐式法

罐式法（Tank Method）也叫查玛法（Charmat Method）、马丁诺帝法（Martinotti Method）。它是将起泡酒第一次发酵得到的干型基酒置于罐中，加入发酵液，令二次发酵在密封罐中进行，然后通过过滤的方法除掉酒泥，最终在加压条件下进行装瓶，自然大大节省了生产成本，但与传统法的起泡酒品质落差比较明显。

罐式法一般酒泥接触时间短，生产的起泡酒会更多地表现出葡萄品种本身的香气与特色，这对于一些使用芳香葡萄品种酿制的起泡酒来说是十分理想的。但也有生产商会让酒在罐中熟化一段时间，并通过定期搅动来增加酵母自溶风味。

罐式法经典起泡酒有意大利的普罗赛克（Prosecco）和蓝布鲁斯科（Lambrusco），还有德国的塞克特（Sekt）起泡酒。

五、阿斯蒂法

和前几种方法不同的是，阿斯蒂法（Asti Method）只进行一次发酵。发酵所需的葡萄汁会提前被储藏在低温环境中保鲜，需要时才会被取出来加温发酵。葡萄汁在加入酵母的抗压罐中进行酒精发酵，开始不用密封，以便让CO_2可以逸出，酒精度达到一定程度时才密封发酵罐，开始保留CO_2。待酒液酒精度和CO_2达到理想状态时，再次冰镇停止发酵，彻底过滤酵母和酵母营养物质，避免装瓶后瓶中发酵。

这种方法酿出来的起泡酒通常酒精度低，含糖量较高，口感新鲜易饮。

阿斯蒂法的代表款是产自意大利皮埃蒙特（Piemonte）阿斯蒂（Asti）地区及周边范围的阿斯蒂起泡酒。

六、二氧化碳注入法

二氧化碳注入法（Carbonation）和生产汽水的方法类似，就是将CO_2气体直接注入基酒中，这样生产出的起泡酒的气泡比较粗糙，因此质量也不敢恭维。由于成本很低，所以这种方法只适合生产大批量价格低廉的起泡酒。

第四节 加强型葡萄酒的酿造工艺

一、加强型葡萄酒的概念和分类

加强型葡萄酒（Fortified Wine）指的是通过添加蒸馏烈酒——比如白兰地（Brandy）——来加强酒精度的葡萄酒。加强酒是酒精度较高的一类葡萄酒，最终酒精度可达 17%~20%，风格有干型也有甜型。和普通葡萄酒相比，它的口感更强劲，风味别具一格，一直拥有许多忠实的粉丝。

雪利酒（Sherry）和波特酒（Port）是最为知名的两种风格迥异的加强酒代表。除此之外，产自葡萄牙马德拉海岛的马德拉酒（Madeira）和产自意大利西西里岛（Sicily）的马萨拉酒（Marsala）等，也是典型的加强酒。

二、雪利酒的酿造

（一）雪利酒的概念和酿造原料

1. 雪利酒的概念

雪利酒（Sherry）来自西班牙，被誉为"西班牙国酒""装在瓶子里的西班牙阳光"。雪利酒的类型十分多样，从干型、自然甜型到加甜型皆有，其中干型雪利酒最为常见。

图 3-26 雪利酒既有甜型也有干型

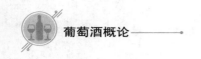

根据不同的熟化方式，还可以将雪利酒细分为：菲诺（Fino）、曼萨尼亚（Manzanilla）、阿蒙提拉多（Amontillado）、帕罗卡特多（Palo Cortado）及奥罗露索（Oloroso）。

2. 雪利酒的原料

生产雪利酒的葡萄种植区围绕着西班牙的南部小镇赫雷斯（Jerez）。小镇的土壤主要以白垩土和石灰岩为主，十分适宜雪利酒主原料帕洛米诺（Palomino）和佩德罗—希梅内斯（Pedro Ximenez）葡萄的生长。在这里人们用帕洛米诺葡萄酿造干型雪利，用佩德罗－希梅内斯（Pedro Ximenez）和亚历山大麝香（Muscat of Alexandria）酿造甜型雪利。

（二）干型雪利酒的酿制

雪利酒的独特风格除了源于酿制中的酒精加强处理，还与酿制中的"酒花"现象息息相关。无论酒花是否形成，影响都存在且不可忽视。

通常，酿酒师会采用帕洛米诺来酿制干型雪利酒，得到年轻且没有加强过的基酒。接着，酿酒师会观察这些新酒的外观、香气和风味，以便确定这些酒是否有可能酿制成酒体较轻且干型的菲诺（Fino）雪利。

1. 不同的加强程度

酿酒师会向他认为有潜力酿制成菲诺雪利的酒桶中加入适量的烈酒。经过稍微加强，这些酒的酒精含量达到15%左右后，酒精加强终止，为产生"酒花"留下空间。而没有入选去酿造菲诺的基酒，会被加强酿制成酒体更加饱满且风味物质更加丰富的干型雪利酒，如奥罗露索（Oloroso），其酒精含量会达到17%以上。

2. 不同的氧化程度

加强后的葡萄酒开始在橡木桶中陈酿的时候，酒桶中是不满的，会留有一定的气体空间，葡萄酒的表层部分是和空气接触的。在通常的葡萄酒酿制中这是要杜绝的，但成就雪利酒它则是至关重要的。

在这个过程中，由于菲诺雪利的酒精含量较低，于是会滋生一层由酵母形成的白膜，这层白膜我们称为"酒花"（Flor）。酒花覆盖下的熟化过程被称为"生物型熟化"（Biological Ageing）。因为酒花是微生物酵母菌与空气中微生物相结合的产物，酒花聚集形成一层白色的膜覆盖在酒液上方，起到了防止酒液氧化的作用，并释放出二氧化碳和乙醛，赋予了原本清淡的基酒以妙独特的风味。直观上，酒花使菲诺雪利葡萄酒维持了浅淡、明亮的色泽，以及较清爽的口感。

图 3-27 有"酒花"的雪利酒桶剖面

而未生成酒花的熟化，被称为"氧化型熟化"（Oxidative Ageing）。这些基酒的酒精度被加强至 17% 以上，在此强度下无法生成酒花。在氧化型熟化方式中，橡木桶未填满空间处增加了酒液与氧气的接触面积，氧化与熟化同时发生。此过程中需要不断补充年轻的酒液，防止液面下降而使接触面扩大，导致过度氧化。直观上，奥罗露索雪利比菲诺雪利颜色更深，酒体更加饱满，风味物质更加丰富。

3. 有趣的分类

干型雪利酒的区分复杂又有趣，以菲诺和奥罗露索为参考还是可以摸索清楚的。

（1）曼萨尼亚（Manzanilla），就是产自桑卢卡尔德巴拉梅德（Sanlucar de Barrameda）的菲诺。

雪利的生产区域围绕着赫雷斯地区，处于由圣玛丽亚港（Puerto de Santa Maria）、桑卢卡尔德巴拉梅德（Sanlucar de Barrameda）和赫雷斯构成的区域。其中，桑卢卡尔德巴拉梅德（Sanlucar de Barrameda）的气候更为凉爽湿润，有助于形成比较厚的酒花（Flor），由此形成了略区别于菲诺酒的风格，称为曼萨尼亚（Manzanilla）。

（2）阿蒙提拉多（Amontillado），就是一半生物型熟化、一半氧化型熟化的雪利。

它前期经历了一段有酒花的熟化，后半程熟化却是没有酒花的空气接触熟化。所以阿蒙提拉多雪利颜色多为琥珀色或棕色，比菲诺要深，酒体比奥罗露索轻。

（3）帕罗卡特多（Palo Cortado）。帕罗卡特多较为少见，酿造过程较为

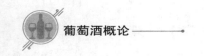

复杂。可以理解为已经按照菲诺雪利开始熟化，却被酿酒师挑选出来，加强到了奥罗露索的程度后进行氧化型熟化。帕罗卡特多通常呈深红棕色或者红褐色，既拥有阿蒙提拉多的香气特征，又有奥罗露索的浓郁度和饱满度，品质突出。

（三）自然甜型雪利酒的酿制

自然甜型雪利酒是由佩德罗－希梅内斯（Pedro Ximenez）葡萄或麝香葡萄（Muscat）酿制的，为较稀有的甜雪利酒。用来酿造自然甜型雪利酒的葡萄果实本身成熟度非常高，酒庄有时还会通过自然风干的方式来浓缩葡萄中的糖分。葡萄汁经过部分发酵后，就会被加强至酒精含量 17% 左右，残糖大量得以保留。例如，佩德罗－希梅内斯酿造的雪利，口感会如同糖浆，能够达到 500 克 / 升的残糖。大量的自然甜型雪利酒被用于为高品质的加甜型雪利酒增香加甜。

较高的加强度数令自然甜型雪利酒全部都经过氧化型熟化，不产生酒花。该类雪利酒常呈深棕色，蕴含浓郁的干果、咖啡、甘草等芳香。品种上，根据酿酒葡萄品种的不同划分为佩德罗－希梅内斯雪利酒（Pedro Ximenez，简称 PX）和麝香雪利酒（Muscat）。

（四）加甜型雪利酒的酿制

加甜型雪利酒是向干型雪利酒中添加精馏浓缩葡萄汁（Rectified Concentrated Grape Must，即 RCGM）或者自然甜型雪利酒酿造而成的。可以分为浅色加甜型雪利酒（Pale Cream）、半甜型雪利酒（Medium）和奶油雪利酒（Cream）。

浅色加甜型雪利酒由经过短时间的生物型熟化的菲诺进行加甜得到。这类雪利酒看起来和菲诺相似，酒液也呈稻草黄或者浅金黄色，不过酒花带来的风味特征少。半甜型雪利酒同时具有生物型和氧化型熟化的特点，可大体对标加甜的阿蒙提拉多。奶油雪利酒只有氧化型熟化的特征，可大体对标加甜的奥罗露索。半甜型和奶油雪利酒中比较优质的酒款会使用自然甜雪利来加甜。

（五）索莱拉（Solera）系统

雪利酒独特的陈年和混酿系统被称为索莱拉（Solera）。索莱拉系统由多层橡木桶构成，不同层酒桶中存放着平均熟化期不同的酒液。最顶层的橡木桶盛装着最年轻的酒，越到底层的橡木桶装的酒陈年时间越长。当最底层（也被称为"索莱拉层"）的酒被抽出装瓶，利用重力，通过连接上下层的管子，倒数第二层的酒就会注入最底层的橡木桶。最底层得到补充后，倒数第三层的酒又会以同样的方法注入倒数第二层的橡木桶中，填补空缺。上面数层以此类推。在索莱拉系统中，橡木桶的层数至少 3 层，多的可达 14 层。如此一来，年轻的酒液和陈年较久的酒液不断混合，最终得到的雪利酒风格和品质也就较为稳定和一致。索莱拉的勾兑、混酿解释了为什么雪利酒不标注具体的年份，而只带有熟化期标签。

图 3-28　索莱拉系统

三、波特酒的酿造

与雪利酒从干到甜皆有的白葡萄酒形象不同，一般来说，波特酒的主流是红波特，往往都具有浓郁的焦糖、巧克力和蜂蜜味，茶色波特还会有干果、香草和肉桂香。具有甜味的波特酒作为一种餐后甜酒，与诸多甜点搭配都非常不错，如宝石红波特与巧克力慕丝（Chocolate Mousse）就相当契合。

（一）波特酒的概念和酿造原料

波特酒（Port）实施原产地命名保护，所以就像香槟酒必须来自法国香槟产区（Champagne）一样，只有产自葡萄牙杜罗河谷（Duoro Valley）指定产区生产的甜型加强酒，才能被称为波特酒。

杜罗河谷产区多山，葡萄园主要分布在山间梯田上。最陡峭的葡萄梯田被称为 "Socalcos"，这类传统梯田每层宽度有限，仅够布置几排葡萄藤，只能靠纯人工的方式维护和采收；坡度稍缓的梯田则被称为 "Patamares"，在这种梯田上，机械可以代替部分人工劳作。在山坡坡度更缓的地区，才可见非梯田式的 "Vinha ao alto" 葡萄园。

图 3-29　葡萄牙杜罗河谷的梯田葡萄园

葡萄牙法律允许酿造波特酒的葡萄品种有几十种，既有红葡萄品种，也有白葡萄品种。酿造波特酒都采用产自葡萄牙本土的葡萄品种，最常见的有：多瑞加弗兰卡（Touriga Franca）、罗丽红（Tinta Roriz）、红巴罗卡（Tinta Barroca）、国产多瑞加（Touriga Nacional）和猎狗（Tinto Cao）。这些葡萄品种大多果粒小，果皮普遍较厚，单宁含量较高，带有典型的黑色水果香气和花香。值得一提的是，波特酒也有用少量白葡萄品种如菲娜玛尔维萨（Malvasia Fina）、埃斯格纳高（Esgana Cao）、拉比加多（Rabigato）和华帝露（Verdelho）等品种酿制的。

（二）波特酒的酿造

1. 独特的色素萃取

因为波特是一种一半通过发酵、一半通过加强完成酿造的葡萄酒，因而比惯常的葡萄酒发酵时间短，很多酒庄会在葡萄汁发酵两到三天后就添加白兰地来终止其发酵过程。所以，如何有效快速地萃取葡萄颜色和单宁是波特酿造成功的重要一环。

当地人通常会在发酵前使用传统的脚踩法（Foot Treading）萃取。脚踩法不会损坏葡萄籽，不会导致苦涩风味增加。然而，脚踩法需要许多人持续地在装满葡萄的水槽里进行 4~5 小时的踩压，十分耗费人力，机械化的方法因此应运而生。如今，自动酿酒机（Autovinifier）以及模拟脚踩法的机器已被人们广泛应用于波特酒的酿造。

2. 波特酒的加强

当葡萄汁开始发酵到酒精度 6%~9% 时，酿酒师根据自身经验，添加酒精度高达 77% 的白兰地，此时酵母菌被杀死，酒精发酵随即停止。由于波特通常有较高的残余糖分，其口感偏甜。此外，因为在发酵过程中加入了白兰地，其酒精含量一般达 19%~20%。

值得注意的是，波特加强时添加的白兰地，在葡萄牙称为 Aguardene，与一般的白兰地不同，它只为波特增添酒精度，而不添加香气和风味。

3. 陈酿

波特的陈酿有两个选择。一是在酿造地就地陈酿。酿造地炎热干燥，会加快氧化速度，葡萄酒很快失去颜色，并产生焦糖、坚果等氧化风味，较为适合以氧化著称的茶色波特。

高品质的波特则在杜罗河上游地区酿造后，就用船运抵杜罗河口的维拉诺瓦盖亚（Villa Nova de Gaia）的酒窖中进行陈酿和储藏，再从对岸的波特港销往世界各地。被转移到凉爽潮湿酒窖中陈酿的波特酒的颜色和细腻香气得以保存，适合优质的年份波特。不过，现在也有越来越多的酒庄会在配有空调的仓库中来完成类似的陈酿。

图 3-30　葡萄牙杜罗河上运送波特酒桶的船

（三）波特酒的分类

红波特酒一直是波特酒的市场主力，红波特常见几种类型有：宝石红波特酒（Ruby Port）、茶色波特酒（Tawny Port）、年份波特酒（Vintage Port）和晚装瓶年份波特酒（Late Bottled Vintage Port）等。

宝石红波特酒通常由不同年份的年轻酒液混合酿成，调配后一般不需要陈年，是所有波特酒中价格最平易近人的一种。宝石红波特酒成酒通常呈宝石红或者深紫红色，带有清新的果味，单宁较低。

茶色波特酒也是由不同年份的酒液混合而成，通常在橡木桶中进行熟化，成酒会在氧化作用下变成棕色，展现出坚果和太妃糖等风味。茶色波特酒也可以划分出品质更优的珍藏茶色波特酒（Reserve Tawny Port）和陈年茶色波特酒（Aged Tawny Port）。这些酒需要在橡木桶中熟化至少6年或更久。最好的茶色波特酒会在酒标上标明熟化的年数，标注的"10年""20年"或者"30年"等都是平均熟化时长。有的还会标明酒液的装瓶日期，作为消费者购买时判断风味情况的参考。

葡萄酒的酿造
学习视频

图 3-31　陈年着珍藏茶色波特酒的橡木桶

　　年份波特酒是波特酒中最贵的，也是品质最好的一种。其酿酒葡萄通常来自酒庄最好的葡萄园，只有在某些非常好的年份才会酿造，通常每十年只能酿造三次。这类波特酒会先在橡木桶或不锈钢罐中熟化2~3年，然后不经过滤就装瓶。成酒颜色深黑，酒体饱满。年份波特酒的陈年潜力非常好，可以在瓶中陈年几十年，发展出更加复杂的风味。

　　晚装瓶年份波特酒是由单一年份的葡萄酿成，不过其要求没有年份波特那么严格，几乎每年都可以酿造。熟化时间长一点，而且需要先在大橡木桶内熟化4~6年。晚装瓶年份波特酒装瓶前大多都经过下胶或者过滤，装瓶后就可以饮用。

【拓展知识】

喝酒怎样才能避免舌头、牙齿或嘴唇染色？
香槟有时和白葡萄酒杯更配

思考与练习

一、单选题

1. 红葡萄酒的颜色主要来自葡萄的（　　　）。

A. 葡萄果肉　　　　　　　　　　B. 葡萄皮

C. 葡萄籽　　　　　　　　　　　D. 葡萄梗

2. 在葡萄酒的背标上，原料与辅料中除了葡萄汁还常常会标有（　　　）。

A. 酵母　　　　　　　　　　　　B. 二氧化硫

C. 单宁粉　　　　　　　　　　　D. 酒石酸

3. 红酒酿造中发生在酒精发酵后，在橡木桶中进行的是（　　　）。

A. 苹果酸 – 乳酸发酵　　　　　　B. 澄清过滤

C. 二次发酵　　　　　　　　　　D. 冷浸渍

4. 桃红香槟通常采用桃红葡萄酒的（　　　）酿造。

A. 短暂浸渍法　　　　　　　　　B. 放血法

C. 直接压榨法　　　　　　　　　D. 混酿法

二、多选题

1. 葡萄果皮中富含（　　　）。

A. 色素　　　　　　　　　　　　B. 单宁

C. 芳香物质　　　　　　　　　　D. 营养物质

E. 糖分

2. 下列白葡萄酒酿制必须经过的步骤有（　　　）。

A. 苹果酸 – 乳酸发酵　　　　　　B. 压榨

C. 酒精发酵　　　　　　　　　　D. 冷浸渍

E. 包装

3. 下列通常采用传统起泡酒酿制法的有（　　　）。

A. 香槟（Champagne）　　　　　　B. 阿斯蒂（Asti）

C. 克莱芒（Cremant）　　　　　　D. 塞克特（Sekt）

E. 卡瓦（Cava）

4. 拥有葡萄园的独立葡萄农生产、销售贴有自己品牌标签的香槟被称为
（　　　）。

A. 酒农香槟（Recoltant-Manipulant，RM）

B. 联合酒农香槟（Societe de Recoltants，SR）

C. 合作社香槟（Cooperative-Manipulant，CM）

D. 酒商香槟（Negociant-Manipulant，NM）

E. 分销商香槟（Negociant Distributeur，ND）

三、简答题

1. 甜味的葡萄酒的"糖分"是从哪里来的？

2. 起泡酒转移酿制法与传统法的区别是什么？

3. 酒泥陈酿对起泡酒有哪些影响？

4. 加强型葡萄酒有哪些代表性酒？

四、思考题

葡萄的采摘可以是人工采摘也可以是机械采摘，传统酿制起泡酒的转瓶工艺可以人工完成，也可以是机械。谈谈你通过本章了解到的人工或机械方式各自的优缺点有哪些。谈谈你对酿酒中人工操作和运用机械的态度。

第四章
葡萄酒的品鉴

本章导读

　　在欣赏一款葡萄酒时，每一抹颜色、每一缕香气、每一口滋味都能反映出她的性格。通过品鉴的不同阶段，我们能够感受到她的生长环境和成熟历程；尽管与酿酒师素未谋面，然而在调动视觉、嗅觉与味觉的过程中，我们可以充分感知到酿酒师究竟想要塑造一个怎样的"她"。

　　葡萄酒的品鉴是一个客观与主观完美结合的过程。本章的学习建立在掌握客观品鉴原理和品鉴体系的基础上，我们积极调动自己的感官，用简洁、准确、易懂的语言来描述捕捉到的感受。这一过程虽极具专业性和复杂性，但并非遥不可及，只要勤加练习，我们都能成为品酒专家。

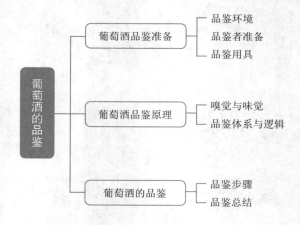

葡萄酒的品鉴
- 葡萄酒品鉴准备
  - 品鉴环境
  - 品鉴者准备
  - 品鉴用具
- 葡萄酒品鉴原理
  - 嗅觉与味觉
  - 品鉴体系与逻辑
- 葡萄酒的品鉴
  - 品鉴步骤
  - 品鉴总结

学习目标

知识目标：明确品鉴葡萄酒时所需的环境和用具；理解葡萄酒品鉴的客观原理，了解味觉与嗅觉的作用机制；熟悉国际常见的品鉴体系及其逻辑架构；掌握葡萄酒的品鉴方法。

技能目标：能够在适宜的环境中，选择合适的酒具，使用正确的方法、步骤、技巧来品鉴葡萄酒，从而精准地判断出葡萄酒所处的状态、品质和价值，并进一步培养餐酒搭配、服务营销等技能。

素养目标：葡萄酒的品鉴是将客观品鉴逻辑与主观感知判断相结合的过程，通过品鉴步骤的推进，培养主客观贯通起来看待问题的能力；通过品鉴原理的学习与品鉴技巧的实践，培养正确的三观。

【章前案例】

学习葡萄酒应该刻苦

很多人好奇，怎么做一名专业的品酒师？靠天分？靠背书？不如就从世界上最杰出的品酒师们身上找寻一下答案吧。

2019年8月30日，在英国的葡萄酒大师协会正式通知，来自中国的朱简通过了世界葡萄酒大师（MW）所有阶段测试。这代表着31岁的朱简成为荣获葡萄酒大师头衔的第一位中国人。

葡萄酒大师考试被称为地球上最难考的考试之一，全球通过这个考试的人数截至2019年9月总计390人。而朱简从2016年开始仅用了三年时间就一次性通过了葡萄酒大师的包括理论考试、实践品酒和研究论文在内的三轮考试。

当人们赞叹他三年内一次性通过葡萄酒大师考试一定是个学霸时，他却愿意耐心地分享自己曾经的品酒大师晋升经历。朱简用了"疯狂"这个词来形容自己备考的日子。备考期间，他一直处于全职工作的状态，只能利用下班时间学习。在准备第二阶段考试的那一年，他每个星期天都会去参加纳帕的品酒小组活动。小组成员是葡萄酒大师第二阶段或第一阶段的考生，他们上午进行模拟考试，下午集中品鉴20款左右的葡萄酒。

品酒小组对品鉴的正式、严肃的态度，展示了一群优秀品酒师（都在4级以上水平）对自己专业的郑重与激情。高手云集的小组，每周有明确的品鉴主题，常常针对某个产区或者不同质量的葡萄酒进行深入探讨。选酒针对考试训练，不求多，但求精。为保证活动的成效，品鉴搭配着模拟考。朱简在采访中曾描述当时的小组学习是"每一次的模拟真的会耗尽每一个脑细胞"。

朱简还会有意识地攻克自己的短板。在准备理论考试中关于葡萄酒市场的内容时，没有相关经验的他一边大量阅读市场方面的书籍，一边虚心地向研究市场的教授请教。此外，他还深入行业，在与不同岗位工作的行业内人士的交流中获得供应链、品牌等方面的宝贵经验，其中有葡萄酒大师，还有行业前沿的酒商、酒庄工作者。

朱简和很多同他一样杰出的品酒师的经历，揭示出品酒，其实是一个郑重而刻苦的学习过程。

案例来源：王松迪.游走于二次元和三次元的朱简MW.《葡萄酒》杂志，2020（8）：14–19.

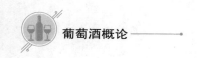

第一节　葡萄酒品鉴准备

葡萄酒的品鉴是通过调动感官的体验，从视觉、嗅觉、味觉三个维度帮助我们对葡萄酒做出评价，以确定葡萄酒的味觉特征、品质及可能存在的缺陷，进而对其所处状态，后期发展可能做出有理有据的推断。葡萄酒服务的从业者还要根据品鉴进行适销对路的选品、价位等级判断，以及与餐品、用具、环境和服务环节的搭配。

品鉴从不是简单的技巧学习，而是一个完整的体系。在进行品鉴之前，我们应该先关注为营造品鉴的良好体验、保障品鉴的感官准确性，应从哪些方面去关注品鉴环境、品鉴用品及品鉴者自身的状态。

一、品鉴环境

品鉴葡萄酒时的外部环境的主要影响因素包括：充足的自然光线、舒适无异味的空间、适宜的温度和湿度、白色的背景等。

图 4-1　良好的品鉴环境

当所有的因素都出现偏差，那将是一场无可挽回的糟糕体验。光线上，无论是阳光还是灯光太强都会让葡萄酒升温，使品鉴酒过早失去清新感，在清爽的香槟和白葡萄酒身上更明显。而如果身处嘈杂或拥挤的房间会让人很难集中注意力去进行品鉴，很可能出现判断偏差。品鉴的空间要是有烹饪的味道、其他东西的残留味道、香水味甚至宠物的气味都会影响品鉴者，降低其对葡萄酒香气和风味的感知能力。品酒使用的酒杯太小、形状不对，或是酒杯带有清洁剂和灰尘的味道，都会对葡萄酒的香气和风味造成影响。

（一）没有异味

没有异味是指品酒的环境中没有对葡萄酒气味产生干扰的其他味道。一些人认为，葡萄酒可以配雪茄，但在专业品酒师眼中，如果作为个人享受，未尝不可，但这样的专业品酒结果一定是非常糟糕的。因为雪茄强烈的烟草味，会降低品鉴者对一支好葡萄酒气味、变化、质感和余味等的丰富感知。

（二）好的光线

对于葡萄酒而言，好的光线有利于对葡萄酒颜色的观察，可以更好地判断酒的保存状态、陈年情况、使用的酿制工艺。在昏黄的暖光灯下，对酒的颜色判断会有很大偏差。有时，我们会遇到一些劣质的葡萄酒样本，酒质会比较混浊，没有良好的光线条件，这些混浊很容易被忽视。在可行的情况下，尽量选择挑高度高、门窗和朝向采光好的空间，在自然光充足而不刺眼的时段进行专业品鉴。在自然光不足的环境中，最好可以利用接近自然光的光源做补充。

（三）白色的背景

白色是专业品鉴的最佳背景色。全白的品鉴桌是难得的好环境，通常在专业品鉴室可见。实际更多是借助白色的墙壁，或铺上全白的品鉴垫纸，最低配置是观察时能提供一张白色的纸巾为品鉴参与者提供观色的好环境。当这些都不具备时，有经验的品鉴者会用白色的衣物或随手可得的白色物品衬在酒杯下方进行观色判断。一张白色的纸张就是不错的选择。

图4-2 品鉴垫纸

（四）易于清理的台面

红酒是天然的染料，斟倒时的滴酒，摇酒时的失误，流到杯底的酒污，倾倒的酒杯，都会令品鉴者的品鉴桌面显得脏乱。难于清理的台面不仅令场面难堪，更会令很多台面无法恢复，造成不必要的损失。同时，很多专业品

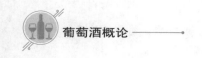

鉴会都会提供清口腔的饮用水；品鉴酒款丰富时，酒杯必然不足，还要提供净杯水，以及收集净杯水的吐酒桶。如果不慎水花四溅，除了提供干爽的口布、纸巾，及时擦拭外，易于清理的台面在混乱出现前方便快速清理、补救，以便恢复井然的秩序。

（五）安静的环境

有实践研究表明，在隔音、恒温、恒湿的环境中用两杯品评酒样测试，测试参与者的判断准确率可达 71.1%；而在噪声和震动的条件下，使用相同的样品，品鉴者的判断准确率仅为 55.9%。由此可见，安静的品鉴环境，可以让品鉴者充分地将注意力聚焦到自己的感官判断上。另外在专业的品鉴会上，通常会要求评审者记录品鉴词、提交品鉴判断并打分，安静的环境不仅便于品鉴者保持敏锐的思维，还有利于专业品鉴者进行组内和组间交流，从而提升品鉴效率。

二、品鉴者准备

葡萄酒品鉴之所以无法被机器取代，正是因为品鉴过程是与人的感官直接相连的。品鉴者必须保证自身的良好状态，才能对葡萄酒的品质做出准确的判断。

（一）品鉴者的健康情况

品鉴者应具备健康的身体和精神状态。感冒、花粉过敏、身体疲劳，甚至心情不佳，都会降低感官的灵敏度、让思想难以集中，不利于品鉴者做出客观的评价。

（二）品鉴者自身无异味

品鉴者应注意身体无异味。在品酒时，女士和男士都最好不要使用比较浓郁的化妆品，比如不涂口红、不使用香水或是香味浓烈的发胶、洗发水、须后水等。一只香气浓郁的护手霜都会影响到品鉴者对葡萄酒香味的判断。在品酒前不食用过分刺激的食物，不大量饮用咖啡、不吸烟、不饮用烈酒，以保证清洁的口腔环境。没有异味的环境和没有异味的参与者，是对葡萄酒本身，乃至葡萄种植者、酿酒者、酒商的尊重。

如果距离刷牙时间太长，口腔已经出现不清爽的情况，可以通过喝水、吃一些无调味的白面包、苏打饼干清洁口腔，做好品酒的准备。有经验的品酒者还会携带牙刷和牙膏，不仅可以清洁口腔，降低用餐后带来的口腔异味，还能在品鉴大量的酒样后，通过刷牙来缓解红葡萄酒品鉴带来的单宁干涩或白葡萄酒品鉴带来的酸度过强、牙龈敏感（酸倒牙）。当然要注意，牙膏最好选择防过敏且味道不过分浓郁的。

（三）不空腹的好状态

一般认为在上午 9 时到 11 时、下午 3 时到 5 时都比较适宜品酒。在饭前的时间品酒远比饭后品酒的敏感度高、干扰少。但不要空腹品酒，胃内的大量酒精接触，会加快酒精进入血液，令品鉴者醉得更快，反应迟缓，品鉴敏感度下降。专业品鉴会上提供的白面包、苏打饼干，除了能清洁口腔，也能果腹。

三、品鉴用具

（一）品酒杯

酒杯作为盛放葡萄酒的器皿之一，从最初的木质、陶制器、银制器等质地，到如今常见的玻璃杯、水晶杯，演变的过程充分体现出葡萄酒饮用和品尝在专业化道路上的进步。尽管酒杯的差异并不会影响葡萄酒的质量，但其大小、质地、形状却能够决定酒液在口腔中的流向和速度，从而直接决定品鉴者对葡萄酒的感知。

根据葡萄酒的自身特点，应选择不同形状和容量的酒杯。葡萄酒杯多为郁金香形状的高脚杯，在抓握酒杯时，应手持杯柄或杯脚，避开杯肚，以避免手掌温度使杯中的酒液迅速升温。目前市场上较常见的酒杯类型为红葡萄酒杯、白葡萄酒杯、起泡酒杯及甜酒杯。

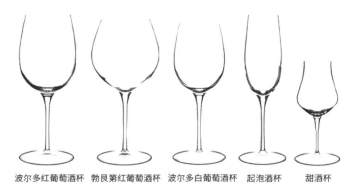

波尔多红葡萄酒杯　勃艮第红葡萄酒杯　波尔多白葡萄酒杯　起泡酒杯　甜酒杯

图 4-3　常见的葡萄酒杯形

1. 红葡萄酒杯

红葡萄酒杯的杯身和容量较大、杯口略收，一方面能有效防止酒液因晃动而溅出；另一方面有利于增加酒液与氧气的接触面积，从而释放香气、柔

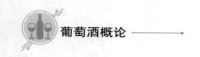

化单宁。餐厅中常见的红葡萄酒杯多为波尔多杯、勃艮第杯，建议倒酒量为3~4盎司。

2. 白葡萄酒杯

白葡萄酒杯一般选用中小型酒杯，由于白葡萄酒在饮用前通常需要冰镇，因此少量多次的倒酒方式，能够达到更理想的饮用效果。较为常见的是波尔多白葡萄酒杯，建议倒酒量为2~3盎司。

3. 起泡酒杯

起泡酒杯的杯身呈笛形状，因此也叫作笛型杯或香槟杯。较长的杯身既能帮助香气在杯口聚集，又能够延长气泡上升的时间，提升观赏效果。因此，起泡酒的倒酒量通常为杯身的2/3处。在侍酒服务时，应注意控制流速，防止气泡因流速过快而溢出。

4. 甜酒杯

甜酒杯，顾名思义，适用于冰酒、贵腐酒、波特酒、马德拉酒等各种甜型葡萄酒。甜酒因含糖量较高，通常在餐后饮用，因此甜酒杯的容量比其他的葡萄酒杯都小得多，且杯口较窄。小巧精致的杯形有利于将酒香收拢在杯口，让品鉴者更好地感受甜酒那迷人的香气和甘醇的口感。

5. ISO 品酒杯

我们不能100%做到以上理想的环境，为了更好地享受葡萄酒，我们应尽力去实现这些理想环境。例如，在品鉴时，应避免使用有色酒杯、刻花水晶杯和过分装饰的酒杯；非玻璃和水晶的器皿则在任何情况下都不应用作饮用或鉴定工具。

为营造更规范的品鉴环境，1974年由法国设计产生了ISO标准品酒杯（ISO Standard Wine Tasting Glass）。用国际标准杯的作用就是在相同的环境下做到对每一种酒都是公平的。因为，杯的大小对葡萄酒的品味会有影响，用标准杯可以确保所有的酒能在一个统一的环境中表现出不同的变化。而且ISO的杯形不会特别突出酒的任何一方面特点，更能直接展现葡萄酒原有风味。ISO标准品酒杯被全世界各个葡萄酒品鉴组织推荐在品鉴会中统一采用。

ISO杯是工具标准化的代表，对这类工具的了解和运用掌握是完成岗位任务的基础能力。

目前国际上采用的是ISO国际标准品酒杯

图4-4 ISO国际标准品酒杯 （NFV09-110号杯）。这种品酒杯由无色透明的含

铅量约为 9% 的结晶玻璃制成，杯身底部呈圆碗形，利于摇杯；杯壁呈郁金香形，利于聚集香气；杯脚供品鉴者持杯，避免手温对葡萄酒产生影响。此外，ISO 标准品酒杯无任何印痕和气泡；杯口为圆边，平滑一致。其容量为 210~250 毫升，能承受 0~100℃ 的温度变化。需要注意的是，在品鉴时，杯中的酒液不宜过多，倒至 1/4~1/3 即可，以 30~40 毫升为宜。

合适的品鉴用杯应在正确的保养状态下才能发挥出其应有的效果。保养清洁酒杯的要求是必须无任何污物、水痕或酒痕。使用过的酒杯应按照洗液中浸泡、流水下冲洗、棉布上沥干、标准擦杯布擦拭的步骤清洗干净。

（二）吐酒桶

在专业品酒过程中，品鉴者一般需要接连品尝多款不同的葡萄酒，为了防止摄入过高的酒精量，保持良好的精神状态和品鉴状态，最好是将品尝过的葡萄酒吐到吐酒桶中。品鉴中需要参与者像个真正的品酒师一样，理直气壮地吐酒。酒吐出后，品酒者能够充分感知到余味，并不会影响其对这款酒的完整感受。

专业吐酒桶在桶上多加一个漏斗盖子，便于收集吐出的酒液且不易溅出，还能令桌面看起来更加卫生、美观。在大型品鉴会上，还会有容积更大、垫有木屑等缓冲物的吐酒桶。

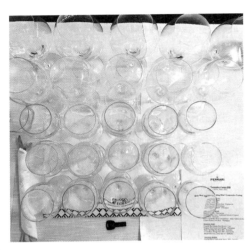

图 4-5　准备良好的品鉴台面

图 4-6　吐酒桶

（三）开瓶器

市场上有形形色色的开瓶器，用于开启以橡木塞封瓶的葡萄酒，在专业侍酒师手中，开瓶器通常指有着"侍者之友"称号的海马刀。

1. 海马刀

海马刀开瓶器俗称"侍者之友"，是大多数侍酒师常用的工具。其通常由酒刀（用于割开包装瓶口的锡箔）、螺旋钻头和起塞支架组成。用法也简单易学，在螺旋钻头被钻入酒塞后，将起塞支架置于瓶颈边缘，一步一步把酒塞拉出来。它可折叠便于携带，而且集多功能于一体，娴熟使用后方便，技巧展示性高，便于在服务空间有限的桌边使用，还能单手操作炫技，因此深受侍酒师们的青睐。

图 4-7　海马刀开瓶器

2. Ah-So 开瓶器

Ah-So 开瓶器又叫老酒开瓶器。较长的陈年时间可能会带来木塞的坚韧度下降，或者木塞和酒瓶间产生结晶物，从而出现压合太紧密的问题。这时 Ah-So 开瓶器就成为不二的选择。它由把手和两支铁片组成。操作时，只要将两支铁片插入软木塞和酒瓶边缘的缝隙，然后慢慢自右向左旋转并向上拨出软木塞即可。Ah-So 的两支铁片设计，可以很好地固定木塞两侧，不用担心软木塞会因断裂或碎掉而卡在瓶中。

图 4-8　Ah-So 开瓶器

3. 卡拉文取酒器

随着科技发展，能满足名庄酒杯卖的取酒神器卡拉文（Coravin）开始被奢华酒店和米其林、黑珍珠餐厅偏爱。因为用卡拉文即使不开瓶塞也能喝到葡萄酒。这个取酒器由不锈钢和铝合制而成，无须打开酒瓶，而是通过将一根细长且耐用的吸管插入软木塞中的方法取出葡萄酒。插入酒针后，葡萄酒会顺着吸管流入杯中，但氧气却无法进入瓶内。因为，装备会将氩（一种惰性气体）注入瓶中，以代替被取出的葡萄酒空间。当吸管被拔出时，软木塞就会恢复原样，让剩下的酒保存在原始的状态中。

4. 双臂式开瓶器

双臂式开瓶器又称蝴蝶形开瓶器，可以作为易于操作的家庭开瓶器使用。它由两个可升降的手臂和螺旋钻头组成。随着钻头钻入软木塞，其双臂也向上抬升，抬升到尽头后，只需要按下双臂，酒塞就被拔出了。其特点是省力、高效，但不易操作，体积大，不便携带，仅适合居家使用。

图 4-9 双臂式开瓶器

5. 兔耳型开瓶器

兔耳型开瓶器是一种机械力强大的快速开瓶器。它有两个用于夹住葡萄酒瓶颈的把手，形如"兔耳"，用把手夹住瓶颈后，可以通过压下压杆，带动里面的金属齿轮使螺旋钻快速进入瓶塞，然后回拉起压杆使瓶塞脱出。机械力的作用使其操作省力，开瓶方式独特、有仪式感，缺点在于：太笨重，不便携带，而且没有切割木塞外锡膜的刀子，要单独配刀，还价格昂贵。这款开瓶器是不错的装饰摆设，或可以在店里使用。

图 4-10 兔耳型开瓶器

6. T 型开瓶器

T 型开瓶器是最原始的简易开瓶器之一，使用场合较少，由把手和螺旋

图 4-11　T 型开瓶器

钻头组成，操作简单，但使用较为费力，往往会把软木塞拔断或弄碎，进而对葡萄酒造成污染。复古的气质令它成为不错的装饰和摆拍工具。

除以上开瓶器之外，还有气压开瓶器、电动开瓶器等。杯卖葡萄酒机可在品鉴酒极为丰富时或做杯卖葡萄酒的餐厅使用。

（A）

（B）

图 4-12　电动开瓶器（A）和杯卖葡萄酒机（B）

（四）醒酒器

醒酒器通常是"长颈大肚子"的造型，这样有利于葡萄酒接触氧气与释放封闭的香气。醒酒器的宽肩和长颈设计是为了在向其中倒入酒水时，令注入液体的水流沿着肩颈斜面展开形成液面，从而赋予葡萄酒更大的氧气接触面，让葡萄酒得以"呼吸"，并除去沉淀。肚子大是为了让已注入的葡萄酒与氧气充分接触，以便使香气尽可能地释放出来。使用醒酒器可使葡萄酒里的香气散发出来，口感更佳柔顺。只要满足了这种加大与氧气接触面，或加快氧气冲入，令酒释放封闭的香气的设计都可起到醒酒的作用。所以为了迎合审美需求，市场上有很多异形醒酒器。

一些年轻的、酒体饱满的红葡萄酒在开瓶后，通常需醒酒来柔化口感和单宁，并使其香气充分地打开。例如红葡萄酒，用赤霞珠（Cabernet Sauvignon）、内比奥罗（Nebbiolo）和西拉（Syrah）等红葡萄品种酿造的葡萄酒，在年轻时拥有较高的酸度和单宁含量，通过醒酒能帮助它们软化单宁和口感，释放更多的香气与风味。而如果这些葡萄酒历经了一段时间的瓶陈，则可能会出现因长时间的"沉睡"而在刚开瓶时稍显闭塞的情况，醒酒便可以将酒中的香气和风味唤醒。

图 4-13 异形醒酒器

醒酒器还有个名字叫"滗酒器"，因为它还可用于过滤葡萄酒中的沉淀物，而这才是醒酒器的原始用途。当葡萄酒陈年或保存温度不稳定，造成酒石酸夹带其他有机物质一起析出形成酒渣时；或是当开酒撬断了木塞，木屑落入酒中时，就可以通过将瓶中葡萄酒倒入醒酒器的方法来分离酒渣。还可以根据过滤难度和期望效果加一个滤网、搭配蜡烛或纱布来辅助。

（五）冰桶

品鉴葡萄酒，一个冰桶是必不可少的，它可以保证你的品鉴酒处于最能展示它风格魅力的适宜温度。为保障降温均匀和加快降温，冰桶中使用的是半冰半水。如果你想要降温更快，那么加点盐会是一个不错的选择。

如果私下品鉴不介意冰桶的外表时，直接拿个桶甚至塑胶袋放入冰块就可以当作冰桶使用。在大型品酒活动或葡萄酒大赛中，大量的酒需冰镇处理，大塑料桶就是后台预先冰酒的好选择。

图 4-14 冰桶

（六）纯净水

酒精会使身体脱水，品酒过程要随时注意补充身体的水分；用水漱口可以减少上一款酒残留在口腔中的味道或红葡萄酒的色素；水还可以用来简单涮洗有沉淀物或者挂杯明显的酒杯，擦干后可继续用于下一款酒的品鉴。

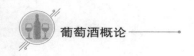

（七）原味面包片或苏打饼干

在品尝葡萄酒的过程中，口腔中会残留不同酒款的味道，舌头的敏感度也会慢慢下降、变得迟钝，这时咀嚼没有经过调味的饼干或者面包可以去除口腔中残余的味道，提升味觉的敏感度。

（八）品鉴笔记

品鉴笔记首先可以是品酒者对葡萄酒品鉴过程的一个清晰脉络的记录。通过观察葡萄酒的外观、研究香气、感知味道，我们可以得到很多相关的信息，仔细分析这些信息后就可以对葡萄酒做出综合评价。所以，品酒笔记不仅要写，而且要认真地写。

这些信息对我们今后的葡萄酒品鉴来说是非常重要的数据，也是提升自己的品鉴实力时必不可少的积累和支撑。虽然我们已经将在品鉴中得到的信息收集到电脑中的文件夹里，但是为了在盲品时能够从碎片化的信息中追本溯源，品酒笔记不仅要写，还要将这些信息归类整理，在每个文件夹上贴上分类标签。

建立品鉴笔记的初期，建议用笔作记录。随着品鉴和分析逐渐熟练成熟，大脑中自然而然地构建出品鉴信息库。在借助盲品的思考方式进行信息归档时，尽管刚开始文件夹的数量较少，但只要将写好的资料一一存档，在不断整理资料和文件夹的过程中，信息和标签也会不断增加。积累的信息越多，品鉴起来就越轻松，谈论葡萄酒的相关话题时也会更有趣、更专业。

品酒笔记一般按照视觉、嗅觉、味觉、综合判断记录。虽然品酒笔记是个人的记录和资料储备，服务于个人，记录便于自己读取就好，但世界顶级的品酒大师笔记不乏清晰、美观的佳品。毕竟记笔记的能力也是经过反复应用品鉴逻辑和熟练实践磨炼出来的，往往越做越轻松，越游刃有余。

图 4-15　记品酒笔记是良好的职业习惯

第二节 葡萄酒品鉴原理

视觉和听觉是人类从小就不断训练，并且持续工作的感觉；嗅觉和味觉则更多地只在用餐时使用。因此，我们对于嗅觉和味觉的探索程度远远不及视听觉，品尝味道时嗅觉和味觉捕捉能力会相应较弱。葡萄酒品鉴者们只有在经过各种反复的感觉刺激和训练后，才能在不经意地"喝"过后，整理和鉴别出主要感觉并形成评价。

一、嗅觉与味觉

（一）嗅觉

1.什么是嗅觉

生活中有很多人觉得感冒后鼻塞，什么味道都尝不出，这是味觉的丧失。其实这是错误的，我们真正丧失的是鼻咽嗅觉，而非大家所以为的味觉。在葡萄酒送入口腔后，其中的挥发性物质会同时进入鼻腔；在吞咽过程中，酒液中的挥发性物质从鼻咽部上升至鼻腔内，从而让我们清晰地感知到香气。所以，在香气鉴别的过程中，嗅觉比味觉更加重要。而人类的嗅觉机制主要分为三个部分：

①感受器：位于鼻腔后上方的嗅觉上皮细胞中。

②神经元（神经传递素）：传递化学信息。

③中央（嗅觉）皮层：将信息分发至大脑不同区域作反应。

嗅觉是气味分子首先经口腔后侧扩散至鼻腔内部，并进入嗅觉感受器区域，继而激活感受器区域的数百万个专化细胞，再通过神经元将信息传输到大脑而产生的。

2.嗅觉训练的重要性

嗅觉的灵敏度和对香气的感知度是因人而异的，市场上琳琅满目的香水就是证明。研究发现，葡萄酒专家们说出所熟悉气味的能力并不比普通人高，他们所擅长的，是能够反复刺激记忆与气味的关联，在嗅到味道的时候可以快速从记忆中提取出对应信息，给出描述。这就是嗅觉训练的功效，想获得的方法就反复练习。这是有意识的专业训练，却是随时可进行的，只需利用你手头的物品就好，苹果、香蕉很好，鲜花、蘑菇很好，印刷品、皮夹子也很好，甚至网球、铅笔都好，抓起来，只要确认卫生，便可努力地闻一闻。

图 4-16　随时可做的嗅觉练习

如同计算机一样，我们的大脑能够识别它先前所接收的信息。因此，在嗅觉训练的过程中，通过反复刺激来不断积累气味数据并进行记忆存档，进而在大脑中形成相应的"气味库"，并建立与之相关联的名称。这样，在品尝葡萄酒时，就可以在利用感官捕捉感觉的同时，在记忆的"气味库"中搜索出相应的词汇来做出评价。

需要注意的是，嗅闻和呼吸并不是一回事，可以类比步行和跑步的区别。正常呼吸过程中，只有少量空气接触到嗅觉感受区，因此需要快速（不少于 30 秒）、深长，甚至用力地吸气，确保将香气吸入感受区，进而让大脑处理所接收的信号，即对刺激和信息进行过滤和选择，从而形成记忆。在此过程中，必须集中注意力，不妨闭上眼睛，嗅闻之后花一点时间去思考你的初步印象。实践证明，重复嗅闻并不会帮助记忆，反而会引起嗅觉疲劳甚至混淆气味。

嗅闻还包括另外一种感觉——刺激感，鼻腔的游离神经末梢能感知到酒精、二氧化硫、二氧化碳所带来的生理刺激。酒精主要刺激鼻子的下部；二氧化硫刺激和干燥鼻腔通道的上部；二氧化碳本身无味，但会带来较为舒适的麻刺感。

（二）味觉

1. 什么是味觉

味觉指一些溶解于水或唾液的化学物质与舌表面、口腔黏膜中的味蕾发生作用而引起的感觉。味觉感受器——味蕾，不像嗅觉、视觉或听觉那样能将所接收到的信息直接发送到大脑的神经元，它只能作为一种接收器，通过神经纤维将信息传导进入大脑的味觉中枢，再经过大脑分析后产生味觉。

只有溶于水中的物质才能刺激味蕾，因此口腔中的唾液就显得极为重要，它不仅能够帮助溶解食物，还可以清洁口腔、保护味蕾、利于消化。不同于其他器官，味觉是一种具有很大局限性的感觉。味蕾具有不断退化并更新的特性，并且无论在数量上还是灵敏度上，都比嗅觉感受器低很多。由于味蕾在舌上的分布不均匀，因此在品尝葡萄酒时，品鉴者需在口中搅动葡萄酒来充分调动味觉。

最新的研究表明，我们有五种基本味觉：酸、甜、咸、苦、鲜。其中鲜味因其作用甚微，不作重点说明。前四种味道的刺激时间不同，在口腔中的变化作用亦不同。甜味，比如残糖量为半干型或以上的葡萄酒，在刚入口时舌尖立即出现反应，两秒后强度逐渐下降，十秒左右消失；酸味和咸味也迅速出现，可持续更长时间；苦味的出现和发展则相对滞后，但却能在吐掉后，保持强度的上升趋势，且持续时间最长。

英国葡萄酒与烈酒教育基金会（WSET）提供了四种基本味觉感知在口腔中的分布：甜味在舌尖部位；咸味在舌头前部的两侧以及表面；酸味的感知在舌头靠后部位的两侧；苦味在舌根部位的上表面；还有涩的触觉感受则在舌面和上颚尤为明显。值得一提的是，每个味蕾并不只对应某一种味觉，并且不同味觉在舌头上的敏感区也不尽相同，有的味蕾可能对四种味觉中的一种或几种敏感。

2. 味觉训练的重要性

品酒师之所以品尝能力强，是因为他们在经过长期训练后，舌头上每平方厘米的味蕾数量可以达到普通人的3~5倍。还有借助感觉的训练，可以帮助我们保持感官的兴奋，从而提高感觉的灵敏度和精确度。而味觉训练就是好好吃一大口，有意识地咀嚼，尽量调动好口腔内的每一个味蕾和触觉感知。

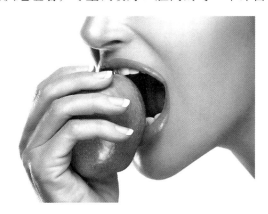

图 4-17 有意识地好好吃一口就是味觉练习

3. 温度影响味觉敏感性

品鉴葡萄酒时的嗅觉和味觉体验均受到温度的影响，过低的温度会抑制香气的挥发，温度过高则会影响葡萄酒的风味口感。所以应区分不同的葡萄酒的适饮温度（表4-1）。

红葡萄酒的适饮温度就是室内常温。如果红葡萄酒过凉，品尝起来会变得涩口。若需增温，应采用温和的方式使酒瓶慢慢变暖，或者将酒杯握在手中。不能用暖气设备加热红葡萄酒，因为突然接触高温会给葡萄酒造成不可修复的损害。红葡萄酒逐渐达到18℃以上时，会失去其新鲜度，并且出现混

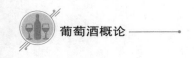

杂的味道。不过在其回到室温后，又会恢复原先的平衡口感。

白葡萄酒、桃红葡萄酒和起泡酒在饮用前需要适当冰镇，通常采用冰桶或冷酒器来保存。冰镇时可在冰桶中装 3/4 的冰水混合物，从而使酒瓶完全被冰水包裹住，缓慢冷却。

图 4-18　适度的冰镇令起泡酒更美味

表 4-1　葡萄酒的适饮温度

葡萄酒风格	饮用温度 /℃
起泡酒	6~10
甜葡萄酒	6~8
轻或中酒体的白葡萄酒	7~10
桃红葡萄酒	10~12
经过橡木桶熟化的中等 / 饱满的白葡萄酒	10~13
轻酒体红葡萄酒	13
中 / 饱满酒体的红葡萄酒	15~18

二、品鉴体系与逻辑

葡萄酒品鉴体系是指根据一定的评分标准给葡萄酒逐项打分，从而对其品质进行综合性判断和评价的过程。目前国际上有很多品鉴体系，无论是酒评家评分体系还是葡萄酒大奖赛的评分体系，其影响广度和深度都依赖于推行者个人或组织的威望与权威性。因此在评价的客观公正性方面皆有可能存在些许争议。

评价体系令不同产区、品种、风格的葡萄酒有了可以进行逻辑性清晰比对和交流的可能。所以评价体系的结构完善、逻辑清晰就显得尤为重要。本节将介绍世界上公信力较高的评价体系。

（一）葡萄酒协会

1. WSET 葡萄酒品鉴方法（SAT）

葡萄酒与烈酒教育基金会（WSET）的葡萄酒品鉴方法（Systematic Approach To Tasting Wine，SAT）是当今流传最广、普及度最高的葡萄酒品鉴体系。尽管这一体系十分模式化，并不是在任何场合都适用，但它模块清晰的逐步推进式逻辑，令它像葡萄酒品鉴者的品鉴线路一般，指导性强，易上手。该方法能够有效地帮助学习者完整地描述一款葡萄酒，并根据这些信息来综合评估其质量和适饮程度。通过 WSET 的全球葡萄酒教育文化推广，SAT 被普及到全世界。使用者有葡萄酒从业者，也不乏葡萄酒爱好者。

SAT 葡萄酒品鉴体系规定了评价指标，并提供相应的词汇辅助表来帮助描述三种香气大类和味道特征。

表 4-2　SAT 葡萄酒品鉴体系

视觉的观（2分）	嗅觉的闻（7分）	味觉的尝（9/10分）	质量评估（2分）
澄清度：清澈 – 浑浊	纯净性：纯净 – 不纯净	甜度：干 – 近干 – 半干 – 半甜 – 甜 – 极甜	质量等级：有缺陷 – 差 – 可接受 – 好 – 很好 – 特好
颜色深度：淡 – 中 – 深	香味浓度：淡 – 中 – 浓	酸度：低 – 中 – 高	
颜色	香味特征	单宁：低 – 中 – 高（仅红）	
其他：酒腿/酒泪 沉淀 气泡状态	陈年度：年轻 – 陈年中 – 完全陈年 – 已过最佳适饮期	酒精度：低 – 中 – 高	适饮程度/陈年潜力：过于年轻 现能饮用，并有陈年潜力 现在饮用，不宜陈年或继续陈年 已过适饮期
		酒体：轻 – 中 – 饱满	
		气泡口感：细腻 – 柔滑 – 扎口	
		味道浓度：淡 – 中 – 浓郁	
		味道特征	
		余味长度：短 – 中 – 长	

上述指标体系中，白葡萄酒总分为 20 分，红葡萄酒总分为 21 分，在单宁指标上多一分。品尝过程中，需要集中精神、调动感官、做好记录，用规范的语言将每一项指标描述出来，最终将品鉴者每项正确的得分相加计算出总得分。

2. AWS 葡萄酒品鉴体系

美国葡萄酒协会（American Wine Society，AWS）将葡萄酒信息和价格列入其中，品鉴者需根据葡萄酒的质量标准，包括香气、口感、酸味、甜味、苦味、酒体和平衡等方面，判断出葡萄酒的名称或葡萄品种的名称，以及葡萄酒的价格。

表 4-3　AWS 葡萄酒品鉴表

葡萄酒	价格	外观 （3分）	果香/醇香 （6分）	口感/结构 （6分）	后味 （3分）	总体印象 （2分）	总分 （20分）

（二）葡萄酒评论家

论及全球具备影响力的葡萄酒评论家，其打分会直观影响一款葡萄酒乃至整个酒庄价位的品鉴权威，以美国酒评家罗伯特·帕克（Robert M. Parker）和英国葡萄酒作家杰西斯·罗宾逊（Jancis Robinson）为代表。

【拓展思考】

1947 年出生在美国的罗伯特·帕克，曾是一名律师，从 1984 年起致力于葡萄酒写作。1978 年他创办了免费杂志《葡萄酒倡导者》（*The Wine Advocate*），如今该杂志已在全世界范围内，包括美国、法国、英国、日本、新加坡、俄罗斯、墨西哥、巴西和中国等，对葡萄酒消费者的购买意愿和购买行为产生十分重要的影响。此外，帕克还是《美食葡萄酒杂志》（The Food and Wine Magazine）的特邀编辑，以及法国杂志《特快》（L'Express）的第一位外国葡萄酒鉴赏家。帕克的第一部著作《波尔多》（*Bordeaux*）于 1985 年出版，并于 1990 年接着出版了《勃艮第》（*Burgundy*），因此他被誉为"世界最具影响力的葡萄酒评论家"。

1. 罗伯特·帕克

罗伯特·帕克（Robert M. Parker），世界最畅销葡萄酒专业杂志《葡萄酒倡导者》的创始人，曾被《纽约时报》评为"世界最具影响力的葡萄酒评论家"。他在从事葡萄酒行业长达 30 年的时间内拥有强大的影响力，可谓呼风唤雨。他独一无二的葡萄酒评分体系已经成为一款品质优良新酒能否畅销的命运指挥棒。甚至有些酒庄为了得到高分，特意迎合帕克对橡木桶和果味的偏好而打造特殊酒款，这被称为"帕克影响"。尽管罗伯特·帕克已于 2019 年 5 月 16 日正式退休，并封笔停止酒评工作，但他的市场号召力和权威性仍在，他打过高分的葡萄酒依然会作为销售亮点，尤其是 96 分以上的酒会把高分的圆形提示印在酒标的显眼位置。

尽管罗伯特·帕克在世界范围内备具影响力，但他的权威性主要体现在品评波尔多（Bordeaux）、罗讷河谷（Rhône Valley）、普罗旺斯（Provence）和加利福尼亚（California）产区的葡萄酒。他的评分体系是通过专业品鉴者如《葡萄酒倡导者》的酒评团队，根据评分标准为葡萄酒打分来判断葡萄酒的品质。每款葡萄酒都有 50 分的基础分，另外的 50 分由颜色与外观（5 分）、香气（15 分）、风味与余味（20 分）、综合评价与陈年潜力（10 分）这四个要素组成，得到的总分相对应葡萄酒的等级。

表 4-4　罗伯特·帕克评分表

等级	评价	分值
顶级佳酿（Extraordinary）	顶级佳酿复杂醇厚，能尽显品种和风土特征	96~100 分
优秀（Outstanding）	优秀的葡萄酒极具个性，风味香气层次复杂	90~95 分
优良（Above Average）	优良的葡萄酒细腻复杂、个性鲜明，无明显缺陷	80~89 分
普通（Average）	普通的葡萄酒风味简单、令人愉悦，但缺乏复杂性	70~79 分
次品（Below Average）	存在明显缺陷，如酸度或单宁过高，风味寡淡等	60~69 分
劣品（Unacceptable）	寡淡呆滞，缺乏平衡，不建议购买或饮用	50~59 分

2. 杰西斯·罗宾逊

杰西斯·罗宾逊（Jancis Robinson）女士是英国葡萄酒与烈酒教育基金会（WSET）前名誉主席，葡萄酒贸易行业外第一位"葡萄酒大师"（Master of Wine），英国女王酒窖顾问，《世界葡萄酒地图》主编。

【拓展思考】

　　来自英国的杰西斯·罗宾逊与美国的罗伯特·帕克、詹姆斯·沙克林并称为世界三大酒评家，并有"葡萄酒界第一夫人"之称，她的酒评在欧美市场具有风向标的作用。她出版了十余部葡萄酒相关著作，其中《世界葡萄酒地图》被誉为"葡萄酒的《圣经》"。此外，取得"葡萄酒大师（Master of Wine）"资格的杰西斯·罗宾逊还是英国皇家葡萄酒委员会的成员之一，专为白金汉宫的宴会和酒窖挑选、采购和管理葡萄酒。她曾多次来到中国，参观葡萄园、品尝中国酒，对中国葡萄酒的飞速进步表示肯定和赞叹，并对具备国际水准的宁夏葡萄酒给予高度评价。

相较于复杂的品酒笔记，杰西斯·罗宾逊更偏好当下简单直观的打分评酒方式，这样可以有效帮助人们从形形色色的葡萄酒中挑选出性价比相对较高的葡萄酒。她所创的"JR评分"采用的是欧洲传统的20分制的评分系统，以葡萄酒目前的品质为主要衡量标准，同时兼顾其发展潜力。

表 4-5　杰西斯·罗宾逊评分表

分值	评价
20 分	无与伦比的葡萄酒（Truly Exceptional Wine）
19 分	极其出色的葡萄酒（A Humdinger Wine）
18 分	上好的葡萄酒（A Cut above Superior Wine）
17 分	优秀的葡萄酒（Superior Wine）
16 分	优良的葡萄酒（Distinguished Wine）
15 分	中等水平的葡萄酒（Average Wine）
14 分	了无生趣的葡萄酒（Deadly Dull Wine）
13 分	接近有缺陷和不平衡的葡萄酒（Borderline Faulty or Unbalanced Wine）
12 分	有缺陷和不平衡的葡萄酒（Faulty or Unbalanced Wine）

（三）葡萄酒大奖赛

国际著名的葡萄酒大奖赛，其权威性很大部分是来自阵容强大的评委团。这个由全球葡萄酒专家组建的评委团，其中不乏世界葡萄酒大师、世界侍酒大师等顶级专业人士的参与。评委会主席更需要邀请行业内有足够公信力的大师担当。评委团队为参赛葡萄酒打分，进行评奖。高分获奖酒款和酒庄能够迅速打开销量和知名度，因此成为国内外各大酒商争先恐后的推广平台。

图 4-19 大赛评审团在工作

1. 国际葡萄酒与烈酒大赛

作为全球规模最大、级别最高的饕餮盛宴，国际葡萄酒与烈酒大赛（International Wine & Spirits Competition，IWSC）于 1969 年由酒类化学家安顿·马塞尔（Anton Massel）创办，每年在英国伦敦举办。大赛邀请全球 80 多个国家的超过 250 名专家进行品鉴，包括葡萄酒大师、葡萄酒与烈酒厂商等。大赛评分标准十分严格，由"专业盲品"和"化学及微生物技术分析"两个部分组成，旨在提升全球葡萄酒、烈酒和甜酒的酿造水准，以达到最理想的品质。大赛主要设置金奖（90~100 分）、银奖（80~89 分）和铜奖（75~79 分）。值得一提的是，国际葡萄酒与烈酒大赛曾在中国香港成功举办过两届，简称 HKIWSC。

2. 醇鉴葡萄酒国际大奖赛

醇鉴葡萄酒国际大奖赛（Decanter World Wine Awards，DWWA）由世界著名葡萄酒杂志《醇鉴》（Decanter）（创刊于 1975 年）主办，2004 年由英国酒评家斯蒂芬·史普瑞尔（Steven Spurrier）发起，是极具国际影响力的国际性葡萄酒赛事。大赛每年吸引来自全球的酒庄携万余款葡萄酒前来参赛。大赛邀请酿酒师、侍酒师、零售商和葡萄酒买家等不同人群作为评审团，共进行三轮盲品，在第一轮盲品中评选出金银铜奖；获得金奖的葡萄酒再按照地区重新分组进入第二轮盲品，由四位评审长与赛区评审长们一同评选出白金奖（Platinum）；最后只有白金奖获得者才有资格进入最终的盲品比拼，评出赛事最优（Best in Show）。继张裕爱斐堡国际酒庄的霞多丽干白（2018 年份）在 DWWA2021 年赛事中首夺白金奖之后，在 DWWA2022 年赛事中，中国收获至今以来的最好成绩 234 枚奖牌。中国葡萄酒的这一傲人的成绩更是刷新

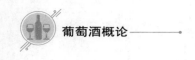

了 DWWA 的赛史纪录。

　　3. 布鲁塞尔国际葡萄酒大赛

　　布鲁塞尔国际葡萄酒大赛（Concours Mondial de Bruxelles，CMB）创办于 1994 年，每年邀请约三百名权威的葡萄酒专家组成评委团，对来自四十多个国家的六千余款葡萄酒进行品鉴打分。大赛分为四个组别，分别是：红 & 白葡萄酒组（Session Vins Rouges & Blancs）、桃红葡萄酒组（Session Vins Rosés）、甜酒 & 加强酒组（Session Vins Doux & Fortifiés）、起泡酒组（Sesssion Vins Effervescents）。评分为百分制，得分从高到低排序，前 30% 作为获奖酒款。其中 96~100 分为大金奖，88~95.9 分为金奖，85~87.9 分为银奖。

　　除了以上三大国际权威葡萄酒赛事以外，还有国际葡萄酒挑战赛（International Wine Challenge，IWC）、布莱堡国际葡萄酒挑战大赛（Challenge International du Vin Blaye-bourg，CIDVB）、国际葡萄酒烈酒品评赛（Vinalies Internationales，VI）等国际性葡萄酒大赛，以及在中国备具规模和影响力的中国环球葡萄酒及烈酒大奖赛（China Wine & Spirits Awards，CWSA）和 G100 国际葡萄酒及烈酒评选赛（G100 International Wine & Spirits Awards，GIWSA）等。

第三节　葡萄酒的品鉴

　　诚然，每个人都能用自己的方法来喝葡萄酒。然而，掌握正确的品鉴方法，将有助于更加精确地感受葡萄酒的风味特征。

一、品鉴步骤

（一）观

　　第一步是视觉观察，通过对葡萄酒的外观进行评定，初步判断品种、年份、酿造方法、酒龄等信息。

　　手持杯脚，既可避免手的温度对酒产生影响，又有利于色泽的完全呈现；再将酒杯对准光源，让光源、酒杯、眼睛三点一线，观察其澄清度、光泽度、颜色；最后以白色物品为背景，将酒杯倾斜 45°，观察挂杯和酒液的颜色变化。

图 4-20　观察葡萄酒的颜色

1.澄清度

澄清度通常是判断葡萄酒是否存在缺陷的重要指标，需观察酒液中是否存在沉淀物或浑浊物。年轻的酒通常都是澄清的，陈年后逐渐形成酒渣，沉淀于瓶底，这样的沉淀物并不影响酒的品质。而浑浊的酒也并非都存在质量问题，有些装瓶之前未经过滤的酒，就不属于质量问题的范畴。另外，葡萄酒在低温存储时易形成酒石酸结晶，在白葡萄酒中呈无色晶状沉淀，在红葡萄酒中呈深红色沉淀，均不会影响酒液的品质和风味。但当酒液变得浑浊或出现絮状悬浮物时，则意味着葡萄酒已经变质。

2.光泽度

健康的酒应该是明亮有光泽的，酒液的光泽度能够体现出葡萄酒的活力。尤其是对于白葡萄酒而言，晶莹剔透的酒液说明其酒龄浅且酸度高；光泽较淡则说明其完全成熟；酒液晦暗则表明可能已经变质。

3.挂杯

当酒杯由倾斜变直立后，酒液在顺着杯壁下降时留下一条条酒痕，被称为挂杯，这是判断酒液浓稠度的重要指标。挂杯受酒精度、糖分含量和酚类物质的影响，酒精度越高、糖分越高、酚类物质越丰富的葡萄酒，因其表面张力和毛细现象会出现越密集的挂杯，与酒液本身的品质并无直接联系。不过，挂杯同样与酒杯的质地和清洁度有关，所以只能作为参考依据。

4.颜色

手持杯脚，注意从颜色的深浅和色调两个方面来分辨。葡萄酒的颜色与酒龄、葡萄品种、酿造方法和桶陈时间有关，白葡萄酒、红葡萄酒以及桃红葡萄酒的色调变化各不相同。

（1）白葡萄酒

白葡萄酒的颜色受酿造方法、陈年时间的影响较大，颜色从无色、黄绿色、麦秆黄、金黄，变化到琥珀色、棕色。干白葡萄酒的颜色较浅，酒龄较短的可呈黄绿色，随着酒龄的增加颜色也逐渐加深。甜白葡萄酒通常呈较深的金黄色，陈年后变化为琥珀色。经过橡木桶熟化的白葡萄酒因氧化作用，一般为金黄色。

（2）红葡萄酒

红葡萄酒的颜色主要取决于葡萄品种、果实成熟度以及酿造方法，颜色从紫红、宝石红，到橘红、棕红色都有。红葡萄品种之间自身颜色差异较大，赤霞珠、西拉等品种皮厚色深，而黑皮诺、歌海娜等品种皮薄色浅。通常酒龄较短的红葡萄酒呈紫红色；果实成熟度高和发酵中浸皮的过程都会加深酒液的颜色。值得注意的是，与白葡萄酒不同，红葡萄酒在陈年过程中，因红色素随酒渣沉淀，酒液颜色将慢慢变淡，由紫红色变为砖红色。

（3）桃红葡萄酒

桃红葡萄酒的颜色变化较多，与葡萄品种和酿造方法有直接联系。例如赤霞珠桃红呈粉紫色，歌海娜桃红呈鲑鱼红。根据桃红葡萄酒颜色的深浅，还能推断出其酿造方法：放血法酿造的桃红葡萄酒颜色较深，而压榨法酿造的通常颜色较浅。

5.气泡

将酒杯直立，置于与视线水平的位置，观察气泡的大小、密度、持久性和上升速度，这是判断起泡酒品质的重要依据。通常高品质的起泡酒中，气泡细小连绵，且由下而上的路径快，持续时间又长。当然，酒杯的质地和清洁程度会影响气泡的表现，品鉴时应避免使用有油渍污渍的酒杯。

（二）摇

在开瓶之后，葡萄酒就随着氧化程度而不断发展变化。酒液倒入杯中之后，第一次先闻静止香气，以便与摇杯后的第二次闻香做对比。摇杯的目的是让酒液与空气快速接触，从而有利于香气的充分释放。摇杯时，可手持杯脚轻柔打圈旋转；若担心酒液溅出，则可将酒杯放置于桌面上，再打圈旋转。

（三）闻

不同的葡萄品种、生长环境、酿造方

图4-21　摇杯

法、陈年时间及酒龄等因素，将赋予葡萄酒丰富的香气和无穷的变化。闻香需要利用嗅觉来分辨葡萄酒散发的各种香气。闻香需要分为两次。首次闻香不摇杯，紧握杯脚，把杯子倾斜45°，将杯口由远及近直至鼻下，鼻尖探入杯内，在静止状态下感受酒的"第一气味"，也叫"前香"，细腻怡人的香气扑鼻而至，短促轻闻几下，并判断出香气浓郁度和香气类型。

图4-22　闻香

第二次闻香时旋转摇动酒杯，让酒杯内壁上布满挥发性物质，迅速嗅闻此时释放出的气味，也就是"第二气味"，即"后香"，香气最为浓郁和优雅，有利于判断出三大类香气中的具体香味。

一类香气能反映出品种特性，也叫作品种香气，主要体现为果香和花香。例如长相思的百香果香味以及琼瑶浆的荔枝、玫瑰花香等。二类香气由酒精发酵过程中所产生的带有挥发性和气味的副产物组成，也叫作发酵香气，主要表现为酵母、坚果、黄油等味道。香气质量高的葡萄酒取决于一类香气和二类香气之间的比例和优雅度，其中的一类香气通常在浓郁度和类别上，都优于二类香气。三类香气是在葡萄酒成熟过程中，由一类香气发展而来的，主要表现为烟熏、蘑菇、皮革、巧克力等味道。借助香气辨识，品鉴者可以判断出葡萄酒的酿造工艺、陈年潜力等信息。表4-6列举出了葡萄酒的香气类型和常用味道表述。

表4-6　葡萄酒香气类型及表述

香气类型	描述	判断
花香	玫瑰、紫罗兰、槐花	年轻的
绿色果香	苹果、梨	冷凉气候/年轻干白
柑橘类果香	柠檬、西柚、橘子	冷凉气候
热带水果	香蕉、芒果、荔枝、菠萝	温暖气候
核果	桃、杏、油桃	温暖气候
红色水果	草莓、覆盆子、红樱桃、红醋栗	年轻的红酒
黑色水果	蓝莓、黑莓、黑醋栗、黑樱桃、黑李子	年轻的红酒
干果香气	葡萄干、无花果、果脯、杏干	甜白葡萄酒

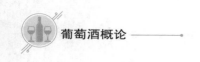

香气类型	描述	判断
植物型香气	青草、青椒、芦笋	成熟度不够
香料类	黑白胡椒、甘草、桂皮、生姜	陈年／温暖气候
矿物类	汽油、火石	冷凉气候／多石土壤
橡木香气	香草、烟熏、巧克力	橡木桶陈酿
动物类	皮革、麝香、野肉	红酒瓶中陈年
酵母类	饼干、面包、奶酪	苹果酸—乳酸发酵／酵母自溶
缺陷类	湿纸板、木塞味、霉味、醋、臭鸡蛋、硫味	不健康

（四）品

品鉴葡萄酒的最后一步是要品味各种美妙的滋味。根据品鉴原理，香气的识别不局限于闻香环节；在葡萄酒入口后，还能进一步通过鼻咽嗅觉感受到酒液在口中的香气。为了更加清晰地感知到这些香气，我们可以用舌头卷住一小口酒（通常以6~10毫升为宜），将酒液含在口中做咀嚼动作，或者轻吸一口气来搅动酒液，以便使其遍布口腔的每个角落，让香气布满整个口腔。在此之后咽下部分葡萄酒，将其余部分吐出，体验口腔中的余香和停留时间，这也是"品"的一个重点。

一般来说，甜味、酸味、酒精和单宁共同组成葡萄酒味觉的基本结构，一瓶优质葡萄酒一定具备均衡稳定的味觉架构。不过，不同的葡萄酒在味觉上的主要元素也有差异，如甜酒的甜味一定更高，加强酒的酒精度一定更高等，但却构成了各自不同形式的均衡结构。在描述一款葡萄酒的味觉感受是否平衡时，应注意以下几项重要的影响因素。

1. 甜味

葡萄酒中的甜味一方面来自未完全发酵的残糖，另一方面来自酒精或发酵过程中产生的甘油物质，因此干型葡萄酒也有可能品味出甘甜的口感。甜味可以降低酸味、涩味和苦味，还能带来细腻圆滑之感。不过，如果甜度过高，又没有对应的酸度来均衡，则会让酒液如同过于肥胖般的甜腻；反之，如果缺乏甜润感，则会使酒液显得干瘪清瘦。我们通常可以根据糖分含量，用干型、半干、半甜和甜型来描述甜味程度。

2. 酸味

葡萄酒中的酸味来源广泛，其中苹果酸粗犷有力、乳酸温和柔软、醋酸刺激尖锐。每款葡萄酒中都拥有酸味，程度高时让酒尝起来清新爽口，程度低时则显得暗淡无力。酸度可以降低甜腻感，增加苦涩感。在白葡萄酒中，酸度尤为重要，它构成了白葡萄酒的骨架，支撑起果味和甜味，并增强其陈年潜力。我们通常用低、中、高来描述酸度。

3. 酒精度

葡萄酒中的酒精度主要源于来自气候炎热地区、成熟度高的葡萄。酒精是构成酒体的重要因素之一，酒精度越高的葡萄酒，酒体就越发饱满。然而过高的酒精度带来的灼热感却是不愉悦的，因此并不是酒精度越高、酒体越饱满的葡萄酒就越好。我们通常可用低、中、高来描述酒精含量。

4. 单宁

单宁与口水中的蛋白质结合产生收敛感，是产生涩味的直接原因。单宁具有抗氧化性，构成了红葡萄酒的骨架，使其更耐久存；在陈年过程中，单宁分子彼此聚合成较大的分子，使口感更加柔和。单宁的质感决定了红葡萄酒的品质，高品质红酒一定拥有细腻紧致的单宁，而粗犷扎口的单宁即便是在陈年之后，也未必变得柔和。单宁带来的涩味和酸味有相互加强的作用，也可被酒液中的酒精和甘油所带来的圆润感所平衡，变得如天鹅绒般柔顺丝滑。葡萄酒中的单宁含量通常可以用低、中、高来描述。

5. 酒体

顾名思义，酒体即酒液的重量，指的是酒液在口中的浓稠度、饱满度和在舌面上的分量感。酒体除了受酒精度影响之外，还与含糖量、甘油、单宁强度有关。成熟的单宁会增加酒液的浓稠度，残糖和甘油则有利于提高酒体的饱满度和分量感。我们使用轻盈、中等、饱满来描述酒体。

6. 余味

余味指咽下或吐出酒液后，葡萄酒的风味在口腔中的停留时间。对于葡萄酒而言，拥有很好的收尾相当重要，留到最后的印象对于判断一瓶葡萄酒的好坏往往起到关键性作用。香气持续时间过短显然是有缺陷的，相反如果香气能持续数十秒以上，让人回味无穷，则是高品质葡萄酒的体现。

二、品鉴总结

经过对品鉴步骤的学习与了解，我们对一款葡萄酒的认知变得逐渐明朗起来。品鉴总结可将我们感知的所见、所闻、所尝用语言描述出来并加以整理和归纳，综合考量葡萄酒的平衡性、复杂度和质量等级，最终给出配餐建议。

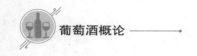

（一）平衡性

简单来说，一瓶高质量的葡萄酒应具备以下特征：香气细腻复杂，风味丰富浓郁，回味干净悠长，酒味平衡多元。白葡萄酒的平衡口感建立在酸味和甜味之间。干白葡萄酒尽管不甜，但酒精和甘油带来的圆润感却很好地平衡了酸度。甜白葡萄酒中的酸度能与甜度达到完美平衡。红葡萄酒因单宁的作用，平衡关系由酸味、甜味和涩味构成，三者的强度势均力敌才能建立起平衡感。酸度和单宁的加强作用体现在：酸度越高涩味越重。因此，当单宁不足时，便可通过酸度来提升葡萄酒的结构感。反之，甜味会降低酸味和涩味，因此较高的酒精度不仅能带来甜感，还能削弱酸味和涩味。

通过对平衡口感的分析，品鉴者还可以轻松定位葡萄酒的风格类型以及产地的风土特征。例如，中低酸、高酒精度、高单宁，属于来自炎热产区、圆润丰满、浓郁粗犷风格的红葡萄酒。

（二）复杂度

复杂度并不意味着葡萄酒必须深奥难懂，而是强调香气和口感上的丰富性和层次感。如若一款葡萄酒只有一种简单的果味，那无论是闻香还是品尝，都略显单调乏味，让人丧失了品鉴过程的兴趣和乐趣。而如若一款酒在初次闻香就发现其香气扑鼻、果香浓郁；摇杯后二次闻香，果味更加丰富，还能展现出矿物质、香料和烟熏风味，每一次嗅闻和品尝，香气风味层层铺开，一些细致微妙的变化总是出乎意料。想象一下，这样宛如一层层揭开神秘面纱的品鉴过程，是多么有趣的事儿呀！

（三）质量等级

对葡萄酒的综合性质量评估不应受个人喜恶的影响。尽管在品鉴的过程中，品鉴者个人可能不喜欢某款酒中较为活泼的酸度或者浓郁的橡木气息，然而如果这是能够反映其风土特点的典型性特征，那么就不应作为降低其质量等级的原因。反之亦然，品鉴者不应钟情于葡萄酒中的某种风味，就高估其质量和价值。我们可以用差、中等、好、非常好来描述葡萄酒的质量。同时，作为餐厅服务人员的侍酒师，还应根据每款酒的香气、口感、质量，有针对性地为顾客提供餐酒搭配的合理建议，把握不同葡萄酒的适饮温度，并做好相应的侍酒服务工作，以达到让顾客享受最佳用餐体验的目的。

【拓展知识】

了解 WSET
了解更多葡萄酒大奖赛

思考与练习

一、单选题

1. 轻或中酒体的白葡萄酒的侍酒温度是（　　　　）。

A. 6~8℃　　　　　　　　　　　B. 7~10℃

C. 10~13℃　　　　　　　　　　D. 15~18℃

2. 葡萄酒在口中的浓稠度或分量感被称作（　　　　）。

A. 酒体　　　　　　　　　　　　B. 单宁

C. 酸度　　　　　　　　　　　　D. 甜度

3. 白葡萄酒的平衡体现为（　　　　）间的平衡。

A. 甜味、酒精度　　　　　　　　B. 甜味与酸味

C. 甜味、酸味与涩味　　　　　　D. 酸味、涩味与酒精度

4. 酒液在杯壁上形成的挂杯是酒中（　　　　）的反映。

A. 糖分　　　　　　　　　　　　B. 酒精

C. 糖分和酒精　　　　　　　　　D. 糖分、酒精和酚类物质

5. 喝香槟适宜用（　　　　）。

A. 勃艮第杯　　　　　　　　　　B. 笛形杯

C. 甜酒杯　　　　　　　　　　　D. 波尔多杯

6. 在英国 WSET 的葡萄酒品鉴认知中，（　　　　）的感知位于舌头靠后的两侧。

A. 甜味　　　　　　　　　　　　B. 咸味

C. 涩味　　　　　　　　　　　　D. 酸味

7. 在罗伯特·帕克评分体系中，获得 90 分的葡萄酒属于（　　　　）。

A. 顶级佳酿　　　　　　　　　　B. 优秀

C. 优良　　　　　　　　　　　　D. 普通

二、多选题

1. 下列可作为品鉴的背景参照物的是（　　　　）。

A. 白色餐巾　　　　　　　　　　B. 日光灯

C. 霓虹灯　　　　　　　　　　　D. 自然光线

2. 下列表述中正确的是（　　　　）。

A. 浓郁型的葡萄酒，酒裙越窄

B. 颜色呈紫红色的葡萄酒，表明其酒龄浅

C. 年轻的白葡萄酒通常呈现明亮的光泽

D. 单宁越高表明葡萄酒的品质越好

3. 下列对于嗅觉和味觉的表述中，错误的是（　　　　）。

A. 打喷嚏鼻塞尝不出味道，是味觉失灵的表现

B. 在葡萄酒品鉴时，反复嗅闻有利于嗅觉感知

C. 味蕾接收到的信息会立即传输到大脑，形成味觉

D. 嗅觉比味觉更加灵敏

三、简答题

请简述葡萄酒品鉴中的三大类香气。

四、思考题

一款优质葡萄酒，一定兼备平衡性和复杂度。那么，葡萄酒的复杂度是如何塑造出来的呢？

第五章
葡萄酒的储存

本章导读

　　葡萄酒是一种有生命的饮料，随着时间的推移，葡萄酒能够展现出不同的姿态。并非所有的葡萄酒在装瓶后都适宜立即饮用，有的酒在历经岁月洗礼后更加圆润醇厚，而有的酒承受不住时光的考验，则会变得"体无完肤"，应当尽早喝为宜。一瓶葡萄酒是否值得长期保存、等待其最佳适饮期，不仅与酒的品质息息相关，而且与合适的储存容器和正确的存放环境密不可分。

　　本章围绕葡萄酒的保存展开，从储存容器、封瓶的瓶塞，讲到葡萄酒存放的环境要求，希望每一瓶葡萄酒都能被"温柔以待"，在适宜的条件下被合理放置，即使在开瓶之后，也能淋漓尽致地展现出自己无穷的魅力。

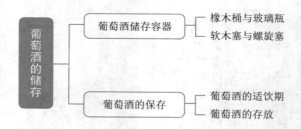

知识目标：了解葡萄酒的储存容器，熟悉橡木桶的制作及其对葡萄酒的积极作用；掌握软木塞的不同类别及其与螺旋塞的区别；明确葡萄酒的存放条件，掌握适饮期的概念。

技能目标：运用葡萄酒储存的知识服务于入库、摆放等酒窖管理各环节；结合橡木桶的作用，在葡萄酒品鉴中提升橡木桶香气的辨识能力；根据不同葡萄酒所使用的瓶塞，综合判断酿酒师的意图和葡萄酒的风格。

素养目标：通过了解橡木桶和软木塞的制作过程，培养环保意识和自然资源合理利用的可持续发展理念；通过酒容酒器的历史变迁和更新迭代，培养历史唯物主义和辩证唯物主义的科学世界观。

【章前案例】

哪种葡萄酒瓶塞最环保？

天然软木塞、螺旋盖、合成塞，哪种瓶塞最环保？你是否想过这个问题？答案就是天然软木塞。软木塞的原料是栓皮栎（Sobreiro），即软木橡树的树皮，是纯天然的植物组织。作为一种纯天然的产品，可以回收再利用，可以应用于其他诸多领域，如制造软木板、地板、机动车零部件及绝缘材料等。

收割软木的时候运用的古老技术不会令那些珍贵的橡木死亡，反之，它们还会再生长几百年。这些珍贵的橡木大多分布在葡萄牙和西班牙，它们在炎热、干旱的南地中海枝叶繁荣、茁壮生长。它们不仅为生物多样性做出了贡献，还对防止土壤干旱起到了重要的作用。

另外，一些野生动植物更是世世代代都得益于软木塞橡木林给它们提供的庇护，例如伊比利亚猞猁、巴巴里马鹿、埃及獴和多种野生鸟类。要是酒商们换了别的酒塞，这些软木塞橡木林就会被遗弃，随之而来的将是许许多多动植物的消失甚至灭绝。

虽说橡木塞占据了70%的市场，具有重要的经济和社会意义，但塑料、玻璃酒塞等其他种类的酒塞正日益人气渐涨。全球有很多酒商正在转向使用塑料或玻璃酒塞。而在澳大利亚和新西兰，酒商们更多倾向于螺旋塞，最主要的原因是螺旋塞要比橡木塞节省成本，而且能更好地隔绝氧气，减少瓶中的慢氧化，延长亲民价格的葡萄酒的适饮期。

全球使用螺旋塞和塑料塞的趋势，必然会撼动橡木塞的市场地位。据世界野生动物基金会（WWF）预计，螺旋塞等其他非天然软木塞会占领主流市场，经济价值降低的地中海软木塞橡木林的维护和存亡堪忧。

大众消费者的选择无疑是最具影响力的，同时也是可以被市场潮流引导的。疫情后，很多消费者更偏向喝自然酒、生物动力法酒，其中健康绿色的品质生活要求和自然和谐的理念起到了很大作用。当我们要主推一款产品时，应多元了解它、认识它，我们希望力所能及地为环保做出一分贡献，我们更直接负有尊重消费者、传输正确和尽量全面的信息，传播正向葡萄酒文化的行业责任。

资料来源：Mia（编译）.哪种葡萄酒瓶塞最环保？.红酒世界，2015-07-10.

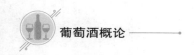

第一节　葡萄酒储存容器

在葡萄酒发展的漫长岁月中，储存容器随着时代的变更而推陈出新。古埃及时期，葡萄酒大多装在双耳尖底陶罐中储存。古罗马时代，欧洲各地开始普遍采用更加轻便耐用的木桶储存和运输葡萄酒。直到19世纪，玻璃瓶作为储存容器被大量地使用，逐渐代替了橡木桶。

然而，橡木桶并未因此退出历史舞台，而是成为酿造和熟化葡萄酒的重要工具，经过橡木桶培养的葡萄酒口感更佳。几乎所有的高品质红葡萄酒都要经过橡木桶培养至少一到两年，而高品质的白葡萄酒则多用其作为发酵容器。

一、橡木桶与玻璃瓶

（一）橡木桶

1. 橡木与橡木桶

"橡木"只是个统称，具体的橡木种类数以百计，其中只有三种凭借其优秀的防水性能而适宜制做成橡木桶：产于欧洲的卢浮橡（Quercus Sessiliflora）和夏橡（Quercus Robur）、产于美洲的白橡木（Quercus Alba）。

红木、杉木、栗木等木材也都曾被用来制作成储酒的木桶，但由于纤维过粗、单宁不够细腻、密封性能不佳等原因，最终都被橡木所取代。

图5-1　橡木林

（1）卢浮橡

欧洲卢浮橡主要分布于法国中北部以东至东欧波罗的海的大面积区域。其生长缓慢、木纹细腻、年轮紧密，单宁较温和，以法国著名的托台（Troncais）森林最为典型。卢浮橡能够赋予葡萄酒细腻的单宁和复杂的香气。法国波尔多的列级酒庄十分钟情于欧洲橡木，尤其是使用100%托台森林的橡木。

（2）夏橡

欧洲夏橡主要分布于欧洲中西部和南部，比卢浮橡的分布范围更广。其生长较快、木纹较粗、年轮较宽，单宁较多。夏橡的芳香物质只有卢浮橡的1/3，但其孔洞少、抗挥发性强，因此主要用来储存干邑白兰地，以法国西部的利穆赞（Limousin）产区最具代表性。

（3）白橡

美洲白橡主要分布于美国东部，木纹紧密，单宁涩味较重，含有强烈的香草香，美国密苏里州（State of Missouri）森林是代表性产地。美国白橡的使用率比欧洲橡木高出一倍甚至更多，美国橡木桶的价格为欧洲橡木桶的1/3~1/2，所以更受中小型葡萄酒庄的青睐。

欧洲橡木香气释放缓慢，是酿造顶级霞多丽白葡萄酒的不二选择。经过法国橡木桶陈酿的白葡萄酒具有较好的结构性，口感丰满顺滑，桃、杏等果香中透露出淡淡的黄油味道，并且还能闪现出一丝花香的气息。而美国橡木桶香气馥郁，需要同样浓郁风格的葡萄酒与之平衡，在美国加州、西班牙和澳大利亚大量使用。

值得一提的是，来自西班牙里奥哈（Rioja）产区的酿酒师Matías Calleja还创新性地发明了一种"法美"双拼桶，即用法桶盖搭配美桶身，这种方法试图把这两种完全不同的风格有机结合在一起，最大限度地发挥里奥哈传统葡萄品种丹魄的优势。这项发明一经获得就大受欢迎，目前已不仅在当地被使用。

2. 橡木桶的作用

（1）橡木桶可以提供葡萄酒微氧化环境

橡木的木质结构中含有能够透气的孔隙，可让微量的空气渗入桶内，葡萄酒在桶内得以缓慢"呼吸"。葡萄酒储存在橡木桶之后（一般是1~2年），就可以慢慢地进行氧化，让葡萄酒的结构发展得更为完善。正如巴斯德所说"葡萄酒的陈化是通过氧气进行的"。这样的微氧化作用对葡萄酒的成熟和培养至关重要，会让单宁更加柔软细腻，口感更加平衡圆润。

（2）橡木桶可以赋予葡萄酒更多的香气

红葡萄酒经过橡木桶陈酿之后，一般会变得更为复杂精细；部分白葡萄酒也可以使用橡木桶来陈酿，以获得黄油和香草的芬芳。

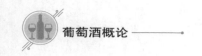

经历过烘烤过程的橡木所含的香味分子渐渐传递给葡萄酒，使得香气更加富于变化，陈年潜力大大提升。在橡木桶中经过较长时间陈酿的典型便是西班牙里奥哈产区。丹魄酿造的红葡萄酒依靠橡木桶中缓慢氧化的过程，柔化单宁并增添风味。

需要注意的是，经由橡木桶熟化的葡萄酒中所增加的香气也有可能并不是来自橡木桶本身。葡萄酒若装在未被完全装满的橡木桶内，这时的氧化作用会进一步发生，这样有意氧化的风格在加强型葡萄酒中较为常见。例如西班牙的奥罗露索雪莉酒（Oloroso Sherry）及葡萄牙的茶色波特（Tawny Port），长时间与氧气的接触，带来浓郁的坚果、焦糖等丰富的香气，这些风味并不是橡木桶所赋予的，而是属于氧化作用的产物。

（3）橡木桶可以提高葡萄酒的陈年潜力

葡萄酒在橡木桶储藏过程中，橡木中的单宁会慢慢地渗透到葡萄酒当中，坚固了葡萄酒的骨架，使得葡萄酒拥有更出色的陈年潜力。

3.橡木桶的品质

（1）橡木桶的原料材质

按照产地来区分，橡木桶可以分为美国橡木桶、法国橡木桶、斯拉沃尼亚（Slavonia）橡木桶、俄罗斯橡木桶和匈牙利橡木桶等不同种类，其中最为流行的是法国橡木桶和美国橡木桶。美国橡木桶木质更疏松，风味更为浓郁奔放，可以赋予葡萄酒香草和椰子等香气，带来奶油般的质感；法国橡木桶则是业内的"黄金标准"，其木质紧密，能带来黑巧克力、咖啡及香料等香气。较之美国橡木桶，法国橡木桶的风味更加精细优雅，对葡萄酒香气的影响较柔和。

（2）橡木桶的烘烤程度

橡木桶的制作需要经过一道烘烤工序，以使橡木条变得柔软、易于弯曲。根据烘烤温度和烘烤时长的不同，橡木桶大致分为轻度烘烤、中度烘烤和重度烘烤三种。烘烤程度越重，橡木桶对葡萄酒的颜色、香气及风味的影响就越大。轻度烘烤的橡木桶能赋予葡萄酒更多橡木自身的特性，如香草和雪松的香气；中度烘烤的橡木桶可为葡萄酒增添烤坚果、椰子及肉豆蔻等香气；而经过重度烘烤的橡木桶则会给葡萄酒带来木炭、咖啡和烟熏等香气。

（3）橡木桶的新旧程度

橡木桶越新，使用年限越短，赋予葡萄酒的风味就越浓郁。这就好比用茶包泡茶，第一次冲泡时可以短时间内泡出非常浓郁的茶，但随着冲泡次数的增加，茶味就会越来越淡，冲泡时间也需要延长。橡木桶经过四五年的使用后，对葡萄酒风味的影响就微乎其微了。为了控制成本和防止成酒桶味过重，许多酒庄会采取新旧橡木桶混合使用的做法。

（4）橡木桶的大小

桶的容量越大，单位容积葡萄酒的氧化效果越小；桶越新，密封性越好，所包含的橡木香气和单宁越多。酿酒师会根据所需选择不同的橡木桶。较为常见的是波尔多 225 升的 Barrique 和勃艮第 228 升的 Pièce。勃艮第桶在容量上比波尔多桶多 3 升，在外形上与波尔多桶也略有不同。矮胖的桶身和粗壮的桶腰可以让酒泥与酒液充分接触，这对酿造高品质霞多丽来说非常重要。这两种小橡木桶与葡萄酒接触面较大，氧化作用较强；因此葡萄酒在小橡木桶中陈年的时间一般不超过两年。如若要保持红葡萄酒的新鲜酒香，则可选择大型橡木桶，有的大桶容量可超 2 000 升，这样既能放慢成熟速度，又不会掩盖酒液原有的自然香气。

图 5-2　橡木桶：波尔多桶与勃艮第桶

事实上，橡木桶并不是为葡萄酒带来橡木风味和单宁的唯一途径。在发酵或陈年的过程中，加入橡木片、橡木屑、橡木块或橡木条，都能达到增加风味和单宁的目的，且成本更低，但略直白的橡木味，令追求层次的优质的葡萄酒通常不采用此种方法。

【拓展思考】

不可盲目使用橡木桶

"过犹不及"这句话对橡木桶陈酿同样适用。不是所有葡萄酒都适合使用橡木桶来进行陈酿的，比如雷司令（Riesling）葡萄酒，其酒体比较精致，如果放到新橡木桶中进行陈酿，香气和风味都会被浓郁的橡木味掩盖住，可谓

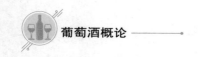

得不偿失。酒体比较丰满、香气比较充沛的霞多丽（Chardonnay）葡萄酒可以使用橡木桶来陈酿。不过，不管是哪种葡萄酒，在进行橡木桶陈酿时，如果不注意，都有可能会"过度陈酿"，使得最终得到的葡萄酒闻起来都是橡木和烤面包的香气，其本色的果香和花香反而都闻不到了。

而且从成本考量，橡木桶越贵，使用橡木桶进行陈酿的葡萄酒就越贵。新的法国橡木桶和美国橡木桶价格比较高，一个可能就要数百美元，这会直接提高葡萄酒的生产成本，从而导致每瓶葡萄酒的销售价格升高。过度跟随潮流使用橡木桶，提升的成本会转嫁给消费者，损害消费者利益。

在葡萄酒的酿制、饮用、服务中都蕴含着不可盲目跟随潮流、懂得适度、懂得"过犹不及"的道理。

4. 橡木桶的制作

橡木桶的制作需选择树龄在 150~250 年、直径在 1~1.5 米的橡木树。

（1）采收

制作橡木桶的材料利用率仅为 20% 左右，欧洲橡木则更低。木头表皮、木纹不直、带树结的部分一律不用。

（2）劈切

为避免破坏木头的纤维组织，整段的橡木须用人工斧劈的方式来切成木片。美国橡木因孔隙少，不易出现防水问题，则可采用机器电锯的方式。

（3）干燥

干燥的过程让木片的含水量由 70%~80% 降低到 15%~16%。干燥橡木片的方式分为露天晾晒和烘干炉烘干两种。露天晾晒需放置三年以上，在此期间，真菌、细菌、酶等微生物在木板上繁殖，有利于去除粗糙的单宁和树木的生青味。烘干炉干燥的效率更高，但柔化单宁和防水的效果欠佳。

（4）组合定型

将经过干燥的橡木裁成中间宽两头窄的木条，随后便可组合成木桶。一个橡木桶一般使用约 32 片木条。先将它们组成裙状用铁圈固定住一端，再通过加热橡木将另一端弯曲成弓状，最后用铁圈套住，这样就完成了橡木桶的雏形。

（5）烘烤

烘烤的目的是通过加热让木条弯曲，从而能够将两端收拢，箍成桶形。然而与此同时产生的"副作用"却显得更为重要：增色和添香。橡木桶经过明火的烘烤，木质纤维结构遭到破坏，内表面炭化，产生一系列复杂的成分，从而赋予葡萄酒迷人的香气和完美的结构。作为橡木桶制作中最为重要的环节，加热的时间长短和木材的表面温度决定着烘烤等级，通常用轻度、中度、重度来区分烘烤程度。与此同时也间接影响到装入其中的葡萄酒，为葡萄酒带来不同的风味。

轻度烘烤：表面温度为120~180℃，木质表面焦黄，无深度。经过此类橡木桶培养的葡萄酒拥有橡木和烤面包的香气。

中度烘烤：表面温度约为200℃左右，表面烤焦深度2~3mm，这样的橡木桶会给葡萄酒带来香草、焦糖、椰子、杏仁等香气。

重度烘烤：表面温度可达225℃，表面烤焦深度3~4mm，此类橡木桶会给葡萄酒带来咖啡、香料、烟熏等香气。

（6）装盖检验

在橡木桶雉形两端分别加上橡木做的桶盖，同时工人还会多套几个桶箍来做加固。最后经过密封检测和打磨抛光后完成制作。

图5-3　橡木桶烘烤

（二）玻璃瓶

玻璃瓶在17世纪时，只是作为一种方便将葡萄酒从木桶中端到餐桌上的运输工具。玻璃瓶与密封方法的问世带来了历史性的变革，酒瓶与酒塞是葡萄酒历史上最伟大的发明，二者相互联系，缺一不可。

1.玻璃瓶的常见类型

与玻璃酒杯一样，玻璃瓶的发展也具有浓烈的地方特色，市场上所见的各种瓶型，都是在经历数百年的演变后，所形成的一个产区的代表。以下介绍几种常见的类型。

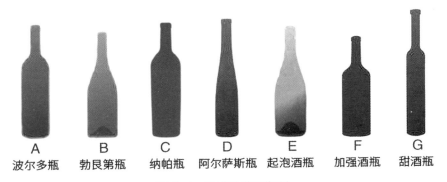

A	B	C	D	E	F	G
波尔多瓶	勃艮第瓶	纳帕瓶	阿尔萨斯瓶	起泡酒瓶	加强酒瓶	甜酒瓶

图5-4　常见葡萄酒瓶型

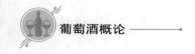

（1）波尔多瓶

作为市面最为常见、最具代表性的酒瓶，波尔多瓶的特点是圆柱形瓶身搭配高而宽的瓶肩，因此也叫作高肩瓶。波尔多瓶有深棕色、暗绿色、浅绿色和无色四种。其中，暗绿色玻璃瓶是经典的波尔多干红的标配，深棕色玻璃瓶用来装法国南部等产区的干红，浅绿色则用来装干白，无色透明的玻璃瓶则用来装甜白葡萄酒。波尔多瓶的标准容积是 750 毫升，也有 375 毫升、1.5 升、3 升等容量。目前，此类瓶形已在包括我国在内的全球大部分葡萄酒产区广泛使用。波尔多瓶的一个变种——螺旋塞波尔多瓶，经常被新兴葡萄酒产国所使用。

图 5-5　螺旋塞波尔多瓶

（2）勃艮第瓶

勃艮第瓶肩窄肚圆，自瓶颈往下呈流线形膨胀，瓶体结实，因此也被称为斜肩瓶，既可以用来装红葡萄酒，也可以装白葡萄酒，在法国卢瓦尔河谷还用来装桃红葡萄酒。勃艮第瓶的标准容积也是 750 毫升，也有 200 毫升、1.5升、3 升等容量。此类瓶形在世界范围内被广泛使用，尤其在法国的勃艮第、博若莱、罗讷河谷、汝拉、萨瓦等产区备受青睐，新兴产酒国的黑皮诺葡萄酒及大多数白葡萄酒也使用勃艮第瓶。

【拓展思考】

为什么葡萄酒标准瓶是 750 毫升，标准箱是 9 升？

装葡萄酒的每一种瓶型都存在很多不同容量的版本，除了 750 毫升的标准容量以外，还有 375 毫升、187 毫升、1.5 升、3 升甚至更大的容量。那么，为什么 750 毫升会成为最受大众所认可的标准呢？

我们知道，英国曾是法国葡萄酒最大的进口国，当时运输单位为 50 加仑，即 225 升，因此作为运输容器的橡木桶便为 225 升。1608 年，当玻璃瓶被广泛应用后，橡木桶中的葡萄酒便被分装到容量更小的玻璃瓶中。1 个橡木桶 =50 加仑 =225 升，正好被分装入 25 箱（12 瓶 / 箱），共计 300 瓶（750 毫升 / 瓶）。所以标准箱 750 毫升 / 瓶 ×12 瓶 =9 升便也成为国际标准。而其他的 375 毫升、1.5 升等，实则是围绕 750 毫升的分装。

（3）纳帕瓶

纳帕瓶高肩，收底，是众多瓶型中的重瓶之一，尤其当酒品质上升，底部凹槽更深，瓶重较明显的增加也被叫作纳帕重瓶。纳帕瓶具有很强的地域性，适用于以美国纳帕为核心的加利福尼亚红葡萄酒。纳帕瓶的容积是 750 毫升，也有 375 毫升等容量。此类酒瓶颜色多为暗绿色、深棕色等。在很多新兴产国红酒会使用纳帕瓶，多为纳帕风格的单一酿制赤霞珠居多。

（4）阿尔萨斯瓶

阿尔萨斯瓶纤细修长，是众多瓶型中最高的一类，因其宛如长笛的形状，又被叫作笛形瓶，也被称为德国瓶。据说由于以前德国的葡萄酒都是使用小船运输，因船上空间有限，遂将酒瓶设计成细长的瓶身以节省空间。阿尔萨斯瓶具有很强的地域性，适用于德国莱茵河流域和毗邻的法国阿尔萨斯产区的白葡萄酒。阿尔萨斯瓶的容积是 750 毫升，也有 375 毫升等容量。此类酒瓶颜色多样，有暗绿色、深棕色、蓝色等，按地区习惯采用不同颜色。

（5）起泡酒瓶

起泡酒瓶的外形与勃艮第瓶相似，最初是专门为香槟设计的。因瓶内气压高，为了保证安全性，起泡酒瓶设计得更加坚固厚实，瓶壁较厚且瓶底凹陷，使其足以承受二氧化碳的压力。目前世界上已有 15 种不同容量的起泡酒瓶，有的是出于传统习惯，有的则是为了烘托节日或场合的欢乐氛围。起泡酒瓶只需看到瓶形即可判断是一款香槟或起泡酒了。

【拓展思考】

葡萄酒瓶底凹陷是何缘故？

有人说，酒瓶底部的凹陷越深，则说明葡萄酒的品质越好；也有人说，凹槽是为了压缩瓶内空间，这样便可以用更大的瓶装更少的葡萄酒。

其实，这些都不是瓶底凹陷的真正目的。凹槽设计的作用有：

①凹槽可使酒瓶结构更加坚固，尤其是装起泡酒时，能有效降低玻璃瓶发生爆炸的可能性；

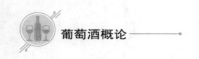

②凹槽设计可增加酒瓶的稳定性，使存储和运输的过程更加平稳安全；

③最重要的是，凹槽可聚集酒液中的沉淀物，这点对早期葡萄酒生产中尚未发明低温结晶技术的酒农们来说十分关键。

（6）加强酒瓶

加强酒通常装在较为厚实的黑色玻璃瓶中，在波尔多瓶的基础上，在瓶颈处设计了一个十分明显的凸起，看起来很像我们日常所见的葫芦。这样是为了更好地将老酒的沉淀留在瓶内，从而不影响饮用口感。此外，因加强酒的酒精度较高，需存放于坚实的玻璃瓶中，因此瓶身更为厚实。遇到此类瓶形，便可判断是加强型葡萄酒，而非干红或者干白葡萄酒。

（7）甜酒瓶

甜酒瓶的瓶身较细，看起来好似擀面杖。其容量一般为375毫升，是标准瓶的一半，因此也被称为"半瓶装"。甜酒瓶通常用来装贵腐酒、冰酒和晚收葡萄酒。因这些葡萄酒的产量少，滴滴珍贵，因此价格普遍略高。

2. 玻璃瓶在葡萄酒陈年过程中的作用

如今，玻璃瓶作为储存容器，当葡萄酒装入其中时，便开始见证一款酒随着时间流逝所展现出来的不同风味。

（1）瓶中陈年带来颜色变化

随着瓶陈时间的推移，白葡萄酒和桃红葡萄酒颜色慢慢变深，而红葡萄酒的颜色则会变淡。白葡萄酒由年轻时的黄绿色或淡黄色转变为金黄色甚至棕色，少数贵腐甜白或加强酒直至变为琥珀色还相当美味。年轻时呈现紫红色的红葡萄酒，经过瓶储过程会依次变为宝石红、砖红色、橘红色，甚至棕色，并形成酒渣。

（2）瓶中陈年带来香气变化

葡萄酒在玻璃瓶中"闭关修炼"，其成熟的一个重要标志，就是一类香气和二类香气逐渐被三类香气所取代。不具备陈年潜力的葡萄酒是很难出现三类香气的。具体表现为：白葡萄酒中的花香和果香逐渐变为煮熟的水果味、坚果味、香料味等；红葡萄酒由新鲜浆果味转变为浓重的熟果香、动物类气味、香料味等。

（3）瓶中陈年带来口感变化

葡萄酒在装瓶后并不会在糖分、酸度和酒精含量上发生很大变化，不过随着时间的累积，酒液的平衡感会稍有不同。由于单宁的抗氧化性，使得红葡萄酒能够受益于长期储存，单宁带来的涩感减弱，使酒液入口更加顺滑。经过瓶中储存并完全陈年的葡萄酒，在口感上更加均衡和谐。在此之后，葡萄酒的品质便开始下滑，最终成为一瓶干涩无力、毫无品质的液体。

二、软木塞与螺旋塞

葡萄酒在瓶中陈年的过程中被缓慢氧化，瓶塞的作用是保护葡萄酒不被微生物破坏。瓶塞的选择主要取决于葡萄酒的类型，尽管也受消费者偏好的影响。不同类型瓶塞之间的差异体现在特定时间内进入瓶内氧气量的区别。适当的氧气能够提升酒的质感与外观，过量的氧气则会让酒液过度氧化，从而在颜色与风味上产生不良影响，甚至导致变质。随着科技的不断发展，螺旋塞、合成塞相继出现，但在透氧率方面，天然软木塞依然处于不可取代的位置。

图 5-6 各种瓶型和木塞

【拓展思考】

瓶塞的性能

使用软木塞的历史可追溯到 17 世纪，"香槟之父"唐培里侬（Dom Pérignon）使用软木塞来密封香槟，从而解决了当时木头酒塞崩出瓶口的难题。

迄今为止，软木塞仍是集密封性和保证瓶中陈年能力于一身的、使用最为广泛的瓶塞。20 世纪 90 年代，因软木塞所引起的 TCA（三氯苯甲醚）污染导致酿酒师们纷纷寻找其替代品，于是出现了螺旋塞、合成塞等众多鲜为人知的瓶塞。尽管目前，软木塞生产工艺的进步已经大幅减少了污染问题，但仍有 1%~3% 的葡萄酒遭受其害。

瓶塞的性能是通过氧透过率来衡量的，进入瓶中的氧气多少决定了葡萄酒的陈年过程。实验证明，同一类型瓶塞存在合理差异，但不同瓶塞的氧透过率遵循以下规律：螺旋塞＜软木塞＜合成塞。

（一）软木塞

软木塞指用一块或几块软木或将软木颗粒聚合加工而成的，用来密封玻璃瓶或其他容器的塞子。软木塞的优点众多：干净、轻便、产量大、弹性好、防水性佳、不易腐烂、使用寿命长。软木塞被称为"葡萄酒守护神"，作为葡萄酒的最后一道保障，软木塞的质量直接影响着葡萄酒的品质。

1. 软木塞的原材料

软木塞的生产原料来自一种民间称为橡树的树皮，橡树是一种对环境适应性极强的古老树种，迄今已有 6 000 万年的历史。用于密封葡萄酒的软木塞源自栓皮栎，这是橡木的一种，主要生长于地中海西岸以及葡萄牙的大西洋沿岸，在葡萄牙、西班牙、意大利、摩洛哥、法国、阿尔及利亚等国家都有广泛种植。尤其是被称为"软木王国"的葡萄牙，每年向世界输出的软木超过世界总产量的一半，稳居全球首位。

用来制作软木塞的是栓皮栎的树皮，这是一层蜂房状的皮层组织，具有类似于泡沫的中空结构。栓皮栎具有极强的再生修复能力，当软木树皮结构被采剥后，并不会对树干造成损害，其表面会长出新的树皮。橡木的树龄为45~175 年，栓皮栎的存活期更是可以达到170~200 年。树龄越大，采收的树皮越多。每次采收下来的树皮厚度不同，为2~6 厘米。

2. 软木塞的类型

一直以来，软木塞都被认为是葡萄酒瓶塞的最理想选择。然而，橡木的产地有限，并且在制作过程中产生的废料较多，从而使得成本较高，所以软木颗粒聚合加工塞等各类替代产品便相继出现。

| 天然塞 | 聚合塞 | 复合塞 | 填充塞 | 蘑菇塞 | 合成塞 | 螺旋塞 |

图 5-7　瓶塞的主要类型

（1）天然塞

天然软木塞由一块或几块天然软木制成，是软木塞中质量最优的一类。微量氧气透过软木塞逐渐进入瓶内，使葡萄酒的单宁和多酚类物质慢慢熟化，虽其成本较高，但依然成为需要进行瓶中陈年的优质葡萄酒的首选。但是天然软木塞在干燥的环境中容易干缩断裂，且无法完全避免软木塞污染（TCA，即三氯苯甲醚，给葡萄酒带来发霉的纸板味）。

（2）聚合塞

聚合塞是通过将软木颗粒物与黏合剂混合，在一定温度和压力下压制而成。由于含有黏胶物质，若与葡萄酒长期接触，则会破坏其风味与外观，因此常用于快销酒。

（3）复合塞

复合软木塞以聚合塞和天然软木塞为主体，在一端或两端加上天然软木片，从而避免聚合塞的黏合剂与酒液直接接触，从一定程度上来说，复合塞同时具备天然软木塞和聚合塞的优势，价格也在这二者之间，常用于品质一般的葡萄酒。

（4）填充塞

填充塞用等级较低的软木制成，因其孔隙较大，若直接用来封瓶，会有溢酒的可能。因此，一般使用打磨软木塞时掉落的软木屑与胶水混合后将较大的孔填平。填充塞外表光滑，价格较低，依然存在 TCA 污染的风险，对于陈年潜力中等的葡萄来说，不失为一个不错的选择。

（5）蘑菇塞

这种蘑菇造型的软木塞用于起泡酒的密封，需要再配合金属丝，才能抵抗住起泡酒瓶内的高压。

（6）合成塞

合成塞由各种高分子复合型材料制成，分为塞芯和表层两部分。与传统软木塞相比，具有密封性好，无 TCA 污染，不易断裂等优势。但合成塞可能会给酒液带来不愉悦的橡胶味，也可能由于老化变硬而导致过度氧化。

3. 天然软木塞的制作

天然软木塞制作过程较为烦琐，可分为采收甄选、晾晒风干、高温蒸煮、初加工、精加工、筛选分级、包装运输等步骤。

（1）采收甄选

不同国家对采收树龄的要求不尽相同，通常来说，当树龄达到 25 年以上便可采收软木，每次采收的时间间隔不少于 9 年。5~8 月是采收的理想时间，较高的气温有利于采剥下来的树皮尽快干燥。人们往往会在被采收的树干上，用数字做出标记，以便今后继续采集。表皮完整、无霉变、无虫蛀的优质树皮会被挑选出来作为天然软木塞的原料，而质量欠佳的则被用于生产复合木塞或其他软木制品。

图 5-8　去皮的软木橡木

（2）晾晒风干

刚采收的树皮不可直接用于软木塞的加工，必须经历 6 个月以上的干燥期。其主要作用是消除树皮内的汁液、降低水分含量，并使聚酚类化合物氧化消失。

（3）高温蒸煮

风干后的软木放入沸水中浸泡蒸煮 60~90 分钟才能形成我们所说的软木。蒸煮过程可使树皮增加厚度、降低密度、软化木质，树皮中的单宁及挥发性酚类物质被消除，高温处理还能杀菌除味，使软木变得更加干净平整。蒸煮完成后的软木还要经过 3~4 周的自然干燥，使其具备稳定的结构与适宜的湿度。

（4）初加工

蒸煮后的软木被进行分类、切割、冲削等前期初加工处理，进而选出不同标准的软木，经过简单的工艺，让软木塞初步成型，制作成葡萄酒用软木塞的

图 5-9　软木塞初加工

坏样。

（5）精加工

对初步成型的软木塞再进行磨削、清洗、消毒、干燥等精加工处理，有效去除其中杂质，提升其抗腐坏、抗分解的能力，使其能够长时间保护葡萄酒的品质。精加工后的软木塞外表光洁，形状精确，颜色通常为土褐色。软木塞的长度有 38 毫米、44 毫米、49 毫米、54 毫米不等。

（6）筛选分级

软木塞制成后，一般先由机器进行初次分类，然后再进行人工筛选，以确保其符合不同等级的质量标准。之后在木塞表面用石蜡或树脂等材料进行处理，不仅能够提升其密封性，还有助于将来顺利打塞。此外，根据葡萄酒种类和玻璃瓶类型的需要，还应用可食用材料在其表面印制商标。

（7）包装运输

成品软木塞需分别包装进真空袋中，也可依据实际情况适当添加二氧化硫以防受潮和霉变。装箱运输时应注意保持环境干燥，避免重压变形。

4.软木塞重要产国

如今在世界主要软木塞出产国葡萄牙，有超过十万公顷栓皮栎（软木橡木）林获得了森林管理委员会（FSC）体系认证，生态系统得到可持续的管理。

栓皮栎林的碳吸存作用对环境保护十分有益，同时栓皮栎林本身就是一个可涵养多元生物的系统。软木的采剥不以砍伐树木为代价，并且软木具有再生的能力。但想要充分发挥这些作用，需要工人在日常的工作中必须严格遵循国家和地方制定的相关法律法规，不过分生产，对其进行合理的维护。例如，软木是每九年采剥一次，一棵栓皮栎总共可供采剥 15~18 次，人们有效地计算或区分哪棵树该进行下一次采剥成了为栓皮栎提供自身代谢修复时间的关键。在葡萄牙，每次采剥完成后，工人必须在树干上标记上当年年份的最后一个数字，比如那年是 2022 年，树上就会写上 2。树皮的生长方向是从内向外，所以数字不会随着时间的变化而被覆盖。

尽管地中海地区气候夏季十分干燥，但一旦遇上降雨，工人应立即停止采剥工作。因为在树皮刚被剥下时，表层软木脂遇水易被冲刷，从而影响下一次采收的软木质量。

对栓皮栎树枝的修剪、周围土壤的耕种，都须遵照相应的规定进行。

所有的环节都需要精心把控，如此看来，栓皮栎林的可持续饱含着森林工人们的辛勤、细心、专业和丰富经验，他们是材料的采收者，也是栓皮栎林忠诚的守护者。

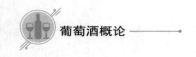

（二）螺旋塞

大多数葡萄酒爱好者都会被问及这样一个问题："选择软木塞葡萄酒还是螺旋塞葡萄酒？"不同国家和市场的消费者，对于螺旋塞的态度存在差别。一方面不少消费者选择软木塞，有的是单纯地认为软木塞比螺旋塞质量好、软木塞葡萄酒品质更高；有的是十分享受使用开瓶器打开一瓶佳酿的"仪式感"；有的则是认为软木塞可以让葡萄酒与氧气缓慢接触，更有利于葡萄酒陈年。另一方面也有一些消费者选择螺旋塞，因为它既能避免软木塞污染，使用起来又方便快捷，毕竟不是任何人在想喝酒的时候都会随身携带开瓶器的。

那么，相较于软木塞，采用金属螺旋塞的葡萄酒品质究竟是否会不同呢？美国加州大学戴维斯分校的安德烈·沃特豪斯（Andrew L. Waterhouse）教授给出了他的答案："是"，也"不是"。对于我们日常饮用的葡萄酒，比如在超市购买的，适合大多数场合的葡萄酒，这类葡萄酒的陈年时间在 5 年以内，消费者一般在购买后会尽早饮用。这种情况下，葡萄酒用软木塞或者螺旋塞，其实并无差异。对于陈年潜力较大的葡萄酒，比如需要陈年 10 年，甚至更久的葡萄酒，天然软木塞仍是最保险的选择。

在大部分酒庄眼中，螺旋塞是非常可靠的。很多新兴葡萄酒产酒国用螺旋塞代替软木塞，尤其在澳大利亚和新西兰酒庄较为普遍。当然也有一些酒庄依旧保持着对传统软木塞的尊重和执着，甚至有许多低端餐酒为了迎合消费者的偏好，仍然对软木塞一往情深。

无法否认的是，软木塞不可避免的风险推动了葡萄酒瓶塞的革命。近十几年，螺旋塞的使用越来越常见。新西兰 90% 以上的酒都用螺旋塞，澳大利亚奔富（Penfolds）酒庄的很多高端产品也在使用螺旋塞。事实上，如今的螺旋塞已然解决了微氧渗入的问题。理论上来说，螺旋塞对于葡萄酒长时间的陈年也将不存在技术上的障碍。

【拓展思考】

关于瓶塞的不同声音

全球知名的软木塞生产商 Diam 公司委托环保组织进行的"碳足迹"研究结果表明：使用螺旋塞所释放的导致温室效应的气体，是使用软木塞所释放的 4 倍。

制作软木塞的栓皮栎的寿命不超过 200 年，栎树每 9 年被剥一次皮，最多可剥 16 次。栎树的资源是有限的，软木塞不可能被无限制利用。若不节制，地中海地区的栎树终将消失。因此，软木塞的使用应控制在一定范围内，才能让栎树适度开发，生态环境才能够被合理地利用和保护。

第二节 葡萄酒的保存

葡萄酒都有属于自己的生命周期，即便在装瓶后，依然继续发展和成长。有趣的是，经过相同时光的历练，身处于不同环境中的葡萄酒所展现出的风味迥异。有一些葡萄酒越发风姿卓越；而另一些则显得老态龙钟。

一、葡萄酒的适饮期

尽管市场上所见到的葡萄酒大多会标注 10 年的保质期，然而，葡萄酒却是少数无须标明保质期的饮料之一。在葡萄酒陈年的过程中，香气、颜色、口感无不发生着变化，很难确定它何时变质不能喝，但我们可以根据经验预测出一瓶酒的适饮期，即在某一特定的时间段，葡萄酒的品质达到最高峰，最适宜饮用；过了适饮期之后，葡萄酒的风味便会慢慢走向衰落。所以我们应在葡萄酒达到最佳饮用期的时候来品尝，而不应以保质期为准。因为即便是饮用过了保质期的葡萄酒，也不会对健康造成伤害；那只不过是一瓶丧失了"魅力"的葡萄酒而已。那么，适饮期究竟该如何判断呢？

首先从陈年时间上来说，由于葡萄酒在上市之前，就已然经历过一段熟化的时间，因此市场上绝大多数（90% 以上）的葡萄酒都是为了让消费者购买来饮用的，适饮期在 3~5 年。具有 5 年以上陈年潜力的优质葡萄酒只占 4% 左右。其次从香气上来判断，简单易饮的葡萄酒主要表现出一类香气和风味，酸度或单宁结构轻，通常不太经得起时间的考验，这类酒应越早喝越好，尽量趁年轻时享受其带来的清新与活力。比如清淡型白葡萄酒以及博若莱新酒，最好在几个月内喝掉。另一些品质较高的葡萄酒，尤其是红葡萄酒，酸度强劲、单宁紧实、风味浓郁，瓶中陈年三五年之后，一类香气逐渐向三类香气发展，单宁更柔软，口感更优雅。只有顶级的葡萄酒才经得起 10 年以上岁月的打磨。

判断适饮期是一件依赖于我们的知识和经验的主观性行为，只有待开瓶后，才能印证自己的判断是否正确。但是，即便是耐久存的葡萄酒，如果存放环境不当，也有可能使期待的佳酿成为一场泡影。

二、葡萄酒的存放

在荷兰人探索到生命之水与熏硫技术以前，葡萄酒极易腐坏，不宜久存。

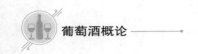

每位酒商都想着越快卖出越好，仿佛手握烫手山芋一般。唯一的例外便是威尼斯商人与修道院院长。前者的葡萄酒由于浓度高，质量稳定，不存在时间压力；而后者则拥有凉爽的酒窖和大酒桶来存储葡萄酒，因此并不着急脱手。

那么，葡萄酒为什么会在短期内醋化变质呢？原因就在于各种细菌，特别是醋酸菌，只需一点点氧气便会大量繁殖，生成数量足以影响葡萄酒品质的醋酸或醋。如所有生化反应一样，温度越低，细菌生长速度越慢；橡木桶内酒量越多，与空气的接触面就越小，可大大降低醋酸菌的繁衍，这也是大橡木桶的优点。此外，较高的酒精度也能削弱细菌滋生，二氧化硫也起到同样的保护作用。

（一）整瓶存放

葡萄酒对于环境条件相当敏感，不正确的储存方式会对葡萄酒造成不可逆转的伤害。储存葡萄酒的时候一定要注意以下几点。

1.温度

储存葡萄酒最适宜的温度是 10~15℃，尽管大多数葡萄酒在 6~18℃间依然可以存放数年之久，然而保持温度的恒定至关重要。因为温度忽高忽低所带来的热胀冷缩效应，易造成酒液渗出、加速氧化的结果。因此，只要保持恒温，即使温度在 5℃或 20℃也是可接受的。存放环境过冷会使葡萄酒的成长速度放慢，陈年时间拉长；温度过高，则会加速陈年，影响口感的精致度。酒窖中自然缓慢的节奏可以使葡萄酒经历一个稳定和谐的陈年期。因此，靠近暖气、炉灶等热源的环境，都可能在短期内将佳酿毁于一旦。

2.湿度

60%~70% 的湿度对储存葡萄酒来说是最佳的。湿度太高易滋生霉菌，造成软木塞或标签腐烂发霉；湿度太低则会使软木塞干裂，降低密封性，从而造成葡萄酒氧化。

3.光线

紫外线对于葡萄酒来说是极为不利的，酒液的颜色和香气都会被破坏。这也是大多数葡萄酒瓶都是深色的原因，深色酒瓶犹如为葡萄酒戴上了"墨镜"，从而降低紫外线对酒质的影响。太阳光、日光灯、霓虹灯等强光容易让葡萄酒产生还原变化，散发出难闻的气味；尤其是香槟和白葡萄酒，对光线最敏感，应避光保存。

4.通风

葡萄酒应放置于无异味、通风较好的环境中，但最好不要有风流。如若在封闭的酒窖、酒柜中，应注意定期通风。洋葱、大蒜、香料、咖啡等气味较重的物品应与葡萄酒分开放置，以防污染葡萄酒的香气。

5. 震动

正如人类进入睡眠状态需要安静的环境一样，过度的震动会影响葡萄酒的品质，因此在存放过程中，应尽量避免不必要的搬动。安静的环境有利于葡萄酒在微氧成熟的过程中析出沉淀物。经过长途运输的葡萄酒最好不要立即饮用，放置三天待品质恢复后饮用才是正确的做法。

6. 横卧

软木塞封瓶的葡萄酒尤其需要横向放置，让软木塞与葡萄酒液面保持恒定接触，从而防止软木塞干缩，保持氧气渗入瓶中的速率。

图 5-10 葡萄酒在昏暗、凉爽、湿度充足的酒窖中平稳地横放

（二）开瓶后存放

氧气对于葡萄酒来说，可谓是一把"双刃剑"。一方面，葡萄酒在陈年过程中需要借助氧气实现香气和口感上的层次感与复杂度；另一方面，过多的氧气造成氧化反应会让酒液失去芳香，甚至带来醋味。因此，开瓶后的葡萄酒应当尽快饮用，如若实在需要储存，则应采用以下方法来尽量避免与氧气过度接触。

1. 重新封瓶

可以将瓶塞重新塞回去，尽量把软木塞塞紧或螺旋塞拧紧，直立放置于冰箱中冷藏。低温的环境能够降低化学反应发生的速率，从而防止葡萄酒醋化。

2. 真空瓶塞

可使用真空瓶塞排出瓶内的氧气并密封酒瓶，从而减少酒液与氧气的接触。这种方法不适用于起泡酒。

图 5-11　真空瓶塞

3. 更换小瓶

对于喝到一半的标准瓶（750 毫升）装葡萄酒，最好的方法就是倒入容量为 375 毫升的小瓶中，并塞紧瓶塞置于冰箱中冷藏。因小瓶被酒液装满，使得氧气无法进入，可以最大限度地防止氧化作用的发生。然而这一过程需要确保小酒瓶的清洁，以免倒进去的酒液被污染。

4. 惰性气体

可在瓶内注入比氧气重的惰性气体，通常使用氩气或二氧化碳，从而在葡萄酒和氧气之间形成阻断层，进而起到保鲜作用。目前市场上的卡拉文（Coravin）取酒器就可在不取出软木塞的情况下将酒倒出，瓶中剩下的佳酿仍可保存数日、数月甚至数年。其原理是利用取酒针穿过瓶帽和软木塞进入到酒瓶中取酒，将针移除时，软木塞的天然弹性会使其恢复原状；同时在取酒的过程中，纯氩气取代了被取出的酒液，从而避免瓶中剩下的酒液被氧化，使其永远保持与装瓶日一样的新鲜度。

此外，开瓶后葡萄酒保存时间的长短与单宁含量、酒龄有关。高单宁的品种具有较强的抗氧化性，开瓶后保存时间就越长。常见的红葡萄品种中单宁含量由高到低依次为：赤霞珠、美乐、西拉、仙粉黛、歌海娜、佳美、黑皮诺。酒龄越大的葡萄酒越脆弱，越经不起氧气的考验；而年轻的葡萄酒抗氧化物质相对更丰富，开瓶后的保存时间相对较长。

【拓展知识】

 旧橡木桶去了哪里?

思考与练习

一、单选题

1.纤细修长,瓶形宛如长笛的形状,也被叫作笛形瓶的是(　　　)。

A.阿尔萨斯瓶　　　　　　　　B.纳帕瓶

C.勃艮第瓶　　　　　　　　　D.波尔多瓶

2.世界上出口软木塞最多的国家是(　　　)。

A.西班牙　　　　　　　　　　B.法国

C.美国　　　　　　　　　　　D.葡萄牙

3.下列香气是瓶中陈年会带给葡萄酒的是(　　　)。

A.青椒香　　　　　　　　　　B.草莓香

C.百花香　　　　　　　　　　D.榛子香

4.较为常见的波尔多桶(Barrique)的容量是(　　　)。

A.750升　　　　　　　　　　B.500升

C.228升　　　　　　　　　　D.225升

二、多选题

1.世界上用于生产橡木桶的主要橡木品种有(　　　)。

A.卢浮橡　　　　　　　　　　B.白橡木

C.红橡木　　　　　　　　　　D.夏橡

E.软橡木

2.世界上的橡木塞种类繁多,包括下面的(　　　)。

A.复合塞　　　　　　　　　　B.填充塞

C.蘑菇塞　　　　　　　　　　D.螺旋塞

E.天然塞

3.下列因素中会影响葡萄酒储存的有(　　　)。

A.光线　　　　　　　　　　　B.震动

C.温度　　　　　　　　　　　D.通风

E.湿度

4.下列会影响橡木桶品质的因素有（　　　　）。

A. 橡木桶的原料材质　　　　　　B. 橡木桶的烘烤程度

C. 橡木桶的新旧　　　　　　　　D. 橡木桶的品牌

E. 橡木桶的大小

三、简答题

1.列举葡萄酒瓶陈会产生的效果。

2.一瓶开封的葡萄酒应如何储存？

四、思考题

1.比对橡木桶的优缺点，谈谈你对适度使用橡木桶的意义的理解。

2.梳理本章内容，以口语化的方式向同学介绍橡木塞和螺旋帽各自的优缺点，谈谈你认为应该怎样选择瓶塞。

第六章
葡萄酒的饮用

本章导读

随着人民生活水平的提高，葡萄酒逐渐引起大众消费者的广泛关注。"饮葡萄酒保健"和"饮葡萄酒伤身"的不同说法一并出现在了大众的面前。令人沉醉的美酒，再拥有神奇的保健功效，是多么令人愉悦的事情啊。当然也不乏世界顶级的葡萄酒教育大师在自己的书籍开篇言之："先人对葡萄酒的钟情并非源自其优雅的香气，也不是紫罗兰和覆盆子的余韵，而是其酒精的效用。"

过去短短的 30 多年中，现代医学研究一边得出葡萄酒对健康有益的结论，又一边得出葡萄酒也是酒，它危害人体健康的结论。这些相互矛盾的结论已经对普通的葡萄酒消费者造成了一定困扰，消费市场的引导，网络传播的片面信息和误导更加深了这种迷惑。客观地、唯物地去认识葡萄酒对健康的影响是葡萄酒学习者应该摒弃内心主观色彩去做好的功课，应该秉承理性的态度为消费者的葡萄酒饮用提供合理的建议。

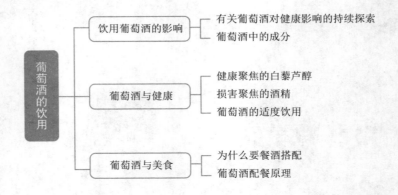

知识目标：掌握不同时代关于葡萄酒对健康影响的探索；掌握"葡萄酒悖论"产生的背景及其内容；了解现代科学研究葡萄酒饮用效果的正反观点；掌握葡萄酒中的成分；了解白藜芦醇的研究情况；掌握科学的适度饮用标准；掌握葡萄酒与美食搭配的原理。

技能目标：具有辨别和避免向顾客输送过度夸大葡萄酒保健的能力；能够在宣传葡萄酒饮用文化时结合时代背景向受众输送生动而正确的信息；具备应用现代科学研究中有关葡萄酒饮用效果的正负成果回答客人关于葡萄保健和伤害疑问的能力；具备应用葡萄酒配餐的原理为客人推荐适宜餐酒配的能力。

素养目标：在专业知识学习和具体问题探索时，具备客观和唯物主义的认知观；具备正向引导葡萄酒消费氛围的职业态度和职业责任感；具备对葡萄酒饮用健康信息的敏感度，保有对行业信息的持续更新能力与终身学习的能力；保持学习热情，探究餐酒搭配，拓展见闻与视野。

【章前案例】

让有关葡萄酒饮用影响的科学研究再飞一会儿

2013 年，加拿大英属哥伦比亚大学奥提根学院（University of British Columbia's Okanagan）的化学研究人员在红葡萄酒中发现了 23 种新分子物质，这些分子能够起到促进健康的作用。科学家们认为，将来这或许能成为医学突破的一大因素。

研究人员在红葡萄酒中新发现的分子被称为芪类，此次共发现了 41 种芪类物质，其中有 23 种是以前从未发现过的。副教授塞德里克·索西埃（Cedric Saucier）说道："这些新发现的分子很可能具有非常有趣的生物学特点，能增添红葡萄酒的保健功能。"

此次试验是由掌管英属哥伦比亚大学奥提根学院葡萄酒实验室的索西埃教授和来自澳大利亚阿德莱德大学的研究人员共同完成的。"谁知道这个实验结果会导致什么事情发生呢？或许将来可以生产出新的药物。"索西埃教授补充道。

新发现的 23 中分子物质还与白藜芦醇有关，白藜芦醇来自红葡萄皮，它是一种生物性很强的天然多酚类物质，有关白藜芦醇的实验研究已经证实它具有预防心血管疾病和癌症的作用。此外，这种物质还能对人体内部一种单体抗衰老酶起作用，进而发挥预防各种与年龄相关的疾病、延长预期寿命的潜在作用。

而也有观点提出，葡萄酒中白藜芦醇的含量不高。每盎司红酒中大约含有 90 微克这种物质，这甚至远远低于最低推荐白藜芦醇剂量。如果真的坚持适度饮酒，男性每天喝 10 盎司（283 毫升，约 3 杯）或更少的酒，女性每天喝 5 盎司（141.5 毫升，1 杯多）或更少的酒，那他们从葡萄酒中获得的白藜芦醇几乎可以忽略不计。

让人们安全地享受葡萄酒饮用的休闲经历是葡萄酒销售和服务行业一直未变的宗旨之一。顾客的健康从不是葡萄酒销售的盲区或忽视点。面对争议很大的葡萄酒到底养不养生的问题，为了一个明确的答案，或许我们只能让有关葡萄酒饮用影响的科学研究再飞一会。在迷雾散开前，葡萄酒从业者应尽责地不做未了解事实的主观引导，尊重并保护消费者，坚持职业操守。从业者还需全面了解，精心准备，正向引导，打造健康的饮酒氛围，让葡萄酒销售市场更长足地发展。

案例来源：资讯. 科学家发现红酒中有益健康的 23 种新成分［J］. 中外葡萄与葡萄酒，2013（5）：73.

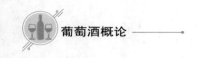

第一节　饮用葡萄酒的影响

一、有关葡萄酒对健康影响的持续探索

人类关注葡萄酒对健康的影响这个话题由来已久，令葡萄酒总是和健康纠结在一起。为更唯物、更客观地认知这一问题，在审视葡萄酒的功效时应结合该功效兴起的时代背景来看。毕竟在合成或提取技术十分有限的时代，酒能够作为药引，辅助药物发挥功效是真实的医用价值。这类价值真的存在过，但在科技提升到一定高度时，就有些不值一提，不必过分夸大了。

（一）古文明中的"良药"

在不同的古文明中，葡萄酒被高度一致地视为良药。

考古资料表明，古埃及人可以被称为"狂热的酿酒师"，他们红葡萄酒、白葡萄酒都有酿造。在公元前 3000 年左右，他们还曾将葡萄酒作为最好的良药。考古研究者在摩羯大帝一世（King Scorpion I）的古墓中曾发现一个罐子，判断其历史可追溯到公元前 3150 年左右。罐子有盛放葡萄酒、香油、香菜、鼠尾草和薄荷的痕迹。该发现表明，当时的古埃及人已经把草药溶解在葡萄酒中，用来治疗胃病、疱疹等疾病。显然这样的药香葡萄酒是古埃及人眼中的止痛药或防腐剂。

在古希腊，葡萄酒被药用已普遍存在。古希腊人的"医学之父"希波克拉底就很提倡葡萄酒的药用价值。认为葡萄酒可以减轻胃病，红葡萄酒有助于消化，白葡萄酒有助于治疗膀胱方面的疾病。他记载了用葡萄酒治疗从腹泻到分娩等大量身体不适症状的处方。他认为，葡萄酒是清理伤口绝佳的消毒剂。他还特别指出，葡萄酒可能导致患有神经系统疾病的人产生头疼症状，所以并不适合这类人群饮用。

古罗马博物学家老普林尼（Pliny the Elder）声称葡萄酒"让肠胃舒适，让人远离痛苦"。

在我国，葡萄酒也一直享有有保健效果的良好声誉。明朝著名医药学家李时珍在《本草纲目》中记载："葡萄久贮，亦自成酒，芳甘酷烈，此真葡萄酒也。"他对葡萄酒的成效描绘道："主治暖腰肾，驻颜色，耐寒。"可见李时珍早已认可葡萄酒的功效。在雍正六年（1728 年）完成的《古今图书集成》（陈梦雷编撰）一书中，也有这样的记载："葡萄酒治胃阴缺乏、纳食不佳、肌肤粗糙、容颜无华。"在 20 世纪 30 年代的一幅张裕葡萄酒老广告上，也强调了葡萄酒的保健作用，有"红白葡萄酒补血益气""陈年白兰地壮筋强骨"等字样。

我们需要了解的是在葡萄酒是"良药"的时代，社会资源有限，医学发展也有限。葡萄酒作为社会广泛认可的高级饮品本身就具有美好的认知滤镜，同时作为低度的酒精饮品，它的饮用安全、助消化、麻醉和消毒等功效在当时都是一度难能可贵的。

图6-1 葡萄酒与健康是个由来已久的话题

（二）20世纪90年代前的正负面影响探索

1. 关于葡萄酒的正面健康影响说

在现代研究提出红酒能帮助预防普通感冒之前，13世纪中期，法国南部一名医师阿诺德·诺瓦（Arnaldus de Villa Nova）就详细描述了葡萄酒如何能缓解鼻窦炎。他还写了一篇超出他所在时代水平的文章，最早提出饮酒对老年失忆的预防。直至当代，葡萄酒的这种功效仍被研究者关注着，有多位不同国家的学者都提出，适量饮酒确实能够降低患阿尔茨海默症的风险。

目前，水被公认为是世界上最健康的饮品。但回溯到没有良好的水处理系统的19世纪，在没有饮用熟水习惯的欧洲，被污染、未经杀菌处理的饮用水经常是霍乱和伤寒的传播途径。当时没有良好消毒处理手段的牛奶也可能是肺结核的帮凶。于是，微生物学之父路易·巴斯德（Louis Pasteur）就曾态度鲜明地提出"葡萄酒是所有饮品中最健康、最卫生的"。

2. 葡萄酒的负面健康影响说

20世纪在美国爆发的"禁酒运动"令社会以较严苛的视角审视酒水，推动了葡萄酒对健康负面影响的发现和"饮用葡萄酒需适量"观点的形成。在美国，"禁酒"的意识可谓源远流长，源于这片大陆上的早期移民。这些移民中很多人是清教徒，他们远渡重洋，离开欧洲，奔赴荒凉的大陆，是为了逃避宗教迫害。这种移民构成，令喝酒是放纵和享乐的社会思潮一直在美国存在，民间一直有着自发的禁酒运动。20世纪20年代，"禁酒运动"在美国全国法令的推动下发展到了高峰，影响波及欧洲。这个时期禁酒立法的重要推动力量是已经开始有独立社会地位追求的妇女。她们痛恨男性的酗酒行为，进而痛恨所有酒水酿造和买卖行为。伴随"禁酒运动"，酗酒对社会的威胁被暴露出来，烈酒名声越来越差。葡萄酒当时虽然被认为是比较卫生的饮品，且远比烈酒危害小，但葡萄酒可能引起高血压和器官损伤等对健康危害的说

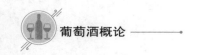

法逐渐被提出。"禁酒运动"并不是一次成功的社会运动,但在以后的十几年中,人们越发明确地认识到葡萄酒与啤酒和烈酒一样,应该适量饮用。

1988年,在伦敦的一项研究中,参与研究的11个被观察者在饮用西班牙红葡萄酒以后,其中的9人产生偏头痛,而另外8个饮用兑入柠檬水的伏特加的被观察者并没有产生偏头痛。研究人员提出,酒精并不是导致偏头疼的罪魁祸首,而是葡萄酒中的某些成分引发了头痛,如类黄酮。

这些对葡萄酒健康影响的观点或研究在科学严谨性上显然存在缺陷,但又依稀出现了用科学研究解释葡萄酒正负面影响的态度。很多观点成为之后现代科学研究葡萄酒对健康影响的入手点和焦点。

3.影响深远的"法国悖论"

在了解当代人对葡萄酒保健主要观点的形成时,不可错过的是影响深远的葡萄酒"法国悖论"(Franch Paradox)。简单来说,"法国悖论"指的是法国人酷爱美食,日常饮食结构中含有大量的饱和脂肪酸,这显然不利于心肌健康,但法国人不但患心肌病的概率非常低,身材也普遍保持较好。

"法国悖论"一直是营养学界的一个热点话题。现今很多研究者认为是爱尔兰医生赛木耳·布莱尔在他1819年发表的学术论文中首先提出了"法国悖论"。

塞尔日·雷诺(Serge Renaud)教授是首个关注这个悖论并将红葡萄酒设想为造成"法国悖论"主要原因的人。1991年,雷诺在美国电视节目上的言论,使得主持人莫利·塞弗(Morley Safer)宣称红葡萄酒是造成此悖论的原因。塞弗对着镜头说:"法国悖论的解释也许能在诱人的酒杯里找到。"

图6-2 "法国悖论"推进葡萄酒融入了日常餐饮

雷诺的理论兴起了寻找红葡萄酒中的成分与心血管疾病相关性的研究潮。2000年,医学期刊《柳叶刀》记录了雷诺的言论:"如果我不是与祖父母和曾祖父母住在波尔多附近的葡萄园里，也许我不会有这个想法。"国际酒精科研论坛（International Scientific Forum on Alcohol Research）表示："塞尔日·雷诺教授对科学的终身奉献，将使人类不断受益。"

美国农业部 2002 年的统计结果显示，法国人每天比美国人多吃 32 克的脂肪，4 倍的黄油，60% 的奶酪和 3 倍的猪肉。神奇的是，比较两国因冠心病导致的死亡率，法国仅有十万分之八十三，而美国则高达十万分之二百三十，近乎法国的 3 倍！而且，法国人比美国人瘦，尽管法国人的肥胖及超重比例不断增加，但也只有美国人的一半左右。研究指出，法国人日常饮用的红酒中的一些成分起到了保护心脏的作用，这一消息通过 "60 分钟时事新闻" 播出以后，引起了美国人抢购红酒的空前高潮。

"法国悖论" 令葡萄酒在非葡萄酒传统产国的国家和地区风靡起来。越来越多的人相信，葡萄酒中的单宁具有强有力的抗氧化作用。在多酚家族中，红葡萄酒中的白藜芦醇是最活跃的。它具有防止血液凝块、消炎、促进血管扩张和抑制细菌繁殖的作用（白藜芦醇存在于葡萄皮中，它在红葡萄酒中的含量要高于白葡萄酒）。

（三）科学研究葡萄酒饮用影响的现代

如图 6-3 所示，葡萄酒与健康的关系需要更科学的解释。

1995 年：葡萄酒可以延年益寿。

丹麦研究人员对 6 000 名男性和 7 000 名女性进行的调查发现，每天饮用 3~5 杯红葡萄酒的人，10 年内的死亡率比其他人降低 49%；每天饮用相同量啤酒的人，10 年内的死亡率与其他人相当；每天饮

图 6-3　葡萄酒与健康的关系需要更科学的解释

用 3~5 杯烈酒的人，10 年内的死亡率升高 34%。由于研究人员没有将生活方式等因素考虑在内，所以葡萄酒饮用者的寿命更长也可能是因为他们吃得更健康或者运动量更大。还有一些波尔多的学者说，适量饮用葡萄酒可以降低患老年失忆症的风险。之后的几年，科学家们开始对葡萄酒中白藜芦醇的作用感兴趣。红酒以及草莓和巧克力等食物中的白藜芦醇可以将人的寿命延长30%。这些理论当然还未有明确的科学证明。葡萄酒不是灵丹妙药，在有更多科学理论支撑前，大家应该适度饮用，切勿贪杯。

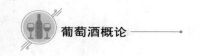

2005 年：红葡萄酒可以预防前列腺癌吗？

进入 21 世纪，大量的报道称红葡萄酒可以预防癌症。2005 年，研究者在一项研究中首次发现葡萄酒对预防前列腺癌有一定功效，虽然这种作用可能很小。研究发现，男性每周多喝一杯红葡萄酒，患前列腺癌的风险可能降低6%。然而，后来对大量适度饮酒者进行的调查并没有发现红葡萄酒与前列腺癌风险之间存在联系，所以，红葡萄酒是否可以预防前列腺癌至今尚无定论。

2007 年：红葡萄酒可以防止蛀牙。

虽然自从 19 世纪后期，人们就知道红葡萄酒可以杀死污水中的细菌，但直到 2007 年，科学家才指出红葡萄酒也可以防止蛀牙。研究发现，无论是红葡萄酒还是白葡萄酒，都可以阻止链球菌的生长，而红葡萄酒比白葡萄酒的功效更强，可能是其中的酸类物质造成的。

2013 年：男性喝葡萄酒可能降低生育能力。

2013 年的一项研究表明，红葡萄酒中有一种成分类似雌激素，服用一段时间后，可能会伤害男性的生育能力。

2015 年：治疗老年失忆症和预防癌症。

十几年前，人们发现白藜芦醇可以分解一种名为 β- 淀粉蛋白的蛋白质，这种蛋白被认为与老年失忆症有关。最新研究发现，白藜芦醇可能抑制老年失忆症患者体内的 β- 淀粉蛋白在人脑中积累。但是，这项研究仍然存在很多疑问，最重要的问题就是 β- 淀粉蛋白的降低是否可以使老年失忆症好转。另外，如果要摄入研究中提到的白藜芦醇剂量的话，患者需要饮用 1 000 瓶红葡萄酒。

一直以来，红葡萄酒与癌症的关系非常复杂，但是 2015 年有所好转。研究表明，对适度饮酒的人来说，红葡萄酒可以降低前列腺、肺癌和结肠癌的风险；而对过量饮酒的人来说，则可能增加肺癌、结肠癌、肝癌、胃癌和乳腺癌等癌症的风险。

过去人们认为，适量饮酒不会对身体造成损害，但 2015 年哈佛大学的一项研究则颠覆了这种观念。研究发现，每天饮用半杯葡萄酒、啤酒或烈酒的健康中年妇女，患某些癌症的风险（尤其是乳腺癌）可能提高 13%；每天饮用两杯酒精饮料的男性，患肝癌、结肠癌、食道癌的风险可能提高 26%。

身体保健和身体损伤就这样交织在了葡萄酒身上。

二、葡萄酒中的成分

（一）水

水是葡萄酒的主要成分，占总含量的 70%~90%。葡萄酒里的水不是人工添加的，而是来自葡萄果实，它是葡萄酒中大部分物质的溶剂和载体。在 19 世纪的欧洲，水经常被霍乱、斑疹传染病污染，葡萄酒被当作最健康卫生的饮品，成了饮用水的替代品。

19 世纪晚期，专家们建议用葡萄酒给水消毒，在喝水前将水与葡萄酒混合 6~12 小时，这一做法在欧洲部分地区延续至第二次世界大战时期。

（二）醇

葡萄酒中最主要的醇类物质自然是酒精。酒精是葡萄酒的主要影响因素，也是葡萄酒风味的重要组成成分之一。一般来说，葡萄酒中酒精含量并不高，在 8.5%~16%，葡萄成熟度、酿造方式等都会影响酒精的含量。

除了酒精外，葡萄酒中还含有其他醇类物质，含量最高的便是甘油。甘油是酵母发酵的副产物，有助于提升葡萄酒的口感和质地，能给葡萄酒带来甜美圆润之感。甜酒的甘油含量会更高。

另外，甲醇、高级醇及其他多元醇也会出现在酒中。它们有的是由葡萄本身带来，有的则是发酵副产物。葡萄酒中的生青味、灰霉菌侵染带来的蘑菇味，都与醇类物质有关。甲醇的主要来源是葡萄果胶，在未经处理的情况下，葡萄酒中甲醇含量很容易超过标准，这也是为什么我们不建议自酿葡萄酒的原因之一。

（三）糖

葡萄酒中的糖分来自葡萄果实。在发酵过程中，葡萄中的大部分糖分转化为酒精，少量残留的糖分则成为区分干型、半干型、半甜型和甜型葡萄酒的重要指标。甘油则是酒精发酵过程中产生的副产品。糖分和甘油可使葡萄酒具有圆润且丰腴的口感。

即便是干型葡萄酒，也免不了有残糖的存在。葡萄酒中的糖分不仅仅来源于葡萄果实，还有部分多糖来自酵母和其他微生物。残糖量小于 4 克 / 升，即可称为干型酒。这些糖分可以柔化葡萄酒口感，平衡酒中酸度，同时也为酒体做出了部分贡献。

（四）酸

葡萄酒中的酸是重要呈味物质，也承担起白葡萄酒骨架的构成。葡萄酒中的酸主要有两大类：葡萄果实本身的酸和酿造过程中产生的酸。它是葡萄酒结构的重要组成部分，可以给酒液带来清爽的口感，并且可以平衡果味和甜酒中的糖分。

在葡萄酒中有六种酸，以酒石酸占比最大。醋酸是葡萄酒中唯一的挥发酸，少量醋酸能够起到提升葡萄酒复杂性的作用，过量醋酸则是葡萄酒细菌败坏的表现。葡萄酒的酸度既与葡萄品种有关，也与环境气候、酿造方式相关。

随着陈年的进行，葡萄酒中的酸会慢慢衰弱，酸度是判断白葡萄酒陈年

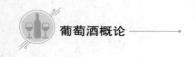

潜力的重要依据。

（五）酚类物质

提到葡萄酒的保健功效，一定离不开的就是酚类物质。它们既能赋予葡萄酒特殊的颜色和风味，还能有益于人体身体健康，具有杀菌、抗氧化和维生素的一些性质，能够预防心血管类疾病。

在所有酚类物质中，人类已关注到的有：单宁、儿茶酸、色素、白藜芦醇等。复杂而神秘的多酚是葡萄酒保健、葡萄酒医药研究的主要关注点。

在葡萄酒的酿造过程中，多酚物质主要是通过浸皮这一工艺进入到葡萄汁中。酚类物质是红葡萄酒的一个重要成分。酚类物质包括单宁和色素。在酒液与果渣接触的过程中，果皮、果梗和籽中的单宁渐渐析出并溶解在葡萄酒中。单宁是葡萄酒中涩感的来源，是红葡萄酒的骨架，支撑起了红葡萄酒的结构。单宁也是判断红葡萄酒陈年潜力的重要依据。而色素则来源于果皮，主要影响葡萄酒的颜色。

（六）芳香类物质

葡萄酒中的芳香类物质是香气的主要来源，相比其他物质，香气成分的浓度非常低，可这并不影响它们所发挥的作用。

香气类物质可以来源于葡萄品种、发酵或陈年，它们是组成葡萄酒风味不可或缺的一部分。

（七）蛋白质及氨基酸

蛋白质和氨基酸是生命构成的重要组成部分，自然也在葡萄酒中出现。红葡萄酒由于有单宁的存在，蛋白质含量较少，白葡萄酒中含有各种蛋白质，大多来源于葡萄，不稳定蛋白的存在也是白葡萄酒浑浊变质的原因之一。

（八）矿物质

葡萄酒中存在少量非有机盐，例如钾、氮、磷、硫、镁、钙等。不过，它们并不是葡萄酒矿物味的来源。科学家们有时会利用金属成分含量，判断某款葡萄酒可能来自哪个具体的葡萄园，对葡萄酒的追根溯源有重要意义。

（九）二氧化硫

二氧化硫和亚硫酸盐是食品中常见的防腐剂，在葡萄酒中，二氧化硫不仅能抑菌，还能起到抗氧化的作用。此外，二氧化硫也是酵母发酵副产物之一，因此绝对无硫的葡萄酒是不存在的。

在灌装葡萄酒时，为了保证瓶中葡萄酒的物理稳定性，也会添加二氧化硫来对葡萄酒进行防腐。所以当饮用者阅读葡萄酒的背标信息，在原料和辅料中常见的标注就是葡萄汁和二氧化硫。

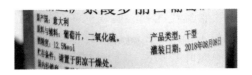

图 6-4　葡萄酒背标中标示的二氧化硫

关于二氧化硫的含量，不同国家有不同的标准。整体而言，1 升葡萄酒中二氧化硫的含量为 80~200 毫克，其中绝大部分可通过醒酒和摇杯散发，真正进入人体的含量非常少。

第二节　葡萄酒与健康

一、健康聚焦的白藜芦醇

现代科学在探寻饮用红酒的益处方面，大量研究聚焦于白藜芦醇。那么白藜芦醇到底是种什么样的物质呢？既然白藜芦醇对身体的益处这么多，那么饮用葡萄酒真的可以帮助我们补充白藜芦醇吗？

图 6-5　白藜芦醇成为新的研究热点

（一）白藜芦醇的概念

神奇的白藜芦醇（Resveratrol，3，5，4'-三羟基-反-均二苯代乙烯）是1940 年首次从毛叶藜芦（Veratrum Grandiflorum）的根部得到的一种多酚类化合物，分子式为 $C_{14}H_{12}O_3$，无色针状晶体，难溶于水，易溶于乙醇、乙酸乙酯、丙酮等溶剂。1963 年 Nonomura 等提出白藜芦醇是某些草药治疗炎症、脂类代谢和心脏疾病等的有效成分。1976 年，Langcake 和 Pryce 发现在葡萄属（*Vitis riparia*）的叶片中存在白藜芦醇。并且他们发现白藜芦醇的合成会在叶片遭受紫外线照射、机械损伤或真菌感染时急剧增加，抵抗灰霉菌（Botrytiscinerea）的侵染，是植物体在逆境或遇到病原侵害时分泌的一种抗毒素。白藜芦醇因而得名"植物杀菌素"，开始受到葡萄育种学家和植物病理学家的重视。

1989 年，世界卫生组织（WHO）主持的心血管疾病控制系统的调查结果显示的"法国悖论"引起了人们广泛的兴趣。"法国人爱喝葡萄酒，而葡萄酒内高含量的白藜芦醇"成为当时解释法国人摄取大量三高食品（高蛋白、高脂肪、高热量）却冠心病、高血脂等心血管疾病的发病率远远低于其他饮食习惯类似国家的原因。随后十几年来，人们从多方面对白藜芦醇的研究结果证实，其具有许多重要的生理活性及功能，因而引起了全世界科学家的高度重视。

这些科研成果还有很多有待论证的东西，但显然葡萄酒已经开始受益，葡萄酒保健的说法蔚然成风。

（二）白藜芦醇与葡萄酒

1. 不是葡萄酒中才有白藜芦醇

白藜芦醇广泛存在于种子植物中，是一种植物抗毒素，目前至少在 12 科 31 属 72 种植物中被发现。而且目前，白藜芦醇主要提取自蓼科植物虎杖的根茎，所以白藜芦醇又称为虎杖甙元。

2. 葡萄皮中富含优质白藜芦醇

图 6-6　浸皮工艺帮助红葡萄酒获得更多白藜芦醇

既然含有白藜芦醇的植物这么多，为什么它总是和葡萄酒捆绑在一起？原因是含量是有等级落差的。富含白藜芦醇的主要植物有葡萄、花生及中药虎杖等，尤其在新鲜葡萄的皮中含量最高。而且葡萄皮中的白藜芦醇种类具有活性高的特点。

在此要强调的是，在研究白藜芦醇和葡萄汁关系中发现，紫色和红色的葡萄汁品种具有最高的白藜芦醇浓度。在葡萄酒中，红葡萄酒的白藜芦醇含量浓度远高于白葡萄酒或桃红葡萄酒。白葡萄酒往往含有较为有限的白藜芦醇。而红葡萄酒的白藜芦醇含量也不统一，品种、种植和酿造工艺都影响着一瓶红葡萄酒的白藜芦醇含量。

3. 葡萄酒与白藜芦醇的缘分

显然让人们一把一把吃葡萄皮这事很不现实，于是葡萄酒就自然进入了想早点享用白藜芦醇保健的人的视野：一方面，酿酒葡萄皮比率天生高于水果葡萄。另一方面，为满足酿酒葡萄不洗葡萄的需求，种植过程中农药等化学手段可能完全摈弃（有机酒、自然酒和生物动力法的酒庄）或有限地被使用。有了比率更高、更优质的葡萄皮，再加上白藜芦醇易溶于乙醇的特性，葡萄酒和白藜芦醇保健捆绑在一起也就易于理解了。

（三）白藜芦醇的作用

白藜芦醇为何这么吸引人？它真的是仙丹妙药吗？现代研究表明，白藜芦醇具有抗肿瘤、治疗心血管疾病、抗突变、抗氧化、抗菌抗炎、保肝、诱导细胞凋亡及雌激素调节等生物药理活性。在这里我们强调的是，这些实验的研究对象是白藜芦醇，而非葡萄酒。白藜芦具有的各种功效，和已经有成熟技术应用于医药和保健还是两个概念。

1. 抗肿瘤作用

在白藜芦醇的各项药理作用中最振奋人心的当属其抗肿瘤的作用。白藜芦醇（Resveratrol）作为中药提取物，自从 1997 年被 Jang M 在 *Science* 杂志上对白藜芦醇在癌症的始发、促进及发展阶段表现出的抑制作用进行了系列报道，便成为癌症化学预防和化学治疗领域的一个研究热点。

抑制肿瘤细胞增殖可能是白藜芦醇抗癌的重要作用机制之一。研究表明，白藜芦醇可以抑制人口腔鳞状细胞癌、人白血病、人结肠癌、人乳腺上皮癌、前列腺癌等多种癌细胞的生长增殖，还具有明显的时间与剂量依赖性。体内外实验表明，白藜芦醇对大多数肿瘤的起始、增殖、发展三个主要阶段均有抑制乃至逆转作用。其抗肿瘤机制可以通过抗氧化，阻滞细胞周期，促进肿瘤细胞凋亡，诱导肿瘤细胞分化，抑制肿瘤成长促进酶的活性，干扰相关信号转导通路，抑制肿瘤血管生成等发挥作用。

2. 心血管保护作用

和红葡萄酒一起被提起最多的，是白藜芦醇的心血管保护作用。目前越来越多的学者认为，白藜芦醇是红葡萄酒中发挥心血管保护作用的主要功能因子。研究证实，白藜芦醇特别是反式白藜芦醇（葡萄皮里的就是这类白藜芦醇），比红葡萄酒中的其他多酚类物质具有更强的心血管保护作用。

这个功能是系统的，依然有待继续研究了解。已有研究表明，血栓形成是心肌梗死和脑卒中的主要原因。体外试验证实白藜芦醇可以通过抑制血小板功能等作用，从而减少血栓的形成。除减少血栓，白藜芦醇对心肌缺血再灌注损伤有强大的保护作用，可减少室性心动过速及室颤的发生率和持续时

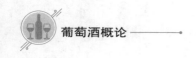

间，降低死亡率。白藜芦醇还可以提高血管的发展张力，增加动脉流量，减少心肌梗死的面积。而白藜芦醇通过增加脉压、促进毛细血管开放、扩张微 b 血管、改善微循环、增强功能等还可以治疗休克。

3. 抗炎、抗氧化、抗自由基

这一功能听起来更加有预防疾病和保健价值。迄今为止的研究表明，白藜芦醇具有抗炎、抗氧化、抗自由基、保肝、保护神经系统等多种药理学作用，它已成为科学家们高度重视的天然活性成分，具有很大的药用价值和市场前景。

白藜芦醇对急、慢性炎症均有良好的抗炎作用，其抗炎机制可能源自其抑制白细胞的游走，从而减少渗出，清除氧自由基，抑制脂质过氧化，而减少了炎症因子的生成相关。白藜芦醇对金黄色葡萄球菌、肺炎双球菌和耻垢分枝杆菌均有效，对导致顽癣、汗疱癣的深红色发癣菌、趾间发癣菌亦有很强的抗菌作用。

同时，白藜芦醇的抗氧化、抗自由基作用，也是其具有多重生物学效应的重要机制之一。这一功能令白藜芦醇可以抗肿瘤、保护心血管、防止组织器官损伤、保肝、抗休克等。有实验证实白藜芦醇是一种有效的超氧化物和金属诱导基团的清除剂，并对部分细胞膜脂质过氧化和 DNA 损伤具有抵抗作用。在抑制由自由基诱导的过氧化、氧化损伤方面，白藜芦醇与维生素 C（V_C）和维生素 E（V_E）协同作用，保护 DNA 免受氧化损伤，且其作用大于维生素 C。

4. 神经系统保护作用

这是白藜芦醇又一令人振奋的功能研究。法国国立卫生与医学研究所一项流行病学研究表明，适当饮酒的老年人似乎不大容易患老年失忆和阿尔茨海默病。这项正常衰老和病理性衰老的前瞻性调查开始于 1988 年，对象是居住在波尔多附近的 3 777 名 65 岁以上的男性和女性老人。波尔多大学教授 Jean-Marc Orgogozo 领导的研究小组主要研究：生活方式、环境、发病率、一般健康问题、识别功能和家族史有关的脑老化、自主性丧失。1997 年，Orgogozo

图 6-7　老年人饮用葡萄酒，希望能预防帕金森症

等调查后发现，经常饮用红葡萄酒的老年人罹患老年失忆症的概率显著下降，推测红酒具有神经保护作用。

之后，大量实验证实白藜芦醇是红葡萄酒中发挥神经保护作用的主要物质，研究发现，白藜芦醇可以标识激酶和神经细胞，通过葡萄酒摄入白藜芦醇，对于老年人的退化病，如帕金森症、失忆症、风湿性疾病都有较好的预防和治疗作用。

瑞典与英国科学家的科学试验表明，白藜芦醇可保护老鼠胚胎脑细胞。含有脑磷脂细胞的神经元可因为白藜芦醇的保护避免叔丁基过氧化物自由基的损伤。另外，研究发现白藜芦醇能对抗谷氨酸对培养的小脑颗粒细胞的神经毒作用。白藜芦醇还可以对大鼠的局灶性脑缺血细胞有保护作用，其对缺血神经损伤的保护作用可能与抗血小板聚集、抗炎、抗氧化作用有关。

5. 保肝作用

白藜芦醇及白藜芦醇苷对脂质过氧化有很强的抑制作用，能降低血清和肝脏的脂质，减少脂质过氧化物在体内的堆积，保护肝脏不受损害。在研究中，白藜芦醇在大鼠身上除了能抑制肿瘤细胞增殖外，对其他异常增殖的细胞也有抑制作用。且白藜芦醇能诱导肝成纤维细胞表型的改变，显著减少成纤维细胞的增殖。这些研究有望最终对人类肝纤维化和肝癌的治疗有重要的意义。

6. 其他作用

随着对白藜芦醇研究的不断深入，发现白藜芦醇还具有调节免疫、抗病毒、抗细菌及真菌、抗变态反应、辐射防护、预防急性传染性非典型肺炎（非典）等药用价值。

综上所述，由于白藜芦醇具有多方面有益于人类健康的生物药理活性，使其广泛应用于医药、保健品、化妆品和食品涂加剂等领域。其在肿瘤、心脑血管疾病、老年失忆、病毒性肝炎、骨质疏松、炎症与变态反应、辐射损伤等方面的治疗及预防作用也越来越被人们认识，其临床应用前景广阔，有望成为一种可防治多种疾病的新型药物。

白藜芦醇的研究令追求品质生活的人振奋，但白藜芦醇不是包治百病的神药，甚至由于利益驱使曾经在研究领域出现过著名的科研造假丑闻，还有很多商家一直在宣扬白藜芦醇的功效，诱导消费者。我们需要客观、唯物地认知这个和葡萄酒保健纠缠交织的科研成果。

首先，大部分有关白藜芦醇的研究都只研究了其在实验室条件下的短期效果，而且研究对象大多是动物而不是人类。而且我们并未完全弄清楚白藜芦醇的吸收和代谢过程，以及摄入白藜芦醇对人体器官会有怎样的影响。

白藜芦醇可能会与其他药物发生相互作用，如有研究提出其可能会降低

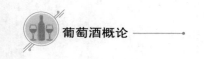

肝脏代谢药物的速度。如果在服用药物的同时摄入一定剂量的白藜芦醇的话，可能会增加药物的效用和副作用。

而且在我们对白藜芦醇了解尚不足够清晰的情况下，这个可能未来促进人类新型药物变革的成分，在葡萄酒中需要饮用多少可以达到保健的功效？又如何可以提升人体对其吸收利用？对人体的功效是否能抵消酒精带来的伤害？目前，仍没有科学家可以清晰地给出科学的解释。

二、损害聚焦的酒精

（一）醉酒与醒酒

1. 醉酒与酒精伤害

酒精与健康有着复杂的联系。根据《柳叶刀》上发表的研究表明，酒精与60种急性和慢性疾病有关，从酒精中毒到脂肪肝疾病以及胃肠道癌症，它对健康的负面影响远大于正面。

人是如何醉酒的？酒精进入口腔后，首先被口腔黏膜吸收。如果口腔有疾病，吸收酒精的能力可能会增加，但为数还是甚微。而大量的酒精还是由胃壁、肠壁来吸收。胃大约吸收25%，肠吸收75%。酒精被吸收后，将通过门静脉进入肝脏，以后又通过血液均匀地渗入各内脏和组织。酒精进入人体，速度相当快。当空腹饮酒，1小时就可吸收约60%的酒精，1个小时后，可高达90%以上。而酒精在体内代谢较慢，因此大量的酒精积累在血液或组织中。这就是我们所说的醉酒。

饮酒者一次饮入过量的酒精或酒类饮料会引起的中枢神经系统由兴奋转为抑制的状态，表现为一系列的中枢神经系统症状，并对肝、肾、胃、脾、心脏等人体重要脏器造成伤害。按照醉酒的危害程度，一般可将醉酒分为普通醉酒、复杂醉酒和病理性醉酒。

（1）普通醉酒

普通醉酒也可以称为单纯醉酒，多数人可以产生，属于对酒的正常反应，表现为早期愉悦、话多、自制力减弱，后期明显兴奋、易被激怒、寻求发泄、惹是生非、不及后果。伴随着各种醉态人会运动失调、讲话含糊、出现麻醉状态，会嗜睡、昏睡，甚至部分人出现意识不清，甚至昏迷现象，从而记忆缺损或完全遗忘。普通醉酒已经可以影响社会治安、造成交通隐患，甚至酿成事故等。

（2）复杂性醉酒

复杂性醉酒是指在大量饮酒过程中或饮酒后，急速出现的强烈精神运动性兴奋。通常认为是在脑器质性损害或严重脑功能障碍的基础上，由于对酒精的耐受性下降，而出现的急性酒精中毒反应。复杂性醉酒状态下人的意识处于混沌状态和强烈的运动性兴奋之中，可能出现错觉、幻觉或片断的妄想，受妄想的支配会进行伤人等报复行为。醉酒者对醉酒过程中发生的事，大体能回忆，有部分遗忘，也有少数患者可完全遗忘。

（3）病理性醉酒

病理性醉酒是指一次饮酒后突然发生醉酒，出现严重的意识障碍，定向力丧失。病理性醉酒一般持续时间短暂，大都进入酣睡，事后完全遗忘。主要表现为意识范围明显缩窄，往往伴有幻觉、妄想；或精神运动性兴奋、杂乱无章；或紧张恐惧，丧失了正常的人际交往能力和检验能力。

过量饮酒对身体有极大危害，它会造成短期热量流失和脱水，全身细胞和组织大面积受损等。其对神经系统的影响非常复杂，感官、运动、记忆、判断和自控等多种功能（从低级认知功能到高级认知功能）全部会受到影响。长期过量饮酒的危害则更严重，包括脑功能全面衰退，可能致命的戒断反应，消化道癌变，生殖能力降低，对胎儿有严重损害。此外，对心肺功能有全面的影响，还会造成机体营养不良。

2. 醒酒的生理机制

我们了解醉酒的原理，那么醒酒又发生了什么？

酒精在人体内代谢时，少量会在进入人体后通过肺呼吸或汗腺立即排出体外。可以理解为，如果一个人汗腺发达，易出汗，会比其他醒酒条件相仿的却不爱出汗的人酒量更好，而大声唱歌和讲话也能加快醒酒。

但人体代谢酒精的约90%会在肝脏中进行，大多数酒精首先与肝脏中的乙醇脱氢酶反应代谢成乙醛。值得注意的是，乙醛是对人体有害的。但乙醛在乙醛脱氢酶的作用下会转化成乙酸。而乙酸进一步氧化，会成为二氧化碳和水，就可以完成代谢排出体外了。

根据酒精在人体的代谢过程，显然人体内乙醇脱氢酶和乙醛脱氢酶的水平高低，决定了一个人代谢酒精的能力，即酒量的好坏。而两种酶的具备情况受基因影响，存在明显的个体差异，尤其是乙醛脱氢酶在不同个体中差异较大。所以我们说酒量好的人，往往是乙醛脱氢酶含量高的人。

图6-8　醒酒的生理机制

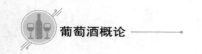

了解醒酒的生理机制，有助于我们理解"酒量"是一个受生理客观条件制约的水准情况。即使是一名健康的饮酒者，也无法通过锻炼飞跃式地提高自己的酒量，更不能枉顾自己的醒酒能力肆意饮酒。

【拓展思考】

起泡酒更容易醉人

关于"起泡酒是不是更容易醉人"这个话题的讨论一直都在持续进行中，并且相关科学研究也从未中断。答案是：是的！这是经研究证实的。

1924年，伦敦贝德福德大学（Bedford College）生理学系的师生通过在一只经过麻醉的猫身上的实验，发现在有二氧化碳的条件下，酒精吸收的效果会更好。

得克萨斯州立大学（University of Texas）的贡扎勒博士（Dr. Reuben Gonzales）表示："在饮酒后的15~30分钟内，随着血液中酒精水平的上升，大多数人会感受到一定程度的刺激。"可是由于气泡能够加快酒精的吸收，所以人们会在更短时间内感受到起泡酒带来的这种刺激。

所以，千万不要小看香槟！

三、葡萄酒的适度饮用

1. 限制性法令降低醉酒损害

可以点缀欢聚，庆祝成功，促进社交的美酒，在过量的摄取下显然不仅会损害饮用者健康，甚至伤害生命，危害社会。葡萄酒虽然是低度酒水，豪饮、爆饮依然会带来以上损害，值得注意的是，饮酒者和同饮者的行为都受国家法令的约束和管制，如关于最低饮酒年龄的限制，如酒水购买的相关限制等。

（1）关于饮酒年龄

醉酒会带来神经系统伤害，譬如周边神经病变。所以脑部发育未完善的小孩子是不能喝酒的，真的容易变笨。在很多国家都有明确的饮酒最低年龄限制，如法国为18岁，美国为21岁等。而我国对于饮酒的年龄限制并没有明确规定，但是明确规定了禁止向未成年人销售烟酒。《中华人民共和国未成年人保护法》第三十七条中有明确规定，禁止向未成年人出售烟酒，经营者应当在显著位置设置不向未成年人出售烟酒的标志；对难以判明是否已成年的，应当要求其出示身份证件。

（2）关于酒驾

为什么酒后不可以开车？因为酒精会降低司机的反应速度和动作精准度，

还会同时降低司机的视觉精准度。研究表明，这是因为酒精会抑制脑活动，其一方面强化了平时我们负责对神经功能做必要抑制和使部分神经功能适可而止的脑系统，另一方面又弱化我们兴奋性的神经递质系统，打破了人们平日的"兴奋—抑制"平衡。这就相当于"抑制up，兴奋down"，合力之下将人脑的功能降低到了一个低谷。实际上，这种脑功能的降低表现是系统的，包括人们的味觉、嗅觉和判断能力。所以，饮酒后，饮酒者对自己行为能力的主观判断也很可能是不准确的。请不要对饮酒后的自己盲目自信，以免造成不必要的损害。

由于酒后驾车的危险性，我国对酒后驾车有明文惩罚规定，包括：

酒后驾驶，暂扣6个月驾驶证，并处1 000元以上2 000元以下罚款。此前曾因酒驾被处罚，再次酒后驾驶的，处10日以下拘留，并处1 000元以上2 000元以下罚款，吊销驾驶证。酒后驾驶营运车辆，处15日拘留，并处5 000元罚款，吊销驾驶证，5年内不得重新取得驾驶证。

醉酒驾驶，由公安机关约束至酒醒。吊销驾驶证，依法追究刑事责任，5年内不得重新取得驾驶证。醉酒驾驶营运车辆，由公安机关约束至酒醒。吊销机动车驾驶证，依法追究刑事责任，10年内不得重新取得驾驶证。重新取得驾驶证后，不得驾驶营运车辆。酒后或醉酒驾驶，发生重大交通事故，构成犯罪的，依法追究刑事责任。吊销驾驶证，终生不得重新取得驾驶证。

（3）葡萄酒相关的消费者保护

葡萄酒虽为低度酒，仍不可忽视大量饮用或过量饮用带来的酒精伤害。

为此多国官方监管机构对葡萄酒的背标做出要求，要求其标示饮酒的"劝说语"。葡萄酒标上的这些饮酒的"劝说语"或标志往往在背标可循，中国、美国、意大利、爱尔兰等国的背标上都可找到。我国早在2007年，由国家质量监督检验检疫总局、国家标准化管理委员会发布的GB10344－2005《预包装饮料酒标签通则》中就规定，包括啤酒、葡萄酒、果酒、白酒等在内的饮料酒将在酒瓶标签上推荐采用标示饮酒的"劝说语"。2015年爱尔兰为降低本国领先周边国家的人均酒精消费量，推出了一条新法规，要求生产商在酒标上标明单价和饮酒警示语，此举旨在减少爱尔兰国内因过量饮酒而引起的危害。

图6-9　葡萄酒背标中的"劝说符号"与"劝说语"

为保障消费者在休闲饮用的同时，不损害健康，在不同国家还对酒的消费者、销售企业和从业者提出了相关要求。

在我国主要的适度饮用提示主要面向饮酒者，依靠饮酒者的互相监督或自律管理。如通过电视和网络宣传告诫饮酒者不可强迫性对同饮者劝酒，要保证将同饮的醉酒者安全护送回家，对同饮者醉酒驾车有义务劝阻，否则将可能承担法律责任。

而在加拿大则主要对酒的销售企业和从业者提出要求。加拿大对酒的销售者进行"酒牌"管理，而法律规定，酒牌持有者不能向已经快醉了及已醉酒者卖酒。可是在酒的消费过程中，醉酒显然是要靠"观察出来的状态"，即销售者要看顾客喝酒之前与喝酒之后的言谈举止是否有明显差别来判断。判别消费者是否已经快醉了是加拿大售酒者的一项重要责任。为了提升这种能力，加拿大不同省还会建议或强制从事酒水销售和饮用服务的从业者持有相关认证证书上岗。如，不列颠哥伦比亚省的 Serving It Right 认证、艾伯塔省的 ProServe 认证，以及安大略省的 Smart Serve 认证等。

让人们安全地享受葡萄酒饮用的休闲经历是葡萄酒销售和服务行业一直未变的宗旨之一。顾客的健康从不是葡萄酒销售的盲区或忽视点。很多我国优秀的新锐侍酒师都自行补充了大量判断消费者饮酒状态的相关知识，并将这些应用于消费者服务中。低醇或无醇葡萄酒早早进入了葡萄酒酿制者和服务者的视野。还有研究者关注酒精的替代和酒精分解的人体机能增强。很多从业者都坚信，全面了解，精心准备，正向引导，打造健康的饮酒氛围才能让葡萄酒销售市场更长足地发展。

2. 科学的适度饮用

近些年来，有关红酒健康益处的研究越来越多，让红酒爱好者们欢天喜地，就连没有饮用红酒习惯的人，也跃跃欲试地拿起了酒杯。然而关于红酒对人体健康的科学研究，是从 20 世纪 80 年代才陆续开始的。目前为止，有数不胜数的研究都发现了喝红酒的益处，但是科研论证酒精的伤害又显而易见。

关于葡萄酒饮用的支持和反对理由似乎都很充足。但这些理论又各有不完善之处。当很多人提出白藜芦醇有益健康的功效需要谈剂量时，可大量比对分析显示葡萄酒适度饮用者的健康状态又都优于不饮用葡萄酒者。而且比起只要饮酒就会伤肝的绝对言论，低度葡萄酒对乙醇脱氢酶和乙醛脱氢酶含有水平正常的饮用者造成身体损害也应谈及分量。一边反对饮酒者认为只要饮酒就会伤肝，一边葡萄酒保健者又根据研究指出葡萄酒很可能对健康饮用者有护肝功效。有人说饮酒虽然会令人易于入睡，但会降低睡眠的质量。可在城市压力之下，在神经敏感或轻度抑郁的人眼中，首先获得放松和睡眠是身体修复的保障。

太多的研究结论让人无所适从。显然这些还未完善的科研方向也不足以解释清楚葡萄酒饮用的利弊。毕竟葡萄酒中丰富的多酚物质、氨基酸、醇类物质还有待人类的进一步了解和研究。现代高度聚焦白藜芦醇和酒精的正负饮用影响研究还根本不是葡萄酒饮用效果的全貌。

而基于目前的研究来看，除患有某些疾病的患者外，每天喝一杯红酒或者是喝一杯含有酒精的饮料似乎是很安全的。适度饮用葡萄酒的保健行为，不是靠药物来治疗身体，恰好满足了中医自然养生的根本需求。而且我们的社交和休闲生活暂时需要葡萄酒的适度装点与活跃。

而针对适量饮酒的界定是男女区分的。因为女性身体的含水量较低，而且女性和男性胃内酶的水平也不同，所以女性吸收酒精的速度往往要比男性快。因此，对于女性来说，葡萄酒的"适量"饮用要少于男性。我国2016年最新发布的《中国居民膳食指南》中表示：儿童、孕妇和乳母不应饮酒；成人如饮酒，男性每天摄入酒精的量不能超过25克，女性则不能超过15克。这就意味着，对于酒精含量为12%的红酒来说，成年男性每天最多可以饮用250毫升（约通常的两杯半），成年女性每天最多可以饮用150毫升（约通常的一杯半）。

 ## 第三节 葡萄酒与美食

一、为什么要餐酒搭配

葡萄酒存在的终极意义就是佐餐。虽然有些优质葡萄酒在单独品鉴时更能体味它细腻丰富的味道，但这种严谨的品鉴更适合专业品鉴者或发烧友。餐酒搭配的葡萄酒饮用乐趣总能加倍，因为满足的不仅是口腹之欲，还往往开启了饮用的场景，满足社交和审美需求。

市场上存在的葡萄酒大多是为餐而生的。市场上流行的葡萄酒如干红葡萄酒，有些初饮者总是抱怨它太酸涩，而与食物搭配则变得易饮。干红葡萄酒可口的酸度和丰富的单宁，可以帮助我们消化食物中丰富的脂肪和蛋白质，并起到增进食欲的作用。

不同类型的食物搭配不同类型的葡萄酒，能起到相得益彰的效果。一款好的葡萄酒搭配一款适宜的菜品，能有效提升食物的香气、口感，让食物吃起来更美味；而食物中的纤维、脂肪等物质也能中和葡萄酒的酸涩和单宁，让葡萄酒喝起来更顺口。

天生一对，
经典餐酒配

图 6-10　葡萄酒往往是和美食携手出现的

餐酒搭配在西方历史较悠久，在西方的消费文化中，"佐餐酒"会被默认为葡萄酒或是以葡萄酒为主体的酒水。所以在西餐厅酒水单的英文名字就是"Wine List"（葡萄酒单）。即使为迎合客人多元偏好有个别非葡萄酒类的酒水出现在酒单上，但从刺激食欲的开胃酒，到作为甜美终点的甜品酒，都是葡萄酒。

葡萄酒与中餐的搭配确实是新尝试、新课题。餐酒搭配的思路中餐中早已存在，如吃大闸蟹要配绍兴黄酒。在中国人看来，只是喝酒而没有菜品相佐，酒精会先被胃肠吸收而使人易醉，对身体健康不好，所以，中国人发明了下酒菜。相反，如果光吃菜而没有酒作为陪衬，又显得太冷清单调没有气氛，所以逢年过节，欢聚相庆，中国人讲究"无酒不成席"。葡萄酒作为低度酒水，快速成为了中餐宴席上的常客，很多品酒师、侍酒师都在积极探索葡萄酒与中餐搭配的更多方案与灵感。

成功的餐酒搭配能够提升整个用餐体验，经验丰富的侍酒师或侍者应结合顾客偏好提供搭配建议，鼓励顾客大胆尝试不同的酒品搭配，营造口感的变化和新奇体验。

二、葡萄酒配餐原理

食物的味道和葡萄酒的风味会相互影响，如果搭配不好会让本来丰盛的一餐变得索然无味，甚至成为一场味觉灾难，不匹配的食物也足以毁掉一瓶美酒自身难得的气味、口感、层次与变化。

（一）尽量避免的情况

1. 相互伤害型搭配

设想高端日料和昂贵的拉菲红葡萄酒的搭配，顶级食材和顶级美酒的碰撞，是不是很有档次？而事实上这是一场互相伤害的搭配。日料中大量出场的海鲜会让红葡萄酒带有金属味，亚洲菜系中会出现的醋汁则加重了葡萄酒的单宁和酸涩感。上甜品时，侍酒师总是询问是否撤掉干型葡萄酒，换上甜型葡萄酒，因为甜品会令干型葡萄酒的酸涩翻倍，显得葡萄酒粗糙，难以下咽。在餐酒搭配中，互相成就是常事，对互相伤害型的配搭了解一些，举一反三，往往就能成功避免搭配的灾难了。

2. 相互独立型搭配

多汁的牛排搭配清爽的未过橡木桶的干白葡萄酒，不会影响消费者就餐，但是酒和菜相互之间没有融合，往往肉还是肉，酒还是酒，即便相互没有影响，但这种搭配也谈不上成功。

搭配中有追求口味大体的一致性、餐与酒的对比性及最终口腔的平衡性，多了解一些餐酒搭配的原理，顺势而为，往往可以做到融合得更好。

值得一提的是，流传很广的"红酒配红肉，白酒配白肉"，在没有餐酒搭配经验的初期，虽不是万全的方案，但也是一个很少犯错的搭配思路。

（二）相互成就的搭配

有一些经典的餐酒搭配流传很广，如新鲜的法国生蚝搭配未过橡木桶的夏布利霞多丽干白，清爽的酒体和鲜嫩的蚝肉完美融合，漂亮的干白酸度极大地提升了生蚝的鲜度，而夏布利的柑橘类果香和生蚝的海鲜风味又完美地相互呼应，这种搭配就是餐酒搭配追求的互相成就。

互相成就的搭配判断往往基于对菜品和葡萄酒风味、口感及香气的理解。在帮助初学者找到搭配规律之前，应了解，餐酒搭配没有固定的法则，最重要的灵感来源是尝试。这种尝试搭配并不是盲目的搭配，而是需要做好功课，了解葡萄酒的风味，预估与菜肴搭配之后可能会有的效果，再满怀好奇心地去印证，去发现，去归纳。所以，能够给出绝佳的搭配建议的专业侍酒师往往是保有好奇和学习热情的人，是会努力拓展认知和敢于尝试的学习者。

而初学者，不妨就从以下几点开始餐酒搭配的尝试。

1. 餐酒两者的风味一致搭配

风味一致是指，尽量为菜肴中突出味道的主要原材料或酱汁等搭配散发出相似味道的葡萄酒。

首先要对菜品主风格的来源做个判断。清蒸鱼，吃的是原味，鱼的咸鲜、

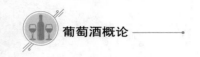

软嫩奠定了主风格，与葡萄酒搭配时，海鲜鲜美、去腥的诉求就很重要。松鼠鳜鱼就不同了，番茄酱汁对菜品主风格的奠定尤为明显，酱汁的高酸、茄汁的浓郁则要着重考虑。

清楚了搭配的主要对象后，就可以依据经验找寻一致性了。例如，一道奶油白汁为主味道的菜肴与具有奶油香味的过桶霞多丽非常契合；浓郁且甜美的巧克力蛋糕与波特甜酒或者其他甜型葡萄酒搭配最为合适；清蒸鱼配上带有一点矿物质感的干型雷司令就很能去腥提鲜；广味叉烧软嫩多汁、口感肥瘦均衡，制作过程中涉及叉烧酱、生抽、蒜蓉、糖、南乳、酒等调味品，成品味道咸鲜而甜美，而佳美葡萄酿制的博若莱酒富有花果香又夹杂泥土气息，柔顺的酒体就和叉烧的甜美、肥瘦得宜高度匹配，又仿佛给叉烧蘸了一丝莓果酱，更加开胃讨喜。

2. 餐酒两者的风味抵消搭配

风味抵消是指，葡萄酒和食物的某种风味相互抵消，消减菜品的过重味道，清理口腔的杂味，重振味蕾或缓解口腔触感压力。适度和巧妙的相互抵消有时是可行的，使用的太过突兀则会打破味觉的平衡，消减了菜肴魅力，且凸显了酒的缺点。

例如，油脂丰沛的食物肥美，却容易造成油脂包裹舌面，降低我们对味道的感知。赤霞珠葡萄酒的酸度能清除口腔的杂味，使味觉变得灵敏，而较高的单宁涩感会中和舌头表面的油腻，令口腔清爽度上升，是很多肥美食物的搭配良选。一盘辛辣的湘菜可以尝试与半甜的雷司令或者琼瑶浆葡萄酒相搭配，葡萄酒的甜味会抵消食物中的辛辣味。葡萄酒释放的甜味及明显的花果香会让被油香辣感麻痹的味蕾复苏。热辣滚烫的四川火锅配上冰凉、酸爽的长相思干白，会给口腔一个宛如按摩的安抚，青柠和百香果味的清新果香气会突破红油，让味觉和嗅觉一振，恢复对美食的敏感。

3. 餐酒两者的地域搭配

葡萄酒在发展过程中都有独特的历史和地域风格，并与当地人对食物的理解、偏好等相碰撞、结合。例如偏爱甜味食物的美国人，最爱的葡萄酒之一就是被称为"美国甜妞"的本国仙粉黛葡萄酒。这种当地文化的交融成就了很多本地食物与本地葡萄酒搭配的绝佳案例。如德国啤酒配德国猪手，意大利波伦亚面条搭配意大利基安帝葡萄酒。区域搭配不一定完美，但很多时候确实有效，食材和酒获得的难度也比较一致。而且，如果将来源于同一片土地的食物和葡萄酒搭配出色总是更具意趣，经典的搭配还有故事性和营销价值。

例如，西班牙的干型雪利酒和西班牙火腿的高明搭配就是个推广到全世界的好例子。把火腿片浸入雪利酒，两者味道交融，喝酒再吃肉的方式也很独特新奇。我国宁夏盐池滩羊与马瑟兰葡萄酒的搭配不仅美味，也是银川葡萄酒产区游不可错过的"打卡式"体验亮点。

【拓展知识】

 在哪些情况下共饮者对醉酒同伴需要担责？

✎ 思考与练习

一、单选题

1. "葡萄久贮，亦自成酒，芳甘酷烈，此真葡萄酒也。"出自我国医书（　　　）。

A.《黄帝内经》　　　　　　　　　B.《伤寒杂病论》

C.《神农本草经》　　　　　　　　D.《本草纲目》

2. 下列葡萄酒中白藜芦醇含量最高的是（　　　）。

A. 红葡萄酒　　　　B. 白葡萄酒　　　　C. 桃红葡萄酒　　　D. 起泡酒

3. 依据我国《预包装饮料酒标签通则》规定，葡萄酒推荐采用标示饮酒的"劝说语"。这些"劝说语"印在（　　　）上。

A. 酒瓶前标　　　　B. 酒瓶背标　　　　C. 酒瓶颈签　　　　D. 酒瓶酒帽

4. 依据《中国居民膳食指南》，成年男性每天最多可以饮用葡萄酒（　　　）。

A. 750mL　　　　B. 500mL　　　　C. 250mL　　　　D. 150mL

二、多选题

1. 现今发现富含白藜芦醇的主要植物有（　　　）。

A. 虎杖　　　　B. 花生　　　　C. 黄连　　　　D. 莲藕

E. 葡萄

2. 现代科研提出的白藜芦具有的可能功效有（　　　）。

A. 心血管保护作用　　　　　　　B. 抗肿瘤作用

C. 抗炎、抗氧化作用　　　　　　D. 神经系统保护作用

E. 保肝作用

3. 按照醉酒的危害程度，一般可将醉酒分为（　　　）。

A. 普通醉酒　　　　B. 生理醉酒　　　　C. 物理醉酒　　　　D. 复杂醉酒

E. 病理性醉酒

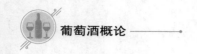

4.下列人群中不宜饮酒的有（　　　）。

A.儿童　　　　　　B.孕妇　　　　　C.成年男性　　　D.哺乳期妈妈

E.成年女性

三、简答题

1.葡萄酒中含有哪些成分？

2.餐酒搭配有哪些基本原则？

四、思考题

1.梳理本章所学，整理本章中讲到的我国关于葡萄酒饮用多角度管理的相关规定，思考这些规定出台的原因和作用。

2.谈谈学完本章你理解的葡萄酒饮用的利弊，还有你对适度饮用的看法。

第七章
葡萄酒的市场与贸易

本章导读

　　葡萄酒作为一种轻工业产品，一种休闲消费商品，其产量规模的大小、规模发展中的增减，是市场需求、自然环境、相关政策、产业技术等因素共同作用的结果。从宏观和微观的角度去了解葡萄酒的市场规模与波动，学习其贸易模式、经典营销案例，都是不应被忽视的内容和不应缺失的角度。

　　葡萄酒的市场与贸易的内容专业度较高，受众面较小，内容抽象难懂，学习资料远不及葡萄酒文化、品鉴、工艺等主题那么丰富多彩。本章通过采用列数据、比较、归类等方法，努力将这些内容更具象、更有条理地展示给葡萄酒初学者。这些知识不仅是葡萄酒初学者开启对葡萄酒的市场与贸易内容学习的友善起点，也为未来接触、掌握这类信息，培养良好的专业敏感性提供思路。

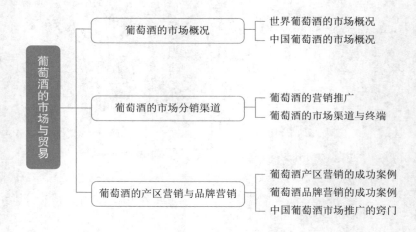

知识目标：了解世界葡萄酒的市场概况；了解中国葡萄酒市场概况；了解我国当今主要葡萄酒营销推广模式的形成和概况；掌握我国主要葡萄酒营销推广模式的构成和特点；掌握主要葡萄酒市场和渠道与终端的形成与构成；了解经典的产区和品牌营销实务；掌握中国葡萄酒市场推广的窍门。

技能目标：运用葡萄酒的市场概况信息，理性进行市场变动预测，趋利避害地进行微观企业活动决策；具备全面运用葡萄酒分销渠道意识，系统发觉自身企业在市场上的优质战略合作业态；运用葡萄酒销售终端功能，指导对合作者的质量判断；具备结合企业自身定位灵活运用成熟营销策略的能力；运用中国葡萄酒市场推广的窍门，创新策划葡萄酒企业营销策略。

素养目标：具备一定的行业信息搜集和整理的能力，培养行业市场信息敏感性；培养对合作企业宏观和微观变化信息进行跟踪和客观、理性分析的能力，培养唯物主义和理性的认识观和世界观；关注合作企业的职业习惯，具备双赢、互利的可持续发展的行业系统思维；具备对葡萄酒贸易的政策性、社会性的敏感性，审视自身企业或个人行为社会责任的观念；培养根据目标市场，创新性应用营销策略的具体问题具体分析的能力。

【章前案例】

澳大利亚的进口葡萄酒的反倾销税

2021 年 3 月 26 日，根据《反倾销条例》第二十五条规定，我国商务部做出对原产于澳大利亚的进口相关葡萄酒（以下称被调查产品）进行反倾销立案调查的最终裁定，并进行了公告（商务部公告 2021 年第 6 号）。调查最终裁定为：原产于澳大利亚的进口相关葡萄酒存在倾销，国内相关葡萄酒产业受到实质损害，而且倾销与实质损害之间存在因果关系。

在商务部根据《反倾销条例》第三十八条规定，向国务院关税税则委员会提出征收反倾销税的建议后，国务院关税税则委员会做出决定，自 2021 年 3 月 28 日起，对原产于澳大利亚的进口相关葡萄酒征收反倾销税，为期 5 年。

这意味着，自 2021 年 3 月 28 日起，进口经营者在进口（含跨境电商）原产于澳大利亚的 2 升及以下容器的葡萄酒时，需向中华人民共和国海关缴纳相应的反倾销税，反倾销税税率在 116.2%~218.4%。

政策一出，国内市场对原产于澳大利亚的进口葡萄酒销售前景持一片悲观态度，销售情况出现天差地别的改变。

在 2015 年中澳签署《中华人民共和国政府和澳大利亚政府自由贸易协定》起，历经 5 年关税递减，2019 年 1 月 1 日，澳大利亚葡萄酒在中国市场获得了"零关税"进口的优厚政策。而目前，葡萄酒在进口环节普遍应缴纳关税、增值税和消费税，分别为 14%、17%、10%。免除 14% 的关税，相当于每百元的葡萄酒价格中有 18.2 元将不再用于支付关税，变成了纯收益。

在商务部调查前，伴随多次关税递减，5 年间，澳大利亚葡萄酒销售额在我国激增了 221%。早在 2017 年 9 月到 2018 年 9 月，澳洲葡萄酒对中国大陆出口额就首破 10 亿澳元，同比增长 66%，约合人民币 49 亿元。2020 年，中国大陆更成为澳大利亚葡萄酒的最大出口市场。"奔富""黄尾袋鼠"等澳大利亚各价格水平葡萄酒品牌在中国市场站稳脚跟，具备了极高的市场认可度。

然而，自 2020 年 8 月开始对澳大利亚相关进口葡萄酒实施的双反立案调查最终结果显示，澳大利亚葡萄酒产业的发展与澳大利亚政府的大力支持密切相关，使得其相关产品以低于正常价值的倾销方式进入我国市场，令我国相关葡萄酒产业受到了实质损害。

澳大利亚政府的扶持政策包括且不限于：出口和区域葡萄酒一揽子扶持计划（The Export 19 and Regional Wine Support Package）；葡萄酒旅游和酒窖门票拨款项目（Wine Tourism and Cellar Door Grant）；出口市场发展资助项目

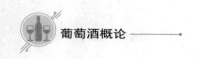

（Export Market Development Grants）。经测算，仅出口市场发展资助项目下，澳大利亚葡萄酒产业为出口中国市场所获得的补贴金额就高达 3 778 万澳元。

在 2015—2019 年期间，原产澳大利亚进口葡萄酒在我国呈现进口量增长但价格下跌趋势。仅在调查期内（约 7 个月），原产澳大利亚进口葡萄酒进口量累计增长为 113.05%，而同期价格下降 15.91%，其对同市场的，包含中国自产葡萄酒在内的替代品的不正当竞争带来的伤害可想而知。

葡萄酒贸易是具有政策性特点的。无论葡萄酒爱好者，还是未来的葡萄酒产业从业者，认知葡萄酒都不应仅把它简化为杯中香气扑鼻的佳酿。

案例来源：笔者整理编写，资料援引于中华人民共和国商务部部令公告（2021 年第 6 号）。

第一节　葡萄酒的市场概况

一、世界葡萄酒的市场概况

2022 年 4 月，现今最具影响力的国际葡萄酒组织——国际葡萄与葡萄酒组织（OIV）的总干事保罗·罗卡·布拉斯科（Pau Roca Blasco）以网络会议的形式公布了 2021 年全球葡萄酒行业最新数据报告。报告内容传达了全球葡萄酒消费在 2020 年开始的新冠肺炎疫情中迎来部分复苏的好征兆，其中的数据展示了当今世界葡萄酒市场的概况。

（一）原因复杂的葡萄酒产量走低

2021 年，全球葡萄酒产量 260 亿升，较 2020 年下降了近 1%。这是全球葡萄酒产量连续略低于 10 年的平均水平的第三年了。但我们需要看到 2021 年产量中的较好态势：一方面，减产还是在很多产国存在的，其中法国、新西兰等产国受到恶劣天气影响葡萄减产十分严重是减产的重要原因，而对亚洲产量影响重大的我国，由于非葡萄酒传统饮用和生产国的必经发展调节，2021 年产量减少。另一方面，欧洲其他葡萄酒产量表现仍较稳定，南北美洲、非洲的产量相较于 2020 年增长态势良好，尤其南美洲各新兴产国增长迅速，纷纷达到产量新高度。

其中在最传统、最集中的欧盟地区的葡萄酒产区，2021 年产量为 153.7 亿升，较 2020 年下降了 8%。老牌的世界葡萄酒产国意大利（50.2 亿升）、法国（37.6 亿升）、西班牙（35.3 亿升），仍稳居前三，且三者总和占全球葡萄酒产量的47%。值得一提的是，2021年4月份的霜冻导致法国葡萄酒产量较往年大幅（19%）下降，成为自2000年以来产量最低的年份之一。

其他欧洲国家中，德国（8亿升）和匈牙利（2.6亿升）出现了一定的产量下降。而产量出现上涨情况的有，葡萄牙（7.3亿升）、罗马尼亚（4.5亿升）、奥地利（2.5亿升）、希腊（2.4亿升）。值得一提的是，2021年葡萄牙的葡萄酒产量是自2006年以来该国最高的水平。

在东欧，俄罗斯的葡萄酒产量在2021年达到4.5亿升，较2020年略有增长。格鲁吉亚以2.1亿升的产量，创历史新高。摩尔多瓦葡萄酒2021年产量为1.1亿升，较2020年增长高达20%。

在北美，由于干旱，2021年美国的葡萄酒产量估计为24.1亿升，但较2020年仍有6%的增长。

在南半球，2021年南半球葡萄酒产量出现显著增长，达到了59亿升，较2020年增加了19%，涨势良好。

在南美，几个新兴产国的葡萄酒产量较2020年增长迅猛，2021年智利的葡萄酒产量达到了13.4亿升，较2020年增长了30%，也是历年最高水平。阿根廷的产量12.5亿升，较2020年增长了16%。巴西的产量出现激增，达到了3.6亿升，较2020年增长了60%，是自2008年以来最高水平。

2021年，南非的葡萄酒产量10.6亿升，略有增长下产量恢复到了历年平均水平。

在大洋洲，2021年澳大利亚的产量14.2亿升，较2020年增加了30%，是自2005年以来最高水平。2021年，由于受春季不利天气影响，新西兰的产量下降了19%，为2.7亿升。

在亚洲，2021年中国的葡萄酒产量估计5.9亿升，较2020年减少10%。亚洲出现种植面积上升、产量下降的情况值得思考。我国并非葡萄酒的传统饮用国或生产国，现代葡萄酒产区的形成和产业发展尚年轻，市场需求不稳定且产业抗压性仍尚弱。2021年的葡萄酒减产涉及疫情影响、市场需求波动、气候因素干扰、技术限制及低产出等多方面原因。

（二）葡萄酒消费在疫情后回暖

在市场的需求端，2021年全球葡萄酒消费为236亿升，较2020年增长了0.7%，向疫情后市场传递回暖信息。这个讯息令行业得到了一定鼓舞，毕竟疫情地冲击影响是系统的，例如南美多国在疫情的影响下，经济问题更加显性地暴露了出来，自然冲击当地的消费。疫情后，对市场端的国际葡萄酒供给运输也提出了挑战和变革需求。

根据数据来看，全球最大葡萄酒消费国仍然是美国。其2021年的消费量

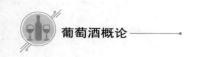

高达 33.1 亿升。

欧洲作为传统市场的表率，2021 年葡萄酒消费量超过了 114 亿升，占全球葡萄酒消费的近一半，这一数字较 2020 年为增长势态，其中，法国 25.2 亿升、意大利 24.2 亿升、德国 19.8 亿升、英国 13.4 亿升、西班牙 10.5 亿升。此外，俄罗斯（10.5 亿升）、罗马尼亚（4 亿升）、荷兰（3.8 亿升）、奥地利（2.4 亿升）、捷克（2.3 亿升），这些国家 2021 年的葡萄酒消费量都出现上涨。然而葡萄牙（4.6 亿升）、瑞士（2.6 亿升）、比利时（2.5 亿升）、希腊（2.2 亿升）、瑞典（2.1 亿升）等国家的葡萄酒消费量出现下降。

在南美，被外债、失业率和通货膨胀折磨的阿根廷，消费者购买力不断下降。2021 年，阿根廷葡萄酒消费量为 8.4 亿升，较 2020 年下降了 11%；巴西的葡萄酒消费量则达到了 4.1 亿升，较 2020 年增长了 1.2%，创 2000 年以来最高水平。

南非的葡萄酒消费量在 2021 年达到了 4 亿升，较 2020 年增长了 27%，但仍然比过去 5 年平均水平低了 5.3%。

在大洋洲，澳大利亚葡萄酒消费量达到有史以来最高水平，为 5.9 亿升。

在亚洲市场，2021 年，中国的葡萄酒消费量估算为 10.5 亿升，较 2020 年下降 15%。在经历了 2017 年的消费高峰期后，中国的葡萄酒消费显著下滑，这也影响到了全球葡萄酒消费状况。2021 年，日本的葡萄酒消费量 3.3 亿升，较 2020 年下降 5.4%。

（三）国际葡萄酒贸易情况

1. 全球多个主要葡萄酒出口国出口量增长

2021 年，全球葡萄酒出口量 111.6 亿升，较 2020 年增长了 4.4%，创有史以来最高纪录。西班牙是最大的出口国，出口量高达 23 亿升，占全球市场的 21%。大多数国家的出口量都出现增长，诸如西班牙、意大利、南非、法国。但同时澳大利亚、阿根廷、美国的出口量较 2020 年有所下降。

2021 年，全球葡萄酒出口值达到了破纪录的 344 亿欧元（约合 2 367.2 亿元人民币），较 2020 年增长了 15.5%。就出口值而言，2021 年，法国确认了其作为全球葡萄酒第一大出口国的地位，独占全球出口值的近 1/3。几乎所有主要出口国的出口值都出现显著增长，法国、意大利和西班牙三大葡萄酒出口国出口值都有明显增幅。在中国市场被新征收反倾销税的澳大利亚葡萄酒出口值较 2020 年萎缩了 4.35 亿欧元（约合 29.95 亿元人民币）。

2. 瓶装葡萄酒占国际贸易的一半以上

在国际贸易中，葡萄酒的出口包装是会被统计的。在瓶装、起泡酒包装（高压瓶装）、盒装和桶装葡萄酒中，瓶装葡萄酒显然有更好的品质保障，是价位昂贵的葡萄酒不二的出口包装选择。而其他包装则可以降低成本，压缩运输费用等。也就是说，在葡萄酒贸易中通过不同包装的统计比较，可了解全球出口葡萄酒的价格水平分布、购买市场品质要求情况、需求市场消费流行趋势情况等。而通过一个国家的出口葡萄酒的不同包装数量和金额情况，可以宏观地了解该国葡萄酒的主要迎合市场的状态分布，该国出口运输成本优劣势等。

2021年，全球瓶装葡萄酒（＜2升）占全球总贸易量的53%。而瓶装酒出口量份额占领先的国家都为葡萄酒的欧洲传统产国，有葡萄牙（80%）、德国（73%）、法国（70%），这和消费者对欧洲传统产国的价格包容度高相关，也与欧洲传统产国的出口包装习惯相关。转换成统计出口总值的话，全球瓶装酒占2021年出口总值的69%。瓶装葡萄酒出口值份额占比较高的国家有葡萄牙（92%）、阿根廷（91%）、美国（82%），可以看出阿根廷葡萄酒出口的品质葡萄酒势态良好，对阿根廷国内的葡萄酒产业输送的是正向的信号。

图7-1 全球葡萄酒出口多数为瓶装葡萄

起泡葡萄酒占全球葡萄酒出口量的10%，占出口值却达22%。且值得一提的是与2020年相比，起泡葡萄酒的出口量和出口值分别增长了22%和35%。全球市场起泡酒喜欢潮流在增长。2021年，法国、意大利、西班牙是全球最大的起泡酒出口国。

散装葡萄酒（＞10升，如橡木桶运输）、盒中袋葡萄酒的出口市场对标的是经济的大众餐酒居多。其中散装葡萄酒在2021年占全球葡萄酒出口量的33%，但出口值仅占7%，出口量较2020年增长了5%，出口值较2020年却下降了5%。可见大众市场正在得到更多的低价葡萄酒满足日常型消费。散装葡萄酒出口量占比较高的国家有，加拿大（99%）、西班牙（56%）和澳大利亚（55%）。出口值占比较高的国家有，加拿大（68%）、新西兰（24%），南非和澳大利亚均为23%。性价比高是这些葡萄酒生产国共同的重要市场特征。2021年，以盒中袋包装的葡萄酒分别占全球葡萄酒出口量、出口值的4%和2%，并且出口量和出口值都有减少，德国、葡萄牙、南非是盒中袋葡萄酒主要的出口国。

3. 全球主要出口国分布（按出口量）

2021年，国际葡萄酒贸易仍然由西班牙、意大利、法国这三个传统葡萄酒产国主导，总出口量59.9亿升，占全球葡萄酒出口量的54%。其中世界出口葡萄酒最多的产国西班牙，出口量为23亿升，较2020年增加了14%。意大利（22.2亿升）、法国（14.6亿升）的出口量较2020年也都有增加。而法国、意大利、西班牙这三个国家的出口值分别为111亿欧元、71亿欧元、29亿欧元。可见如果说西班牙葡萄酒往往性价比较好，法国葡萄酒的出口则更侧重优质和名庄葡萄酒。

其他欧洲葡萄酒产国中，德国的葡萄酒出口量3.7亿升，出口值却达10亿欧元。不仅出口品质优良，市场较高端，值得一提的是其起泡酒的出口量和出口值分别增长了24%和35%。葡萄牙的出口量3.3亿升，出口值9.24亿欧元。

在南美，2020年阿根廷的出口量（3.3亿升）较2020年减少了15%，出口值（7亿欧元）较2020年不降反升，增长了6.7%。匹配前面提及的2021年，阿根廷散装葡萄酒的出口份额下降，而瓶装葡萄酒的出口量已占本国出口量的91%，可见阿根廷葡萄酒产业正向优质化提升变更。智利的出口量为8.7亿升，出口值为17亿欧元。

2021年，澳大利亚葡萄酒出口量（6.3亿升）毫无疑问地出现下跌，较2020年下降了17%，出口值下降了24%。出口葡萄酒中，瓶装葡萄酒占比较2020年下降了25%。澳大利亚葡萄酒产业正在为其在优质的中国市场曾经的错误行径买单。2021年，新西兰的出口量（2.8亿升）较2020年出口量下降，出口值反增至12亿欧元。

2021年，南非的葡萄酒出口量和出口值均出现了疫情后的大幅度复苏回弹，尤其是出口量增加了33%。出口量增幅明显大于出口值增幅的原因是，散装葡萄酒是南非葡萄酒出口复苏的主力。这是南非远离各消费国的运输成本和南非自身尚薄弱的葡萄酒产业发展现状决定的。

在北美，最大的葡萄酒消费国，美国的出口量为3.3亿升，出口值为12亿欧元。加拿大2021年的出口量2.1亿升，且出口主要集中在散装葡萄酒（出口量占 99%，出口值占 68%）。

在葡萄酒的出口贸易上，整个亚洲主要是进口市场。我国葡萄酒产业在赢取世界市场关注和抢占出口市场比率的路上仍任重道远。尚未突破的出口瓶颈也是我国葡萄酒产业发展减缓的重要原因之一。

4. 全球主要葡萄酒进口国（按进口量）

2021 年，全球三大葡萄酒进口国分别是德国（14.5 亿升）、美国（13.9亿升）和英国（13.6 亿升），皆为传统的葡萄酒消费国，三国进口总量为 42亿升，占全球总量的 38%，而进口值 131 亿欧元，占全球总值的 38%。

德国是最大的葡萄酒进口国，进口量达 14.5 亿升。以瓶装葡萄酒为主要出口包装的德国，进口葡萄酒则以散装葡萄酒为主，占进口量的 56%。同时，德国出口起泡酒大量增加的同时，2021 年的进口量和进口值分别增长了 18%和 19%。可见在传统葡萄酒消费国，葡萄酒进口很大地补充了不同消费等级葡萄酒市场的空缺，尽量满足本国人多元市场需求。优质酒产量比较高的德国进口散装葡萄酒必然会丰富国内大众价低餐酒的选择，出产优质的起泡葡萄酒销往全球的同时，也进口不同风格和价位的起泡酒来多元迎合国内的起泡酒需求增长。而不怎么产葡萄酒的单纯消费大国英国，就应该什么类型、什么包装的都进口一些。2021 年，英国起泡葡萄酒占总进口值的 22%，散装葡萄酒占进口量的 35%，瓶装葡萄酒约占进口值的 43%。

相较于三大进口国，其他主要进口国的进口量显然规模存在一定落差。

2021 年，葡萄酒出口大国法国，2021 年进口量为 5.9 亿升；荷兰的进口量增至 5 亿升；加拿大进口量为 4.2 亿升；比利时的进口量为 3.9 亿升；俄罗斯葡萄酒进口量为 3.7 亿升；意大利的进口量增加至 3 亿升。葡萄牙的进口量为 2.8 亿升；瑞典的进口量为 2.1 亿升，值得一提的是，瑞典是全球最大的盒中袋葡萄酒进口国，各国进口量普遍呈现增长趋势。

亚洲市场，2021 年，中国的葡萄酒进口量 4.2 亿升，仍是世界上重要的葡萄酒进口国和消费市场。日本的进口量为 2.4 亿升，其中起泡葡萄酒占日本进口值的 38%。

一方面，产量充裕的大洋洲市场并没有在进口国分布中地位突出；另一方面，能够进口，是以市场购买力、市场消费者富裕为基础的，所以在葡萄酒进口国的情况分布中南美洲和非洲的角色也并不突出。

二、中国葡萄酒的市场概况

2021 年我国葡萄酒行业呈现疫情后的回暖迹象，市场规模增长，葡萄酒

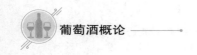

产量增加，葡萄酒进口量下降。预计 2022 年我国葡萄酒国产替代的速度进一步加大，葡萄酿酒技术不断进步，市场规模继续增长。

（一）我国葡萄酒产量与产区

世界葡萄与葡萄组织（OIV）的统计显示，2021 年我国的葡萄酒产量估计为 5.9 亿升，较 2020 年减少 10%。我国呈现葡萄种植面积上升、产量下降的情况。2021 年的葡萄酒减产涉及疫情影响、市场需求波动、气候因素干扰、技术限制及低产出等多方面原因。作为非葡萄酒传统饮用国或生产国的中国，现代葡萄酒产区的形成和产业发展尚年轻，市场需求不稳定且产业抗压性仍有待提高。

图 7-2 充满活力的中国葡萄酒山东产区

从产区分布情况分析，中国酿酒葡萄酒产区主要集中在北纬 38° 至 53°。但由于现代葡萄酒产业的历史短，葡萄生长所需的特定生态环境，地区经济发展的不平衡，所以我国葡萄酒产区暂时呈分散状分布，规模也参差不齐。目前，据统计显示，中国葡萄酒产区主要有 8 个，分别是山东（胶东半岛）产区、河北产区、东北产区、宁夏（贺兰山东麓）产区、新疆产区、甘肃武威产区、西南产区和山西清徐产区。

（二）我国葡萄酒市场规模与消费量

2021 年，中国的葡萄酒消费量估算为 10.5 亿升，较 2020 年下降 15%。在经历了 2017 年的消费高峰期后，中国的葡萄酒消费显著下滑，这也影响到全球葡萄酒消费状况。造成这种持续下降的原因较复杂，和我国酒水市场一直持续的份额调整相关，也和葡萄酒产业的转型升级相关，更与出口市场突破缓慢、疫情影响等相关。

伴随我国的市场繁荣，年轻消费群体酒水消费观念的变化，我国的酒水市场一面持续地多元（啤酒、威士忌、白兰地、清酒等等）进口涌入，分摊市场份额，并不断淘汰和调整酒水消费结构，一面年轻消费者不断扩大饮品概念，无酒精、低醇饮品分享市场份额。同时，我国葡萄酒在国际市场虽有佳品赢得关注，但尚未形成规模化的出口市场，令中国自产葡萄酒暂时聚集国内市场与进口葡萄酒博弈，市场份额扩充有限，产业无法进入发展快车道。葡萄酒作为低度、休闲酒类的优势有待释放，但专业人才缺失，市场培育速率慢也是困境之一。疫情后，变异病毒的出现，地区性的零散爆发，也令部分从业者持稳定或收缩的短期发展策略。所以，中国葡萄酒产量的持续下降是整个葡萄酒产业阶段的系统调试，突破前的短板提升，变革前的产业重新整合洗牌，是非传统葡萄酒饮用国消费培育的正常波动。

（三）我国葡萄酒进口情况

据中国食品土畜进出口商会酒类进口商分会发布的酒类进口数据，2021全年，我国葡萄酒进口量4.2亿升，进口值为14亿欧元（96.54亿元人民币），较2020年下降了10.5%，我国是世界上重要的葡萄酒进口国和消费市场，进口酒在葡萄酒市场表观消费量中占比高达61.3%，国产葡萄酒产量仅为2.68亿升。进口酒中瓶装葡萄酒占中国进口量的68%，占进口值的86%，但2021年其进口量和进口值分别下降了8%和15%。而散装葡萄酒的进口量和进口值分别增长了17%和14%。

从金额方面来看，2016—2018年我国葡萄酒进口金额增长，2019—2020年葡萄酒进口金额出现下降。2021年我国葡萄酒进口金额进一步下降，数据显示，2021年中国葡萄酒进口金额累计达1 697.2百万美元，同比下降7.4%。

一方面从瓶装酒进口量与进口值双降上可见，我国的葡萄酒进口商越发成熟，正在打破大众市场普遍存在的"进口商品更贵"传统认知，寻求进口低廉价格葡萄酒，抢占购买力惊人的大众和日常消费市场。另一方面，这种引进不当时，必然会持续挤压国产葡萄酒产业的市场份额。我国市场监察机构已显示出对个别产国或产区的倾销之势的警惕。特别是在对澳大利亚葡萄酒增收倾销税后，我国政府越发正视葡萄酒作为国际贸易农产品在很多产国受到的出口扶持，更坚决而规范地维护我国葡萄酒不受进口品倾销伤害的公平市场。

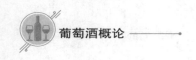

第二节 葡萄酒的市场分销渠道

一、葡萄酒的营销推广

葡萄酒是一种农业与轻工业结合打造的商品。在销售阶段，葡萄酒又多以休闲消耗品或服务产品的形式销售，其价值构成中的文化增值、服务增值和消费环境增值等附加增值元素对最终的销售价格影响都不容忽视。那么国内的葡萄酒的经营到底是如何从生产的酒庄、酒厂到达消费者手中的？我国现有的葡萄酒分销渠道，与我国独特的葡萄酒市场的形成和发展息息相关。

（一）国内分销渠道的形成

1. 早期的渠道为王与代理商的发展

自 20 世纪 90 年代中期开始，国产葡萄酒在井喷的消费市场中感应到了商机，开启了企图与传统白酒、啤酒分享市场的销售时代。而国内葡萄酒的领军团队长城、张裕也就是这个时候异军突起，奠定了其保持至今的国内头部集团的地位。

20 世纪 90 年代末，在实体店还是消费者主流选择的背景下，在"渠道为王，终端制胜"的销售理念推动下，我国建立了葡萄酒分销体系。为快速"抢滩"，通过费用支付的买店、包场，获得终端占领成为主流的渠道拓宽方式。面对个体企业的有限资金，第一集团军的张裕、长城代理的代理商优势凸显，集团在渠道拓展的买店、包场、促销提成上直接以资金注入支持。所以在电子信息化尚未席卷的传统门店里、酒店的酒水陈列中、超市最显眼的推销货架上、酒水销售员的手边，中国消费者建立了对国内头部葡萄酒集团的商品品牌的熟悉度和牢靠的信誉信任感。那个时代的销售影响延续至今，在很多葡萄酒文化普及相对滞后的城市中，张裕、长城已然是实体终端不可或缺的主要商品，即使是如淘宝、京东等电商的购物狂欢节中，"张裕""长城"的搜索与成交量仍位居前茅。

也有人指出，20 世纪 90 年代的分销刺激下凸起的葡萄酒消费令本就处于弱势的国产葡萄酒业被快速拉动的市场逼迫，出现了失衡性早熟。而截然相反的是，我国的葡萄酒消费群体被营销、潮流卷入了消费中，实际上消费经验和品位却晚熟懵懂。

图 7-3　超市堆头陈列的葡萄酒

2. 进口代理商带动的专卖店发展

时过境迁，伴随着进口葡萄酒不声不响地进入中国市场，快速瞄准沿海发达城市的市场时，国产葡萄酒仍继续着传统的买赠促销、卖场包场的分销模式。于是在市场需求突然激增和国内葡萄酒产业普遍的生产水平不足的情况下，面对好奇心充沛且懵懂的消费者群体，一些傍名牌仿大牌的国产葡萄酒杂牌军开始充斥市场。在国内某些葡萄酒产区突然"Chateau"（酒庄）林立，也会有令人困惑的"拉菲""拉菲""拉飞"一起混杂在消费市场中。各种炒作的所谓年份、庄园、精品、珍酿不仅带偏了消费者，至今有些仍是葡萄酒初学者的认知错误，令人尴尬而困惑，还伤害了随后葡萄酒文化市场普及时相关正确概念的树立。

在乱象的阵痛后，往往就会出现治理、整合和变革。国产葡萄酒除屈指可数的大集团外，大多数酒厂、酒庄在日益高涨的渠道进驻成本压力下，利润被不断摊薄，举步维艰甚或步入亏损。而有着"精品和价高"的葡萄酒进口商们在试水中国市场后摸准了中国大众消费者的价位预期后，纷纷向中国消费者推介来自以性价比著称的澳大利亚、智利、新西兰、西班牙等国的葡萄酒，以中低价位产品大举进驻中国市场。在北京、上海、厦门、杭州、广州、深圳，不经意的几年间，葡萄酒进口商设办直营直销，绕开传统渠道，展开了以专卖店、体验店为主的新型销售渠道建设。对酒水专卖店来说，中国消费者并不陌生，专卖店通过连锁经营零售批发展示品牌形象。进口葡萄酒商利用专卖店的优势，用创新的营销方式不断延展专卖店的内涵，丰富推介主题。很多专卖店在葡萄酒销售中强调个性、体验、时尚的理念，引导尚不成熟的消费者，培养品牌忠实顾客，与中国消费市场需求不谋而合。

3. 兼容运用各分销渠道的时代

"他山之石可以攻玉"。时至今日，分销渠道上早没有了国产葡萄酒与进

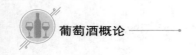

口葡萄酒分销渠道的划分，酒商兼容运用各种渠道并进行推广。而且国产酒和进口酒酒商也早已不再泾渭分明。

在渠道互相借鉴上，国产葡萄酒自身品质提升，优质的产品系列可以覆盖各价格层级的消费市场，满足品牌形象推广、普及产区或品牌文化的专卖店以葡萄酒酒窖、酒庄、酒屋、体验厨房、生活体验馆的形式在线下线上出现。进口葡萄酒的渠道扩展早不再是等待代理商投入宣传的旁观者。为占据高端酒店、餐饮、会所等名庄高价葡萄酒重要销售终端，他们不仅开始投入资金，以品牌品鉴会、终端走访专员等获取传统终端陈列堆头的营销推广手段已是常态化提供。

在酒商兼容上，我们以国产葡萄酒领头羊——张裕集团为例结合中国酒业协会公布的我国葡萄酒市场总体数据和张裕集团的公开资料可推算，2020年张裕已占据30%以上中国葡萄酒的市场份额，根据我国葡萄酒市场现下呈现的头部企业收益多得的现象可预估，该市场占比还在进一步的扩大之中。而张裕集团早已不仅仅是传统印象中的百年中国葡萄品牌的复兴者、国际金奖白兰地的斩获者。张裕集团早已以兼并、联合、划拨的形式先后接收了多个相关企业。目前，张裕集团已由单一的葡萄酒生产经营企业发展成为以葡萄酒酿造为主，集葡萄酒进出口贸易、保健酒和成药研制开发、粮食白酒与酒精加工、酒水包装装潢、机械加工、交通运输、玻璃制瓶等于一体的大型综合性企业集团，是拥有控股上市公司、控股子公司、全资子公司和分公司的现代集团。

图 7-4　烟台开发区张裕酒城

（二）主要的分销模式

中国葡萄酒销售市场至今已呈现多模式和多业态的分销系统，涉及主要模式有以下几种。

1. 代理模式

在国内葡萄酒销售方面，仍存在一定的市场特异性和发展不平衡性。无论是国外葡萄酒进入中国市场，还是中国葡萄酒进入市场，都是由中国市场的葡萄酒代理企业处理的。如果想了解葡萄酒代理商中的进口商，在瓶子的背标上可以找到他们的名称、标志和地址等信息。如中国葡萄酒市场著名的进口商 ASC 精品酒业，其独家代理、进口、经销 15 个国家 1 000 多款葡萄酒，其中就有市场熟悉的葡萄酒表率品牌拉菲。所以当你将中国正规销售渠道的拉菲转到背标，就会看见 ASC 带有葡萄与竹叶，标着"ASC fine wine"的圆形黑色标识了。代理企业往往会根据自处的市场状况较独立地进行葡萄酒的终端经销，令各区域市场快速被纳入到产品辐射市场中来。

采用代理模式对企业自身来说具有很大的市场优势，例如与国内葡萄酒企业的合作也可以得到实体渠道拓展的政策支持。但很多代理商也会担忧自己成为简单的送货商，被替代性高，利润被挤压。所以在电子商务越发普及和被市场接纳的当下，很多代理商直接从事销售。很多电商和连锁门店在资金充足和市场资源扩充的情况下，也开始涉猎葡萄酒代理商。

【拓展思考】

我国市场著名的葡萄酒代理商

（1）ASC 精品酒业公司，成立于 20 世纪 90 年代，独家进口及经销来自 15 个国家 100 多个酒庄 1000 多种精品佳酿，是目前中国最大的进口红酒代理公司。

（2）美夏国际贸易公司，位于上海，成立于 1999 年，主要向中国市场进口、经销世界各国的葡萄酒。

（3）富隆酒业，成立于 1996 年，独家代理或经销 12 个红酒产国的 200 多家酒庄的葡萄酒。

（4）桃乐丝中国。桃乐丝是西班牙著名的酒庄品牌。桃乐丝中国由西班牙米高桃乐丝公司于 1997 年成立。2007 年，法国罗思柴尔德男爵公司注资成为其重要股东之一。

（5）建发酒业运营包括五粮液在内的来自世界十多个主要酒类出产国的近六十大知名品牌，旗下的进口葡萄酒均为全球各个国家最主流的品牌。

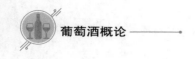

2.加盟商模式

我国需要普及葡萄酒文化的对象不仅是消费者，专业的销售人员的缺失也是制约行业发展的重要问题。比起代理商，加盟商与加盟品牌的依附关系更强，会得到葡萄酒企业的直接指导和辅助。例如，加盟商可以使用葡萄酒企业的其他渠道或资源来销售葡萄酒。许多葡萄酒商非常愿意接受这种模式，并形成一个利益共同体，以实现市场的长期所有权，利益分享风险分担。

加盟商对于无须全域覆盖式占领市场，更需要专注品牌形象打造和专注目标市场深耕的葡萄酒企业会更显示出优势。同时影响力大和资本雄厚的代理商在向市场终端扩充酒窖、门店时为加大市场覆盖，抢占市场占有率，也会开放加盟商招募，分享他们成熟的货源、选品、营销等。

3.连锁商业模式

连锁经营实际上是葡萄酒市场常见的经营模式。这类经营模式中，经营者直面消费者，通过专业的葡萄酒选品能力，以店中的多元葡萄酒产品和热情的接待为消费者提供个性化的商品推介。如很多城市都可见的、已经进入中国，专注线下葡萄酒零售连锁门店经营的 ENOTECA。

图 7-5　各种线下葡萄酒零售店

在葡萄酒文化的传播中起到积极作用的专业运营机构在服务产业的推进下，附加了更多的与主题品鉴活动匹配的消费环境等，催发了各种城市酒窖、葡萄酒体验生活馆等业态形式的形成。由于该模式的市场培育优势，很多大型代理酒商利用自身专业和货源丰富的优势开始涉足这一领域。如专业从事中高端精品进口葡萄酒的品牌机构富隆酒业（Aussino）。作为代理商和批发商，它的名字和标志在其代理的葡萄背标上可见，为服务自己的大宗葡萄酒贸易还自运营葡萄酒库。但令该机构更具市场人气的经典项目则是分布全国不同城市的酒窖、酒屋、酒坊、酒膳等零售连锁门店。

其各终端门店依靠专业和热情服务维系的顾客黏性不仅有利于消费市场

葡萄酒文化的普及，也是融媒体营销的重要的市场资源，并且该资源可以通过连锁品牌实现汇聚和共享。所以连锁门店线上和线下共同发展成为现代葡萄酒销售的一个良好模式。

4. 品牌操作模式

随着中国葡萄酒市场的成熟，品牌经营将是未来良好葡萄酒销售的途径之一。目前，在中国有许多专业的葡萄酒商已拥有这样的实力，许多葡萄酒商逐渐形成了品牌运作的意识。如查询学习葡萄酒相关内容的《红酒世界》、专注西班牙葡萄酒文化的《西美西味》，进口酒品牌运营的搬酒网，尽管起步时各葡萄酒商聚集庞大市场资源的切入口或有不同，但经历发展壮大后都走向了葡萄酒文化输送、葡萄酒教育培训、葡萄酒品牌运营和葡萄酒代理经销一站式消费平台。这群专业度强大的葡萄酒品牌运营商或许将成为未来葡萄酒 O2O、O2B 的重要分销途径。

5. 新媒体营销模式

新媒体营销模式在中国市场的到来显然是水到渠成的，已成为近年来关注度极高的葡萄酒销售模式。它打破了葡萄酒行业原有的商业渠道模式，允许酒厂、酒庄与消费者无缝连接。如从葡萄酒产品的设计阶段开始，酿酒师就已经通过自媒体记录产品的研发、改良、匠心，夹揉着设定的媒体形象输送给了消费者。产品的市场品鉴官选取，或借助自媒体互动搜集包装改良意见，每阶段都让消费者有产品生成的参与感。产品推向市场时一群购买可能性极高的目标市场已经锁定。自媒体给了葡萄酒营销无限的创新可能。随着中国经济的快速发展，未来新媒体葡萄酒营销必然会进一步取得长足发展。

6. 电子商务模式

在网络经济时代，网络购物是最有活力、潜力巨大的大众消费市场。电子商务的增长不容忽视，或将成为葡萄酒贸易的最重要渠道。很多贸易人士都对疫情后电子商务增长抱有信心，这信心面向的是所有市场的电子商务发展，不仅限于葡萄酒。

电子商务是当今葡萄酒业务不容忽视的营销模式。法国食品协会（Sopexa）发布的葡萄酒贸易报告中曾提出：近年来在线销售出现前所未有的增长趋势，尤其是在欧洲、美国、加拿大以及英国地区，电子商务渠道的份额自 2020 年起步入了显著增长时期。我国的电商体系发展成熟，顺势而为，汲取经验，灵活运用，葡萄酒电商将大有可为。

网络的一大功效就是传播广泛和反应迅速。如，对于期酒的发布，通常是在波尔多当地时间的晚上，但在互联网上所有的信息都是实时的，这些消息立刻传遍了全球。网络电商可能是大众葡萄酒销售降低成本、拓宽市场、

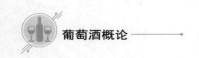

缩短购买服务信息链的解决途径。同时，它的高效率、多途径展示，大数据锁定市场目标，也会受到高附加值的名庄、精品葡萄酒营销的青睐。在葡萄酒电商中起步较早的也买酒（Yesmywine），成立于 2008 年 6 月，已是全球最大的葡萄酒销售平台，拥有注册会员 800 多万人。

二、葡萄酒的市场渠道与终端

随着中国葡萄酒消费市场日益扩大，除了越来越优秀的国产葡萄酒，来自世界各国的葡萄酒也涌入中国市场。在超市以及互联网电商的平台上，法国、智利、美国、新西兰、德国、意大利等国家的葡萄酒成为消费者随手可及之物。国外很多的葡萄酒顶级名庄和酒业的巨头集团纷纷瞄准中国市场。国内的很多投资者也看好葡萄酒市场，给予大力注资，将目光聚焦在了葡萄酒市场这块蛋糕上。

但世界各地的葡萄酒到底是如何来到中国消费者的餐桌上的？这显然是由多种从事葡萄酒的贸易业态，通过多个环节逐步完成的。这些业态和环节也就构成了葡萄酒市场的渠道与终端。这些终端和进口的渠道环节如下。

（一）拥有主体资质的葡萄酒进口商

葡萄酒进口商是指凡拥有主体资质，从国外进口葡萄酒向国内市场销售的商贸企业。葡萄酒进口商按其业务特点，显然可分为三种：①从不同国家或地区输入葡萄酒的专业进口商；②集中从一个或有限几个国家输入葡萄酒，在营业上地区性很强的地区葡萄酒进口商；③通过签约委托进口公司代为完成输入葡萄酒，自主进行进口葡萄酒经销业务的葡萄酒代理商。

前两种葡萄酒进口公司都是国内同时拥有从事进口葡萄酒的进出口和经销业务的企业。他们首先如所有经营企业一般要办妥经营性企业的工商、税务手续，并且其企业营业执照的营业范围内要清晰地包括酒类经营资格，具备进口酒类经营许可证和卫生许可证。申请这类行政许可证书需要比较长的时间，企业需要提前做好时间预算，否则即使国外有选定的酒庄和备好的货物也无法进口。

如果企业不具备进出口权，而又想从事进口葡萄酒的贸易，也就是第三类葡萄酒进口商，这种企业可以通过签约委托的方式，委托进出口公司代为完成葡萄酒进口。

（二）被选定的目标酒庄和酒商

为节省大量的时间，葡萄酒进口商对将输入目标酒庄和酒商的选择往往同葡萄酒进口商企业资质的申请同步进行。

酒庄，往往指集传统的葡萄种植、葡萄酒酿造、葡萄酒灌装到葡萄酒销售于一身的综合葡萄酒产出场所。酒庄葡萄酒的葡萄原料通常来自酒庄自有葡萄园，从酿造到装瓶都在酒庄内完成。

图 7-6 通过多方考察选定目标酒庄和酒商

酒商，则是通常指从葡萄种植者或酒庄处收购散酒（根据法律，只有香槟酒商可以直接收购"葡萄串"，其他酒商都只能采购装在"大罐"里的基酒或葡萄汁）来调配、装瓶，匹配设计的品牌进行葡萄酒销售的葡萄酒贸易公司。

一旦找到满意的货源，谈妥价格，决定进口某个酒庄或酒商的葡萄酒，酒庄或酒商还需有能力提供必要的相关材料以提交给我国检验检疫局进行备案。这些资料主要包括：①酒款外文标签样张及电子档；②国外出口商的营业执照复印件；③食品添加剂使用情况说明。

（三）备案管理的当地进出口检验检疫局

进口葡萄酒在抵达海关报关前，首先需要向当地的进出口检验检疫局进行及时和准确的备案。备案主要包括三个方面：标签备案、收货人备案和发货人备案。

1.标签备案

为妥善进行标签备案，葡萄酒进口商需要准确地向进出口检验检疫局提交的主要材料包括：进口公司营业执照原件及复印件、原标签、翻译标签、中文标签、标签申请书、标签申请表等。还应及时补充和提交当地检验检疫局根据实际情况要求的其他材料。

2.收货人备案

进行收货人备案有助于当地的进出口检验检疫局掌握葡萄酒进口商的以下情况：进口公司营业执照情况、进口收货人、经销商的经营范围以及进口

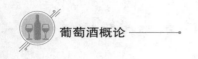
葡萄酒的存放地点、企业食品安全管理制度情况等。

3. 发货人备案

发货人备案有助于当地的进出口检验检疫局掌握国外出口商企业的经营资质、进口食品境外出口商或者代理商信息、食品添加剂使用情况等。

（四）海关入境通关与报关

无论是通过陆地口岸还是海运口岸，货物都必须具有入境通关单才能够进行报关。申请通关单时需要向检验检疫局提交的资料包括之前备案好的酒标复印件，原产地证，发票、装箱单、购销合同复印件以及查货清单等。注意通关单的有效期为 90 天，因此通关单的申请可以在货物到达口岸的前几天进行，以免提前申请后过期。

企业的报关一般都是通过委托报关行进行的，需要向报关行提供的申报要素信息包括：货物名称（中文及外文）、品牌（中文及外文）、酒庄名（酒厂）、原产国及区域名称、包装规格、加工方法、级别、年份、酒精度等。报关时需要提交的申报材料包括商业发票、装箱单、合同、入境通关单（做好法检，检验检疫局所出）、报关委托书、彩印标签一张以及海关根据实际情况要求的其他资料等。

备齐报关材料后报关行会在电子口岸系统里面进行申报，出单后报关行到海关递单，并打印出税单，企业拿到税单后就可以到银行交税，交完税后即可要求报关行做放行。从报关单放行时开始计算，有效期为 5 天。若要做延期，需在报关单过期前，每一次可以延期 5 天。货物必须在报关单的有效期内过关。

需要补充的是，关于税款的计算，都是以货物的 CIF 价格为基数，如果货物在申报时为 FOB 价格，需要在报关单中将运费、保险费、杂费等加上。一般进口葡萄酒（瓶装）所需要交纳的税费包括关税 14%（最惠国待遇）、增值税 17%、消费税 10%。如果葡萄酒的原产国属于享受协定税率的国家，企业在申报时还需要向海关提供一些其他的资料，其中原产地证书和原厂发票是必不可少的。

在申报的过程中，出单前海关会对企业所提供的葡萄酒价格进行严格审核，所以企业一定要如实申报。万一海关不认可企业所申报的价格，会同企业进行价格磋商，企业需要提供的价格磋商材料包括光盘（酒标电子档）、原产发票正本、提运单正本、酒标样张正本、国内销售证明材料、结汇证明、贸易流程说明以及海关根据实际情况要求的其他资料等。价格磋商会持续较长的时间，有可能需要一个月，因此企业需要根据实际情况安排好货物运输时间，以免产生额外的仓储费用。

（五）现场查验

图 7-7 运输集装箱抵达口岸

货物到口岸后，先到达检验检疫局进行查货并且抽样检验，查看实货标签，对监督检验合格的货物加贴"进口食品卫生监督检验标志"，签发卫生证书（正本、副本），监督检验不合格的不准进口。经检验检疫局查验完毕后，货物即可过中国海关入境，海关也有可能会对货物进行第二次的查验，查验无问题后即可由物流公司送货至收货人地址。卫生证书的签发一般都是在查验后的 15 个工作日内，企业没有取得卫生证书之前，所进口的产品一概不允许上市销售。

（六）增值税抵扣

货物顺利进口后，企业凭借海关提供的进口增值税专用缴款书可以办理增值税抵扣业务。

 第三节　葡萄酒的产区营销与品牌营销

当消费市场普遍把葡萄酒与手艺、传承、匠心等相关联时，商业、营销、贸易似乎受到葡萄酒爱好者的抵触，觉得与葡萄酒的格调格格不入。但专业的葡萄酒学习者需摒弃这种偏见，正确认识到产区市场体系和产区本就交融一体，产区的经典营销模式早已经历时光融入了文化，产区的营销和产区的文化本就是互相成就的关系。

产区的酒庄、酒商、葡萄酒农、生产合作社、葡萄酒经纪人等各司其职，

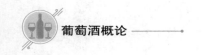

保障着各产区美酒源源不断地流通到消费者的餐车上，抚慰着世界各地美酒爱好者的味蕾；解决了当地人的就业问题；通过美酒价值向价格的转换维护着种植和酿造的坚持与坚守，滋养着优质的产区。

我国当下的葡萄酒产区发展中，推进市场体系完善，找准符合产区特性的营销策略也是各产区体系发展的重要战略环节，而且是迫切环节。"叫好不叫卖"的不平衡发展会给产区的长足发展造成重创，是必须突破的威胁和挑战。最棒的葡萄酒产区不是排斥"商业化"，而是找准市场定位，以恰当的模式拥抱市场（也包括如勃艮第产区般的"傲娇"模式）。因为产区葡萄酒市场营销关乎产区产品的最终价值认可，关乎当地的民生就业，关乎产区可持续发展的动力注入。

《孙子兵法　虚实篇》中曰："兵无常势，水无常形，能因敌变化而取胜者，谓之神。"葡萄酒的市场营销也无固定的模式。在葡萄酒市场营销的博弈中，精彩的营销案例迭出，突破常规，创造性的营销策略还会迎来意想不到的市场收益。但一些经典的营销模式随时代演进，几经变迁，扎根一方产区或产国，甚至成为个性鲜明的名片和产品品质保障。可见这些经典营销模式的成功绝非偶然，而是在因地制宜、顺时顺势而为的同时把握住了营销的根本因素。虽没有模式可以完全照搬，但成功的经典营销案例中各有精彩和可取之处。本节将从经典的成功营销案例出发，拨开纷杂的市场变幻，探索葡萄酒营销不可忽视的重要因素。

一、葡萄酒产区营销的成功案例

（一）波尔多的营销模式

1. 波尔多期酒制度

期酒，法语为"En Primeur"，指的是通过预先交易、以期货形式出售的葡萄酒。随着中国葡萄酒市场的不断繁荣与完善，很多消费者也可以在很多葡萄酒代理商的电商平台上偶遇波尔多的期酒贩售。给人的直观冲击感是它显然便宜了很多的价格和要等上一两年的发货时间。

期酒制度是指一些产区将这种葡萄酒提前预售的形式制度化。这一制度的形成要追溯一下历史，20世纪中期，受"二战"影响，法国许多酒庄都陷入资金困境，有的产区出现名庄为解决资金困难而挂牌出售。为了解决这个问题，波尔多的酒商们独辟蹊径，提出在酒庄的葡萄酒装瓶之前，购买一定份额的葡萄酒并提前向酒庄支付费用，以帮助酒庄渡过困境。这便是最初的期酒制度。

现今的波尔多期酒制度基本是在葡萄酒采摘酿酒的次年 3~4 月，当酒液还在橡木桶中陈酿时，酒庄就会邀请国际上的各大葡萄酒评论家、记者和买家到波尔多进行桶边试饮。依据品鉴评分、该年份葡萄酒的产量、品质预估以及市场情况预判等因素，酒庄会公布当年期酒的价格，并根据历史记录给自己选定的酒商一定配额。酒商购买到酒庄给出的期酒配额之后，再将其售出。而买家则可以在参考酒商宣传中该年份的状况、评分和对酒庄品质的信心，决定是否购买该年份的期酒。期酒价格会明显低于该庄葡萄酒的惯常价格，但买家付款之后，也要等 1 年或 2 年之后才能拿到酒庄的发货。

值得一提的是，期酒模式并不是所有酒庄都会采用，对某一个酒庄而言也不是所有的年份都销售期酒，并且每年的期酒所占总产量的比例都是略有调整。还有，有的酒庄选择在自己酒庄内举行期酒品鉴会，而有的酒庄会参与联合会举办的统一期酒品鉴会。显然前者酒庄拥有更多决策影响力，而后者统一的评定团队令质量判定结果更加公允。

图 7-8 波尔多期酒模式

有人曾经提出，波尔多期酒制度是保障波尔多众多名庄可以安心酿酒，更静心关注葡萄酒品质的保障，也是对保护波尔多品质和知名度维护的重要一环。期酒营销模式的优势在于：

（1）期酒营销模式的最突出优势就是加速了现金流，减小酒庄资金压力

试想一下，在收货季的次年春天就能回笼一部分资金，而不是非要等到两年之后的装瓶贩售，虽然价格上有些让步，但及时地拿到款项准备下一个收获季节，资金上的压力会小很多。

（2）对酒庄和产区有力宣传

比起飞到市场端通过展会、推广会和品鉴会的宣传，期酒制度创造了一个聚焦产区品质的营销盛典。每年春季，世界各地的酒评家和酒商们都会奔赴法国波尔多品评各大酒庄的期酒，各类葡萄酒杂志也会发布大量有关期酒的文章。期酒季也成了波尔多酒集中出售、明显挤出其他产区酒的市场爆发点。

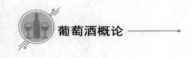

（3）方便观察品质

期酒可以方便葡萄酒商观察该年份葡萄酒的品质，做好市场营销的应对准备。

（4）低价、拓展市场

部分潜在消费者受到期酒低价的直观刺激，会提升对波尔多酒的关注，并提前以能接受的尝试价格预购一些酒款。期酒销售方式确实拓展了波尔多的名庄市场。

除了期酒制度营销模式本身的优势，期酒营销也带给我们更多启发。在我国的很多新兴产区，往年葡萄酒积压是在很多精品酒庄普遍存在的问题。将销售的目光从产品生产的尾端，改换、拓展到葡萄酒生产的全程营销，可能是突破库存积压，加快酒庄资金回流的重要途径。

2. 各司其职传统销售模式

波尔多葡萄酒传统贸易体系中，酒庄—葡萄酒经纪人—酒商是其中最为重要的销售链环。酒庄、酒商出现在这个链条上显得合情合理，但什么是葡萄酒经纪人？他们是怎样的群体？又对波尔多葡萄酒的市场营销起到了怎样的作用？三者又是怎样的并存关系？

图 7-9　波尔多传统贸易模式

（1）主要的生产者——酒庄

顾名思义，酒庄（Producers）在此处指葡萄酒生产者，既包括独立的酒庄也涵盖了酿酒合作社等。在波尔多平均年产近十亿瓶的葡萄酒中，有75%

的葡萄酒为酒庄酒。

（2）主要的销售者——酒商

主要的销售者当然是各种酒商。酒商（Negociant）是从酒庄处收购葡萄酒然后将其以酒庄的品牌或其他商业品牌卖给批发商、零售商或进口商等下层经销商的人或机构。波尔多酒商的出现有其历史原因，早期的波尔多酒庄庄主们都很富有，其中大部分人是欧洲皇室的成员，没有时间或自认不适合在外与各阶层的人打交道，进行葡萄酒的销售。于是，酒庄庄主们乐于请专业的人士替他们把酿好的酒卖出去，酒商这一职业就是在这种情况下出现的。

（3）贸易与信息的中间人——葡萄酒经纪人

波尔多的葡萄酒经纪人（Courtier）的起源可以追溯到900年前，由于难以厘清的英法历史关系，需要补充的是那时的波尔多还是英国皇室的直辖领地。出于满足外来购买者的需求，当地人中渐渐形成了一种专门在酿酒商和销售商之间负责牵线搭桥的职业。

实际上至今葡萄酒贸易中间人仍是葡萄酒经纪人的最重要的角色。这些人被称为"Courtiers"，他们会把外国交易商带到葡萄园里进行葡萄酒品鉴，参观种植和生产，在双方之间充当翻译和公关的角色（他们的英语和法语会话能力是绝对必要的），并且对协商进行引导。当然专业的葡萄酒经纪人在交易达成后，会负责处理所有的财务手续，并会向所促成交易的酒商收取2%的佣金。

经纪人们还是波尔多葡萄酒行业的"耳目"。随着葡萄酒贸易的发展，酒商与合作酒庄的信息沟通日益增多。然而，受当时通作条件的限制，酒商与酒庄之间的信息及时沟通出现了很多困难。于是，葡萄酒经纪人又一显性的职业价值开始彰显。他们花费大量的时间结识酒庄的庄主和经理们，研究谁正在进行投资，谁没有在投资，谁一直在持续推进品鉴和葡萄酒评价。经纪人通过掌握大量酒商与酒庄双方的信息，为酒商和酒庄提供交流的平台。

在即时通信如此发达的现代，为保证销售渠道的正规性和保障性，波尔多大部分顶级酒庄仍然坚持通过葡萄酒经纪人把自家的酒卖给酒商的传统贸易方式。面对不少人对葡萄酒经纪人和酒商存在意义的质疑，随着时代科技和贸易形式的进步，这两个传统贸易中的角色都有了新的内涵，在新时代的发展中与酒庄形成了互相依存的紧密合作关系。

现在，波尔多的活跃酒商会自嘲他们是"隐藏在影子里的人"（les hommes de l'ombre），但不同于过去简单地将酒庄的葡萄酒卖出去就终止的角色，如今他们的职责越发多元而专业，如对酒庄库存进行估价、识别假酒、为酒庄产业销售提供建议、主持拍卖会、负责为酒庄开拓新市场以及提升酒庄知名度等工作。他们依旧掌握着大量酒庄和市场的优质信息，为酒庄和酒商互通有无。有些根基深厚的葡萄酒经纪人家族完全有能力打入期酒系统的核心，专门为列级酒庄提供服务。其掌握的大量信息和交易过程中不偏向任何一方的中立身份，使经纪人的这一角色，适应了时代的变革，依然促进着酒庄和酒商间的买卖。

现代确实有波尔多酒庄索性自己扮演葡萄酒经纪人的角色，分配一定的精力进行市场信息搜集、酒庄牌号宣传、市场推广，掌握第一手的酒商和市场情况。这样的改变是酒庄对市场营销的重视，也可以令酒庄获得更有针对性的信息，对市场信息做出直接反应。这种酒庄自然会更倾向将酒直接出售给酒商、进口商或是当地零售商的商业模式。这种减少了中间的销售环节的模式被称为波尔多的现代销售模式，在很多新兴酒庄中已被采用。

但了解葡萄酒生产的人都知道，酒庄工作是全年无休的，种植、采摘、酿造、剪枝、陈年、灌装、销售贯穿全年。要求酿造师团队穿着工作服穿梭于葡萄园、酿酒车间和酒窖，接待来访的酒商，还要在工作淡季换上西装奔赴展销会、推广会是强人所难，这也要求自己的酿酒师是个全才。对于很多小酒庄来说拥有的市场主动权是有限的，参与集中的第三方推广营销是更现实的选择。而葡萄酒经纪人一旦成为成熟的业态形式其激活市场的能力也是不容忽视的。

我国没有葡萄酒经纪人这种称谓，采购顾问、酒庄向导、产业或产区协会正在充当着这些角色。这些葡萄酒中介业态在我国还不够成熟，有待在未来进行长足的发展。但在市场营销中各司其职，有业态专门从事增强市场信息管理，增强市场扩充，增强文化推广，显然是我们必然会走向的成熟葡萄酒产区市场模式。

（二）傲人的勃艮第模式

说到勃艮第的市场营销模式总会让人想到，有酒不愁卖、有价无市的名酒、全球均价最高的产区，纷繁复杂的分级制度和葡萄园划分，黑皮诺脆弱的生命力所导致的良莠不齐的红葡萄酒，对风土的严苛追求。无论你认为勃艮第传统、固执，还是认为它傲娇，甚至腹黑，纵观全球葡萄酒产地，勃艮第经历两千年的酿酒历史后，用极其细致优雅的风格造就了自己傲人的葡萄酒产区地位。而且这地位在老产区不断突破和新产区不断兴起之时，仍无可撼动，这就足以令它成为值得被剖析和学习的案例。

1. 让专业的人做专业的事

（1）独特的酒商模式

提起勃艮第的市场模式（Negociant-Eleveur），很多人会马上想起已故的酿酒传奇人物，"亨利·贾叶"。人们往往会想当然地认为，如同亨利·贾叶这样的种植和酿酒大师应该是左右勃艮第市场模式的人。但实际上勃艮第酒商才是在葡萄酒的产出上占有绝对优势，在海外市场上影响巨大的群体。

勃艮第的酒商与波尔多酒商有着不小的差别，这里的酒商大多拥有自己的葡萄园，更像是资金雄厚的大型酒庄。它们为世界奉献着丰富多样的勃艮第葡萄酒，想吸取勃艮第市场营销的养分，就不能不了解一下这些酒商。

他们的定位随着勃艮第的历史变迁而演变。早期的酒商所扮演的角色，更多是装瓶者与葡萄酒培养者（在酒窖中的熟成），渐渐地他们购入葡萄园，参与到酿造与种植工作中。当然他们主要在商业上扮演着销售的角色，不仅销售自家生产的酒款，也会帮其他独立酒庄进行分销。

酒商早已是勃艮第重要而独特的构成，在无需广告的顶级名园上能看到他们的身影，在等级和葡萄酒园划分弄得人眼花缭乱，又有些良莠不齐的勃艮第酒面前，他们就成了购买的标杆、质量保证的标志。

（2）专业而执着的酒商代表

勃艮第最大的几个"地主"，都是大型酒商，他们在经营的过程当中不断地收购葡萄园，以直接雇佣或签订其他协议，来雇佣更多的酒农生产葡萄酒。他们有足够的资本引进最新的技术与设备，改良葡萄酒的生产环节，是勃艮第最先进酿造车间的主要拥有者。

而想看懂"专业而执着"的勃艮第酒商，有效的方法可能就是抓住一个酒商典范，看清它的发展历程。

我们不妨以勃艮第著名酒商之一的勒桦商社（Maison Leroy）为例。勒桦家族葡萄酒生涯开始的初期，他们更像是葡萄农，生产的酒主要委托给别的酒商灌装销售。在 1851 年之前，勒桦家族就已经在著名的里奇堡（Richebourg）和慕西尼（Musigny）两大顶级勃艮第风土里拥有了葡萄园。其后经历了两代勒桦人对家族葡萄酒事业的努力扩张，除了勃艮第葡萄酒，勒桦还涉及干邑、香槟的葡萄酒销售生意，开启了多元化发展的勒桦商社时代，并很快成为勃艮第的知名酒商。曾英明买下 50% 罗曼尼 - 康帝股份的家族领袖亨利·勒桦，在投身到罗曼尼 - 康帝酒庄的管理之前，其实是勃艮第响当当的"干邑王子"，不仅在干邑有自己的白兰地酒厂，还把销售干邑的生意做得风生水起。

其后勒桦家族两代代表人物曾出任罗曼尼康帝集团（DRC）的联合主席，把控罗曼尼康帝旗下各品牌的生产和销售。其中拉露·勒桦女士从 1974 年接棒自己的父亲亨利·勒桦开始出任该酒庄的联合庄主。在罗曼尼·康帝的任职期间，她积极推动酒庄葡萄园向有机种植方向发展，提高了酒庄出产的葡

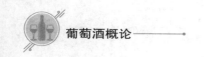

萄酒的品质，并利用勒桦酒设的销售渠道将康帝集团的葡萄酒销往了全球多个地方。

1992 年，拉露·勒桦女士因为对罗曼尼·康帝酒庄的商业决策与其他所有者有所分歧，离开了酒庄。罗曼尼·康帝酒庄回到了保有 50% 股份的原拥有家族德维兰家族成员的管理之下，并持续至今。而退出罗曼尼·康帝酒庄的拉露·勒桦女士将勒桦自家的勒桦酒庄（Domaine Leroy）和奥维那酒庄（Domaine d'Auvenay）打造成了勃艮第数一数二的名庄。其中的勒桦酒庄已出产的酒款量少质优、价格昂贵，俨然已经成为勃艮第的标志性酒款，可与大名鼎鼎的罗曼尼·康帝酒庄的酒款相媲美。

如果说那段执掌最贵葡萄田园历史充分显示了勒桦家族卓越的葡萄酒品味、葡萄酒庄管理和市场营销能力，那么拉露·勒桦女士在花甲之年离开罗曼尼·康帝后展现的惊人能力则显示了勃艮第传承型、专业酒商执着的奋斗精神、高度的专业度与品牌打造能力。

（3）酒商成为采购参考

这些在勃艮第被称为 "Maison" 的酒商公司，大多如勒桦酒社一样，拥有自己令人信服的奋斗史，持有面积广阔的葡萄园。他们用自己的代表园彰显卓越的专业度，同时也收购其他葡萄农种植的葡萄并酿酒，从大区级（Bourgogne）到特级园（Grand Cru）酒款皆有生产，种类丰富且酒质稳定，且值得信赖。

那么是不是认识几个酒商就可以选好勃艮第酒？这确实是买勃艮第酒的好方法。例如，勒桦在市场上被勃艮第爱好者熟悉的勒桦 "红头" 勒桦葡萄酒和 "白头" 勒桦葡萄酒。顶着白色酒帽头外观的勒桦葡萄酒，是属于Maison Leroy 的酒商酒。酿造酒的葡萄乃至酒液是从其他酒农中收购过来的。"红头勒桦" 则是出自 Domaine Leroy，就是前面提到的拉露·勒桦女士自己从头（葡萄种植）开始培育起直至装瓶，都在自己酒庄进行的酒款。所用这些葡萄都会经过勒桦酒商严格的逐层筛选，拥有勒桦的认证。白头勒桦品牌的价格相对顶着红色酒帽头外观的 Domaine Leroy 价格更加亲民。不同的园、村可能会搞得消费者头晕眼花，但消费者通过酒标上统一的左下角的灰色，全大写 "LEROY"，以及在全白底上仅用黑色花体写明酒信息的酒标风格，可以轻易锁定勒桦的葡萄酒。再根据红白酒帽的提示，就可进行价格判断和购买了。

勃艮第酒商想做出伟大的葡萄酒非常不容易。以采购葡萄来说，这是每个酒商每年最重要的商业活动，要有专人常年流连于勃艮第大大小小的地块，以每年的天气为依据，判断不同地块的长势，以合适的价格购入最期望得到的葡萄。同时，好的葡萄往往非常抢手，有的酒商为了得到自己最心仪的葡萄不得不一掷千金，以酿造出最符合酿酒师预期的葡萄酒。良心酒商的葡萄酒往往质量非常高，而且很弱的年份也会有惊喜。

在勃艮第做个酒商也非常不容易，获得消费者信赖，需要的不仅仅是勤奋和资金，还要有证明专业度的"履历"，而这种"履历"往往需要沉淀，要经营者执着积累和传承。

（4）酒商模式对我国葡萄酒营销的启示

我国的一些精品产区正在兴起，很多产区的先行者正在把产区发展接力棒传给中国的葡萄酒人的二代或三代。中国最棒的精品酒可能将由这些有传承使命的专业从业者打造。而有的大型现代葡萄酒集团已开启了在不同产区建庄，酿酒庄酒，同时代理销售进口酒，还销售自己酒商酒的模式。这些随产区发展走向成熟的传承品牌和大集团，可能就是未来给全世界消费者购买中国葡萄酒信心的参照标杆。中国会有自己独特的葡萄酒商业模式，但将专业的市场销售交给专业的营销者去做却显然在不同葡萄酒产国一样适用。

2. 抓牢可持续的营销卖点

勃艮第的传统和固执形象，自然源于勃艮第葡萄酒从业者的专业和执着，不仅是勃艮第的酒商，还有大量具有匠人精神的独立酒庄，专注于土地和葡萄藤的酒农和佃农。但在打造自身的传统典范形象上，这个产区确实抓牢了几个行业可持续的营销卖点。

（1）风土至上

勃艮第是典型以尊重风土出名的产区，它用自己卓越的单一园葡萄酒，传统的种植和酿造风俗支撑起了风土至上的营销卖点。

中世纪在勃艮第探索葡萄种植和葡萄酒酿造的修士辨认，早已令勃艮第人了解了特定的地块，一块葡萄田（Climat）或葡萄园（Clos），会因为拥有独特的土壤和气候条件，造成出品的葡萄酒拥有独特的个性和品质。

在勃艮第会参照产出的葡萄酒质量，对这些风土划分精准的葡萄田进行分级，建立了现代勃艮第分级制度的雏形。那些原本用来将卓越的葡萄田围住的简陋矮石墙，俨然成了高等级、奢华的标识。所以"Climat"和"Clos"在勃艮第葡萄酒的酒标上，成为需要显著标注的重要信息。

而这个从中世纪就开始的靠纯人工辨别，逐块种植田推进的风土识别工程，被勃艮第人放入了葡萄酒博物馆，也伴随着各种葡萄酒书籍、文化推广被传播给了全世界。

风土至上的形象在勃艮第是丰满的。勃艮第的葡萄种植区域等级划分称得上最复杂和精细。数个大大小小的村庄，不同村庄中再衍生出不同规模的法定产区。比如，热夫雷－香贝丹（Gevrey-Chambertin），就会让人想到强劲、饱满、丰富和坚实的结构，以及极强的陈年能力，而香波－慕西尼（Chambolle-Musigny）就让人想到优雅与精致。顶级的勃艮第葡萄酒自然更会骄傲地将葡萄园或葡萄田，还有所在的法定产区统统赫然写在酒标最鲜明的位置上。

风土至上的招牌打造在勃艮第是源远流长的。只有葡萄酒最终呈现的品质体现才能支撑起风土至上的营销理念。可持续发展的营销卖点之一就是抓住产品质量，以无可替代的产品地位铆定自己的细分市场。勃艮第的酒庄酒和葡萄农、佃农做到了。表率人物当属酿酒大师亨利·贾叶，他被《葡萄酒》杂志称为世界最佳葡萄农，有人为他写《勃艮第葡萄酒颂》。他是一个酿制的葡萄酒在其离世后拍卖出全球最贵价格的酿酒人；他是一个用炸药把一块石灰质过多的土壤炸了四百次，炸成了自己代表作之一——克罗－帕宏图（Cros Parantoux）一级园的鬼才大师；他是一个比潮流更早开始精筛酿酒原料，不用人工酵母，因为严苛把关无须过滤和澄清葡萄酒的执着葡萄农。

风土至上是"天时""地利"更是"人和"。在葡萄酒的世界中，这可能是最有底气和可持续的营销点。

图 7-10　信守风土的勃艮第葡萄园

（2）文化传承

勃艮第人珍视自己的文化传承。

其中，2015 年勃艮第人就为自己的风土称谓"Climat"申请到了联合国教科文组织认定的世界非物质文化遗产，将一千多年以来用石墙围起的、精准划定界限范围的葡萄种植地"Climat"景观变成了勃艮第不可磨灭的印记和标识。

"Climat"申遗的主要推动者是罗曼尼·康帝酒庄的前庄主奥贝尔·德维

兰（Aubert de Villaine），这位以低调著名的前罗曼尼·康帝灵魂人物，为了让勃艮第能获得世界文化遗产的头衔，不惜亲自长途跋涉做最后的助推工作。他曾在采访中谈及勃艮第人申遗的原因：一是，成为世界文化遗产是向世人展示勃艮第真正有趣风土风貌的绝佳机会。希望由此让世人不再将勃艮第视为一个传说，而是真实存在的一片独特区域。二是，借此告诉勃艮第人，尤其是酒农们，他们手中所拥有的，是这个世界上最为独特、珍贵、古老以及价值连城的土地，所以有义务好好保护好这片土地的精华，并传给下一代。

如果你认为勃艮第的文化传承老派，就大错特错了。有效的文化传承往往是与时俱进和时髦的。勃艮第每年都会举行持续一个月和风土有关的庆典活动。尽管勃艮第的风土深植在历史与传统中，当地人仍用上了时下流行的社交媒体 Instagram，创立了一个叫"@ClimatsUNESCO"的账号，专门宣传勃艮第悠久的历史与文化。

文化传承的营销是可融入所有营销环节的，是蕴含在葡萄酒细节中的，不仅是对外部市场，也是对内部市场的。

我国的葡萄酒产区，虽然发展历史短，但坚毅的、扎根的开垦者总怀揣着将产区文化保存、传承的愿望。产区积极梳理发展资料、建立博物馆，各处细节可见产区文化的融入。例如在宁夏贺兰山东麓，冲积扇平原地貌的特点之一就是土里有大量椰子大小的石块。每年宁夏葡萄种植者冬天埋藤护藤，春天展藤育藤，翻拾出源源不断的大石块。有些庄主用它们做酒庄的外墙面，有的庄主会沿着自家两代人开拓的葡萄园堆展开。这些石块会给酒庄的拜访者看，会给宁夏的"酿三代"看，展示产区人开荒拓展，荒漠变葡萄园的证据，是在后代心里种下的种子。

二、葡萄酒品牌营销的成功案例

（一）抢占大众市场的干露酒庄

自从澳大利亚葡萄酒在中国遭遇增收倾销税的处罚之后，澳大利亚葡萄酒留下的超过 30% 的市场真空成为法国、智利、意大利甚至南非等国的葡萄酒在中国市场寻求增量的最大来源。截至 2021 年，智利葡萄酒在中国已经取代澳大利亚葡萄酒成为市场份额第二的进口来源国。在此过程中，作为南美最大、智利顶级的葡萄酒企业，干露集团分到了最大的一块市场"蛋糕"（Concha y Toro）。甘露集团在我国的营销赢在了哪里？尤其是它引以为傲的大众市场占有率，是如何获得的？这些答案可以帮我们看到葡萄酒品牌营销中的一些重要因素和有效途径。

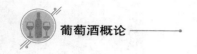
1. 保持敏锐的市场洞察

干露酒庄关于自己的品牌定位十分清晰，而且执着。坚持在市场打造品牌资产丰厚的牌号，以牌号号召力抓稳市场，撬动发展。干露酒庄是智利最大的葡萄酒业集团，同时也是智利最古老的酒庄之一。在美国、英国、加拿大、日本等主要的葡萄酒消费大国中，干露酒庄的市场占有率在智利葡萄酒排行榜中排名第一。在国际饮品（Drink International）网站的"最受欢迎的葡萄酒品牌"清单中曾打败了西班牙的桃乐丝（位列第二）和澳大利亚的奔富（位列第三）而名列榜首。可见正是干露强大的品牌使得很多批发商和零售商都能收获利益，并愿意跟随。

2. 多维度、多渠道打造著名品牌

在打造品牌上干露酒庄斥巨资加强品牌推广力度，如趁国际葡萄酒展推出新品发布和广告，通过电视、电影和自媒体增加广告覆盖。其旗下拥有广泛消费基础的红魔鬼（Casillero del Diablo）品牌，作为干露集团知名品牌之一，不断通过多维度、多渠道推广方式为消费者传递品牌信息以及丰富饮用场景，才令品牌张力十足。

红魔鬼品牌的诞生令人津津乐道。据称，1891年，酒庄庄主唐·梅尔（Don Melchor）先生听到一位酒庄工人讲酒窖里有魔鬼出没，他灵机一动，就将此事用来宣传，既可防盗，又让红魔鬼品牌乘着人们的猎奇心成了脍炙人口的品牌。而干露酒庄自然将这一段有趣的酒庄故事还原于广告，广而告之，提升红魔鬼品牌的识别度和乐趣。

在中国，干露红魔鬼与更接中国地气的地域餐饮 IP 联名，提供饮用场景，跟紧流量潮流，趁机释放自己的品牌形象。在深圳，红魔鬼就与本地域流量 IP "老街蚝市场"联手打造过万圣节狂欢派对。"老街蚝市场"前身为"深圳文和友"，更名后，时尚的以赛博朋克风（Cbyerpunk）打造未来科技视觉感十足的整体空间，在餐饮、潮玩等方面有了更鲜明的辨识度。干露红魔鬼依托老街蚝市场的高客流量及深受年轻人追捧的风格，通过前期提供体验快闪店培育市场关注度，万圣节狂欢派对推出红魔鬼葡萄酒调制的特色鸡尾酒，刷新品牌的休

图 7-11　用地域餐饮 IP 解锁新市场

闲时尚感，利用市场内的网红特色食物，做红魔鬼的餐搭，为年轻消费者带去全新的"餐酒体验"，提升话题指数飙升，吸引了大批新鲜的市场目光。

3. 抓住战略环节获得更好的发展空间

为适应中国大众市场越发凸显的电商购买偏好，干露红魔鬼于2019年，入驻京东开设了其品牌旗舰店；同年，干露又开启了与阿里巴巴集团的合作之路，首家天猫红魔鬼官方旗舰店上线运营。

干露抓准几乎可触及中国各年龄层的新媒体营销，通过抖音等新媒体渠道不断深入消费者。这一举措使它超高的商业价值、丰富的产品线以及鲜明的品牌辨识度深入人心。

为长远营销规划，干露酒庄不断投资购买葡萄园，现在干露酒庄已经在空加瓜（Colchagua）、利马里（Limari）扩充葡萄园。同时，干露酒庄开始在库里科（Curico）修建研究中心投入使用，届时将对提升智利葡萄的品质提供较大帮助。

干露酒庄在大众市场进行的多维度、多渠道打造著名品牌的策略，我国很多已品质过硬，兼具几个系列牌号同时生产的优质酒庄几乎可以直接借鉴。而干露集团做中国葡萄酒市场生意，就找准中国市场热点和增长点的市场营销思维和方式，也可以启迪中国葡萄酒在打开海外市场的努力中进行尝试。

【拓展思考】

干露酒庄旗下的知名品牌

干露酒庄是智利最大的葡萄酒业集团，同时也是智利最古老的酒庄之一，其旗下知名品牌有：

（1）魔爵：干露旗下最具代表性的葡萄酒品牌之一，它开创了干露酒庄的高端葡萄酒先河。

（2）红魔鬼是干露酒庄的又一主打品牌，分为珍藏、特别珍藏、私人珍藏（Reserva Privada）、传奇（Leyenda）、恶魔珍藏（Devil's Collection）以及混酿红（Red Blend）六大系列，涵盖红、白葡萄酒。

（3）干露侯爵（Marques de Casa Concha），是旗舰品牌，高端品牌。

（4）羊驼（Vicuna）是干露为拓宽中国葡萄酒市场特别推出的品牌，在中国广受欢迎。

干露还拥有顶级珍藏丽贝瑞（Gran Reserva Serie Riberas）、朴莫绯红（Carmin de Peumo）、园中园（Terrunyo）、阿米利亚（Amelia）、天路（Sendero）、旭日（Sunrise）和远山（Frontera）等品牌。

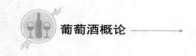
（二）博若莱新酒的营销

图7-12　博若莱新酒来啦/Le Beaujolais Nouveau est arrivé!

每年接近11月，世界上110多个国家的酒商门店、餐馆和酒吧，会纷纷打出标语："博若莱新酒来啦！（Le Beaujolais Nouveau est arrivé! ）。"而网络世界中，会有各式博若莱新酒的活动消息。很多消费者，会习惯性地开始新一年的新酒预购。博若莱的偏好者还会坚持买空运款，期盼最及时地喝到当年的博若莱新酒。而一旦11月第三个周四的半夜12：00一过，人们的聚会庆祝就伴随着博若莱新酒的正式开瓶和开卖开启了狂欢。以后短短的三周里，超过3 000万瓶的博若莱新酒会被卖掉。博若莱新酒最显著的标签当数"快速"和"一年一度的庆祝"。

1. 一款酒演化成一个传统的文创型营销符号

全球众多对博若莱新酒趋之若鹜的酒迷，在新酒上市的第一天，就迫不及待地以各种各样的方式庆祝新酒的到来，在狂欢中分享快乐，分享新酒。而博若莱新酒真的很简单。佳美葡萄被打破传统地进行了二氧化碳或半二氧化碳酿制，于是在采摘后的两个月内便完成了从发酵到装瓶的全过程。由于这快速的酿造工艺，博若莱新酒是简单、价格不贵的。它鲜艳的紫红色酒液带着新鲜红浆果的味道充满口腔，顺滑地饮下，留下清爽。这样的特点令它配不上太认真的品鉴，但喝起来讨喜而轻松。对于追求平衡、优雅、陈年的勃艮第产品来说这是个异类，甚至有点不受待见。但经过营销的妙手，它的优点被发挥得淋漓尽致。博若莱新酒适合聚会庆祝，适合在最新鲜时喝，甚至等不到第二年春天，在酒柜里多待一晚都是衰败。

新酒这种即使不挚爱也不想错过参与狂欢的魅力，来自法国乔治·杜宝夫（Georges Duboeuf）这个新酒品牌，来自品牌的庄主乔治·杜宝夫先生。当年多亏他向当地政府献策，才有了现在的博若莱新酒节，也多亏他一生为新酒的魅力开发不懈努力，才让新酒节从一个地区性的小节日演变成为全球的庆典。美国著名葡萄酒鉴赏家罗伯特·帕克称其为"博若莱之王"。

2. 当下的繁荣和可持续发展一样重要

20世纪50年代，乔治·杜宝夫先生就已经"慧眼识英雄"，盯上了博若莱新酒。他预感到凭借新酒本身清新自然、极富花香的特点存在成功的可能性。而且新酒平民化的价格更可能拥有广阔的市场。于是他通过及时地推广最先进的酿酒技术，成功将这种可能性转变成了现实。

听起来容易，事实是乔治先生每天从早上5点工作到下午6点。他需要运用自己的市场敏锐度和专业度给酒庄庄主充当酿酒顾问。为把控自己的酒商酒品质，维护新酒品牌，他大量尝试新酒。他和他的儿子一年之中会品尝300余家博若莱酒庄近7 000款的葡萄酒。这样的工作强度才保障了博若莱新酒表率乔治·杜宝夫品牌的酒水质量。

乔治先生利用自己在博若莱葡萄酒行业中举足轻重的地位，具有前瞻性地指出博若莱新酒潜藏着危机，倡导产区杜绝盲目追求收益的超额生产，以避免新酒品质的降低损害博若莱葡萄酒的声誉。

3. 酿造和文旅的结合

博若莱新酒不只是酒。

博若莱新酒总是很好辨认的。在乔治·杜宝夫酒庄的带领下，很多博若莱新酒酒庄每年都会变换新酒标，有些酒标还会出自世界名家之手。而浓郁的博若莱风让它们能轻易被识别，因为无论如何变幻，这些酒标都是最鲜艳、拥有最多鲜花元素和最鲜活气息的博若莱风。

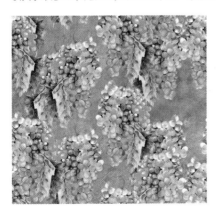

图 7-13　风格浓郁的博若莱海报

在博若莱产区有新酒的主题乐园，那里建立有一个种有百种具有各式典型香气植物的香气花园，宛如一个纯天然香的酒鼻子，身在其中嗅觉感官得到极大的满足，如闻遍各种葡萄美酒。

乔治·杜宝夫家族还设立了庞大而齐全的葡萄酒博物馆，在那里可以找到数以千计的葡萄种植、采摘、酿造工具文物；各式葡萄题材的造型艺术品，开瓶器、葡萄酒瓶子、瓶封、葡萄瓶支架、葡萄酒瓶的容器。博物馆出口处

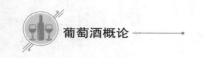

是一个大型的古典酒吧，古董式的自动播放机里敲打着的竟然是装载不同体积葡萄酒的各式葡萄酒瓶。

在法国之外，博若莱新酒节在英国是一项正式的慈善赛车比赛——"博若莱赛跑"；在美国，是用各种新奇的工具运来新酒，配上火鸡的狂欢节；在日本，是可以一边泡博若莱新酒温泉，一边饮用博若莱新酒的独特享受。

每年不容错过的博若莱新酒在文旅结合的包装下，带给人们的是早已超出了品尝新酒的简单愉悦。人们不愿错过的可能是又一年的欢聚和分享，可能是参与世界范围庆祝的激动，是仪式感，是新酒酒标的搜集。反正博若莱新酒的价格不贵，令参与愉悦获得的成本不高，给平淡的生活加些兴奋，何乐不为？

在营造葡萄酒饮用场景的营销上，博若莱新酒是有引领品牌，又打破品牌，产区共赢的成功营销案例。不论是在饮用场景的借力文旅借力打造上，还是品牌惠及产区的营销思路上，都值得我们学习和借鉴。

三、中国葡萄酒市场推广的窍门

中国的葡萄酒市场富有活力，也富有自己的个性与特色。在中国市场成功地向经销商和消费者营销一个品牌除了学习成功案例，也不能忽视符合我国市场特点的推广窍门。

（一）推广葡萄酒文化普及

在中国，葡萄酒文化市场普及不足，不仅体现在消费者的购买决定、饮用行为上，也体现在营销者消费服务环节规范化不足、消费场景打造局限等方面。葡萄酒是一种富有内涵的产品，从它的身上可以看到一个国家或者产区的文化特色。同时它也是消费者消费态度和主张的呈现，健康优雅、闲适自在、个性表达、品味彰显都可通过葡萄酒消费来展示。

于是大量品牌越发重视葡萄酒文化普及的推广。每年面向从业者和普通消费者都有大量的酒展、品鉴会在举办，通过品酒会可以提高中国人对葡萄酒的认识，更主要的是不同主题的活动直接将消费者带入饮用场景，让他们可以浸入式分享相关文化。针对发烧友和从业者的品鉴或侍酒资格培训也是一种文化普及，以点带面的扩张提升消费者品味，打造葡萄酒服务的专业度。

在葡萄酒的文化普及中，为了让自己的葡萄酒品牌文化输出更具可信度，很多酒展、品鉴会还会邀请葡萄酒专家加入，赢得消费者的信任。如果你想要在网上销售葡萄酒，可以邀请一位颇具专业度的品酒师来推广视频的加精，利用巧妙的专业度挖掘点，打造品牌的质感，去除混淆的消费概念，避免网站宣传纰漏对品牌的不可逆伤害。

网络已然成为中国人获取信息的主要渠道，通过运营网站在网上建立一个良好的葡萄酒品牌形象对于市场文化普及非常关键。利用多元的数字化资源，在消费的碎片化消遣时间中投放含有葡萄酒产区、品种、品牌、消费和饮用的有趣信息是很有效的中国式葡萄酒文化普及方式之一。

（二）以品牌背后的故事和文化作为品牌建设的亮点

中国消费者总是对鲜活、生动或有意趣的故事充满兴趣，因而这些容易形成热点。而葡萄酒的历史是不缺乏有趣的人和事的。一个有着悠久历史、有人文底蕴的酒庄往往更容易取得中国消费者的信任。梳理自己品牌形象的故事，各酒庄、酒商八仙过海，各显神通。

例如，通过植入式广告将产品、品牌或服务等内容植入电影、电视剧、电视节目或电视新闻等载体。这种方式可以有效定位目标消费者，通过隐晦的方式让消费者记住一个品牌。于是电影中有了饮用罗曼尼·康帝的亿万富翁形象，有了能盲品出拉菲的成功人士形象，有了为结婚信任共同倒满香槟塔的形象。香槟很成功的植入之一，就是F1赛车比赛冠军喷洒香槟庆祝的仪式。它牢牢地将狂欢与香槟相关联，同时令喷洒香槟成了庆祝的符号。香槟这款价格普遍不低的葡萄酒，显然更适合饮用庆祝，喷洒庆祝，最开心的估计是酒商。

漂亮的视频和美丽的图片显然可以卓有成效地传递出一个品牌的气质、文化底蕴、历史或趣事。在中国葡萄酒市场，如果一个品牌真的想要进入，那它首先要明白的是它需要付出一定的成本做好自己品牌故事元素的多元呈现加工。同时，还要选好这些资源投放的平台和途径。

（三）关注新媒体途径

中国的电子商务正经历繁荣的发展期，各种电商品台、会员商城发展态势乐观。电子商务是葡萄酒在中国营销，尤其是大众市场营销的重要渠道。随着网络化的发展，很多进驻中国市场的葡萄酒品牌都拥有自己的宣传官网、微博账号、微信公众号；还会入驻各电商平台，设立旗舰店；进行社交媒体品牌投放，利用网络大V的影响力，维护品牌热度。在当今的中国市场，关注多元的新媒体途径才有机会与中国消费者亲密接触，建立联系，产生品牌黏性。

【拓展知识】

 智利酒业巨头：干露酒庄

思考与练习

一、单选题

1. 全球最大葡萄酒消费国是（　　　）。

A. 美国　　　　　　　　　　　B. 英国

C. 法国　　　　　　　　　　　D. 中国

2. 下列包装规格中全球贸易量最高的是（　　　）。

A. 起泡葡萄酒　　　　　　　　B. 散装葡萄酒古希腊人

C. 盒中袋葡萄酒　　　　　　　D. 瓶装葡萄高卢人

3. 中国葡萄酒产区主要集中在（　　　）。

A. 北纬 26°~43°　　　　　　　B. 北纬 38°~53°

C. 南纬 15°~43°　　　　　　　D. 北纬 50°~53°

4. 博若莱新酒节是在每年的（　　　）。

A. 6 月第三个周日　　　　　　B. 5 月第二个周日

C. 11 月第三个周四　　　　　　D. 10 月第三个周四

二、多选题

1. 世界前三名的葡萄酒产国是（　　　）、（　　　）和（　　　）。

A. 南非　　　　　　　　　　　B. 意大利

C. 德国　　　　　　　　　　　D. 法国

E. 西班牙

2. 波尔多葡萄酒传统贸易体系中，（　　　）构成了其中最为重要的销售链环。

A. 酒庄　　　　　　　　　　　B. 经纪人

C. 酒商　　　　　　　　　　　D. 葡萄农

E. 协会

3. 下列属于中国葡萄酒销售分销模式的有（　　　）。

A. 代理商模式　　　　　　　　B. 连锁商业模式

C. 品牌运营模式　　　　　　　D. 新媒体营销模式

E. 电子商务模式

4. 企业需要向报关行提供的申报要素信息包括（　　　）。

A. 加工方法　　　　　　　　　B. 包装规格

C. 品牌　　　　　　　　　　　D. 原产国及区域名称

E. 货物名称

三、简答题

1. 葡萄酒进口商需要及时和准确地向当地进出口检验检疫局进行备案的信息有哪些?

2. 谈谈什么是波尔多期酒，以及期酒营销模式的优势。

四、思考题

1. 我国的葡萄酒龙头企业张裕集团已经具备了综合酒商的能力和资源。通过你对勃艮第酒商的学习，谈谈你理解的他们两者的区别。

2. 从文旅营销的角度谈谈你认为博若莱产区能将一款酒演化成一个节日的成功原因。结合你了解的一个中国葡萄酒产区，说说这种营销模式在该产区的可行性。